数控机床伺服驱动系统的设计与应用

孙 莹 著

西南交通大学出版社
·成 都·

内容简介

本书在深入研究现代交流伺服控制理论及应用的基础上，全面、系统地论述了数控机床伺服驱动系统的关键技术、工作原理、结构和基本类型，展示了数控机床伺服控制技术的最新进展和研究成果。同时，分析了目前国内外数控领域中广泛应用的知名企业典型的产品及应用，并以加工中心和数控车床伺服驱动系统设计两个实例，系统地介绍了数控机床伺服驱动系统的设计方法与应用。

本书力求为工程技术人员和高等院校师生提供一本关于数控机床伺服驱动系统设计与应用的实用性技术参考资料和设计手册。

图书在版编目（CIP）数据

数控机床伺服驱动系统的设计与应用 / 孙莹著. —成都：西南交通大学出版社，2014.4（2015.8 重印）
ISBN 978-7-5643-2975-4

Ⅰ. ①数… Ⅱ. ①孙… Ⅲ. ①数控机床－伺服系统－驱动机构－研究 Ⅳ. ①TG659

中国版本图书馆 CIP 数据核字（2014）第 046574 号

数控机床伺服驱动系统的设计与应用

孙 莹 著

*

责任编辑 王 旻
特邀编辑 郝 博
封面设计 本格设计
西南交通大学出版社出版发行
四川省成都市金牛区交大路 146 号 邮政编码：610031
发行部电话：028-87600564
http://www.xnjdcbs.com
四川森林印务有限责任公司印刷

*

成品尺寸：170 mm × 230 mm 印张：12.25
字数：220 千字
2014 年 4 月第 1 版 2015 年 8 月第 2 次印刷
ISBN 978-7-5643-2975-4
定价：48.00 元

前　言

随着计算机技术、微电子技术、现代控制技术、传感器及检测技术、信息处理技术、网络技术和精密制造技术等多学科领域的发展，数控技术已成为现代制造系统中不可或缺的基础技术，其水平的高低反映了一个国家制造业的现代化水平。数控技术及装备已成为关系国家战略和体现国家综合国力的重要基础性产业。

在电力自动化控制的发展过程中，交、直流伺服驱动系统作为运动控制系统研究的两个重要技术已广泛应用于各个行业，两者相互竞争，相互促进。近几年，随着电机技术、现代电力电子技术、控制技术及计算机技术等的快速发展，交流伺服驱动系统在高精度、高性能的驱动系统中全面取代直流伺服系统，成了现代伺服驱动系统的一个发展趋势。

为了推广交流伺服控制技术在数控机床中的应用，帮助工程技术人员较全面、系统地了解和掌握数控机床伺服驱动系统的最新技术、设计和应用，作者依据行业发展现状及个人多年的科研工作成绩，撰写了《数控机床伺服驱动系统的设计与应用》。

本书较全面、系统地研究了数控机床伺服驱动系统的关键技术、工作原理、结构和基本类型，阐述了数控机床伺服驱动系统的设计原则，分析了目前国内外数控领域中广泛应用的知名企业典型产品及应用，并以加工中心和数控车床伺服驱动系统设计两个实例，系统地介绍了数控机床伺服驱动系统的设计方法与应用。

本书在编写过程中参阅了广州数控、华中数控、德国西门子数控和日本发那科数控的技术资料，得到了许多专家和同行的支持与帮助，在此表示衷心的感谢。

由于数控技术的发展日新月异，以及作者对国内外相关研究资料的收集有限，书中难免有疏漏之处，恳请广大读者与专家批评指正。

作　者

2014 年 1 月

目　录

第 1 章 绪 论

1.1 数控机床伺服驱动系统的概述

数控机床伺服驱动系统是以机床移动部件的位置和速度为控制量的电气自动控制系统。伺服驱动系统接收数控装置发出的位移、速度指令，经变换、放大、调整后，由电机和机械传动机构驱动机床坐标轴、主轴等，带动工作台及刀架，跟随指令运动，并保证动作的快速和准确，通过轴的联动使刀具相对工件产生各种复杂的机械运动，从而加工出形状复杂的工件。数控机床伺服驱动系统按机床中传动机械的不同分为进给伺服驱动系统和主轴伺服驱动系统。数控机床的精度和速度等重要性能指标往往取决于伺服驱动系统的性能。

数控机床伺服驱动系统一般由驱动装置、检测装置和驱动电机 3 部分组成，如图 1.1 所示。其中伺服驱动装置由控制调节器和电力变换装置组成。控制调节器在半闭环和全闭环伺服驱动系统中，根据数控装置的指令信号（即速度给定值和位置给定值）和实际输出信号的误差来调节控制量，使实际输出量跟随指令信号的变化而变化。电力变换装置将固定频率和幅值的三相（或单相）交流电源变换为受控于调节器输出控制量的可变三相（或单相）交流电源，实现电机速度、角位移和转矩控制，从而驱动运动部件按指令要求完成相应的运动。检测装置用于在半闭环和全闭环伺服驱动系统中，为驱动装置的控制调节器提供反馈控制量，如运动部件的位置、速度和电机转子相位等。

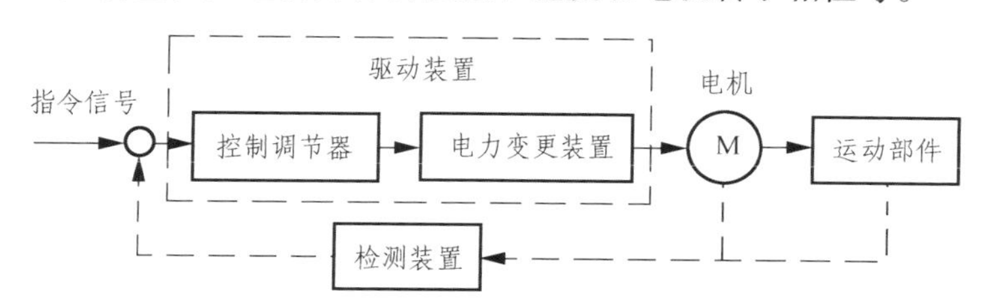

图 1.1 数控机床伺服驱动系统结构框图

20 世纪 60 年代，最早的伺服驱动系统是以直流电机作为主要执行部件，称为直流伺服系统。直流伺服系统虽有优良的调速性能，但由于在结构上采用了易磨损的电刷和换向器，一方面需要经常维护，另一方面限制了电机的最高转速。此外，直流电机结构复杂、制造困难、材料消耗大，因此，制造成本较高。20 世纪 70 年代末，随着现代电机技术、现代电力电子技术、微电子技术、控制技术及计算机技术等技术的快速发展，先前困扰着交流伺服系统的电机控制复杂、调速性能差等问题取得了突破性的进展，使得交流伺服系统也取得了快速发展，再加之交流伺服电机与直流电机相比，由于无换向器，故克服了直流电机结构上的缺点，因此，交流伺服系统在高精度、高性能的伺服驱动系统和中小功率的伺服驱动系统中成为了主流。

交流伺服驱动系统的性能与直流伺服驱动系统相当，并具有以下优点：

（1）系统在极低速度时仍能平滑地运转，而且具有很快的速度响应。

（2）在高速区仍然具有较好的转矩特性，即电机的输出特性“硬度”好。

（3）具有很高的转矩/惯量比，可实现系统的快速启动和制动。

（4）采用高精度的反馈装置，实现高精密的位置控制。

（5）采用全数字控制技术和大规模专用集成电路，使系统的结构紧凑、体积小、可靠性高。

（6）可以将电机的噪声和振动抑制到最低。

1.2 数控机床伺服驱动系统的发展概况

20 世纪 70 年代，随着对交流伺服驱动系统性能要求的提高，G. R. Slemon 等人提出了交流永磁同步电机的设计方法。伴随现代永磁同步电机的出现，基于传统电机模型与经典控制理论的方波永磁同步电机伺服驱动系统和基于开环磁链控制的 V/f 变频调速系统，得以广泛应用。但这些控制系统都难以达到良好的伺服特性。随着微型计算机技术的发展，永磁同步电机动态解耦数学模型的矢量控制系统的全数字控制方法取得了进步，使得矢量控制成为现代交流伺服驱动系统的核心控制方法。

人们为了进一步提高驱动系统的控制特性，还提出了自适应控制、变结构控制和参数辨识技术，以及模糊控制和神经元网络等控制方法。20 世纪 90 年代，R. B. Sepe 首次在转速控制器中采用自校正控制。随后，台湾大学刘天华等人将鲁棒控制理论应用于永磁同步电机伺服驱动。N. Matsui，J. H. Lang 等人将自适应控制技术应用于永磁同步电机伺服驱动，B. K. Bose 等人将人工智能技术应用于电气传动领域。实践证明，各种鲁棒控制理论和自适应控制技术能够使控制系统在模型和参数变化时保持良好的控制性能；滑模变结构控制由于其特殊的“切换”控制方式与电机调速系统中逆变器的“开关”模式相似，使控制系统具有良好的鲁棒性。参数辨识技术是通过对电机参数变化进行在线辨识，从而对系统进行控制，也能提高控制系统的鲁棒性。基于人工智能的专家系统（Expert System）、基于模糊集合理论（Fuzzy Logic）的模糊控制和基于人工神经网络（Artificial Neural Network）的神经网络控制三大技术，实现了伺服驱动系统的智能化控制。这些先进技术的应用，使交流伺服系统的性能得以更飞速提升。

高性能伺服控制依赖高精度的位置反馈装置。目前普遍使用的方法是在永磁同步电机的转子上安装机械式传感器。传感器的安装增加了电机转动惯量、体积和成本，使电路复杂，系统易受干扰，降低了可靠性，为此出现了无速度传感器交流伺服控制系统（Sensorless Control）。此系统采用一些直观的方法，实现速度和转子位置的估计。如通过计算定子磁链矢量的空间位置或定子相电感来估算电机转子位置。同时，现代控制、辨识技术的发展，为我们提供了许多可行的观测器构造方法来估计控制过程中的状态变量或参数。主要的观测器有：全阶状态观测器、自适应观测器、变结构观测器、卡尔曼滤波器等。这些观测器具有动态性能好、稳定性强、参数敏感性弱等特点。不过现在具有实用性的产品中，采用无速度传感器技术只能达到大约 1：100 的调速比，可以用在一些低档的对位置和速度精度要求不高的伺服控制场合中。相信，随着数字信号处理器 DSP 技术的发展，各种具有优良性能的速度观测器能够在无速度传感器矢量控制系统中广泛运用，提高系统的控制性能。

1.3 数控机床伺服驱动系统的发展趋势

随着科学技术的迅猛发展，数控机床伺服驱动系统正朝着更高更新的领域进军。国外品牌近 5 年更新换代一次，新的功率器件或模块 2 ~ 2.5 年更新一次，新的软件算法则日新月异，产品的生命周期越来越短。

1. 高速、高精、高性能化

新型伺服产品采用精度更高的编码器（每转百万脉冲级），采样精度更高和速度更快的 DSP，无齿槽效应的高性能电机，以及应用自适应、人工智能等各种现代控制策略的应用，促进了伺服驱动系统的性能加速提高。

2. 通用化

通用型驱动器配置有大量的参数和丰富的菜单功能，便于用户在不改变硬件配置的条件下，设置不同的控制方案，驱动不同类型的电机，适应不同的传感器类型。

3. 智能化

新型伺服产品除具备参数记忆、故障自诊断和分析功能外，还具有负载惯量测定、自动增益调整、自动辨识电机参数、测定编码器零位，以及自动抑制振动等功能。同时，将电子齿轮、电子凸轮、同步跟踪、插补运动等控制功能和驱动结合在一起，使驱动器智能化程度更高。

4. 网络化

随着机器安全标准的不断发展，新型伺服产品引入了预测性维护技术，使得人们可以通过 Internet 及时了解重要技术参数的动态趋势，并采取预防性措施。

5. 小型化和大型化

交流伺服电机不仅积极向更小型的方向发展，如 20 mm，28 mm，35 mm 外径，同时也在发展更大功率和尺寸的机种。目前，500 kW 的交流永磁伺服电机已问世，体现了伺服产品的向两极化发展的趋势，以适应更广泛的应用环境。

综上所述，随着超高速切削、超精密加工、网络制造等技术的发展，数控机床伺服驱动系统也将朝着高性能、高速度、通用化、智能型、模块化、网络化和两极化趋势发展，以满足更多用户的要求。

1.4 数控机床伺服驱动产品的行业现状

在数控机床交流伺服研究领域中，日本、美国和欧洲的研究一直走在世界前列。日本安川公司在 20 世纪 80 年代中期成功研制出世界上第一台交流伺服驱动器，随后日本发拉科、三菱、松下等公司先后推出各自的产品。目前国外品牌占据了中国交流伺服市场85%左右的份额，其中日本品牌凭借较好的性价比、可靠性和本地化生产的优势，占据了超过50%的最大市场份额；欧美品牌在高端设备和生产线上比较有竞争力，以高性能、高价格，全套自动化解决方案作为卖点，市场占有率大约在35%。我国从20世纪70年代开始跟踪开发交流伺服系统，80年代之后进入工业领域，但仅停留在小批量、高价格、应用面狭窄的状态，技术水平难以满足工业需要。2000年之后，制造业的快速发展为交流伺服产品提供了越来越大的市场空间，国内开始推出自主品牌的交流伺服产品，如华中数控、广州数控、南京埃斯顿等。如今国产交流伺服产品在经济型数控机床上得到广泛应用，但在中高档数控机床上的应用仍面临困难，国产品牌在性能、质量、技术储备、生产能力和资本实力等方面都存在很多不足。国产品牌面临巨大的挑战，除了持续投入研发之外，还需要在竞争策略方面走差异化路线，任重而道远。

本书将以国内的华中数控、广州数控和国外的德国西门子、日本发那科等知名品牌为例，介绍数控机床伺服驱动系统的典型产品及其应用。

第 2 章 数控机床交流伺服驱动的关键技术

2.1 交流电机调速原理

根据电机学基本理论可得，交流电机的同步转速公式：

$$n_r = n_s = \frac{60 f_1}{p} \tag{2.1}$$

式中 n_r——旋转磁场的转速，即同步转速；

n_s——转子转速；

f_1——供电电源的频率；

p——电机磁极对数。

由式（2.1）可知，若平滑地改变定子供电电源的频率 f_1，则可以平滑地改变电机的转速，这就是交流电机变频调速的基本原理。变频调速是一种理想的调速方法，其效率和功率因数都很高。

根据电机学基本理论可得，交流电机的电动势方程、转矩方程分别如下：

$$U_1 \approx E_1 = 4.44 f_1 N_1 K_1 \phi_m \tag{2.2}$$

$$M_m = C_M \Phi_m I_a \cos\alpha_2 \tag{2.3}$$

式中 U_1——定子每相相电压；

E_1——定子每相绕组感应电动势；

N_1——定子每相绕组匝数；

K_1——定子每相绕组匝数系数；

Φ_m——每极气隙磁通量；

M_m——电机电磁转矩；

I_a——转子电枢电流；

α_2——转子电枢电流的相位角。

由式（2.2）、（2.3）可知，变频调速过程中，在电压 U_1 不变的情况下，若增加电源频率 f_1，定子磁通量 Φ_m 会减小，但也导致电机输出电磁转矩 M_m 下降，使电机的利用率变差，电机的最大转矩也将降低。若减小电源频率 f_1，定子磁通量 Φ_m 会增加，此时，定子电流又上升，导致铁损增加。而且电机的磁通容量与电机的铁心大小有关，通常在设计时已达到了最大值，因此当磁通量饱和时，会造成实际磁通量增加不上去，从而引起电流波形畸变，反而削弱电磁转矩。因此，在变频调速的同时，应该保证电压 U_1 随之变化，即满足 U_1/f_1 为定值，以确保磁通量 Φ_m 近似不变，也就是所谓的恒压频比变频调速，简称 V/f 变频调速。

交流电机恒压频比变频调速特性如图 2.1 所示。U_1 的最大值不能超过定子额定电压，此时对应的电源频率 f_1 为额定频率，转速 n 为额定转速。在基频以下调速时，为了保持电机的负载能力，应保持磁通量 Φ_m 不变，此时在降低频率 f_1 的同时应降低电压 U_1，属于“恒转矩调速”。在基频以上调速时，当频率 f_1 大于额定频率，由于电压 U_1 不能超过额定值，这将迫使磁通量 Φ_m 与频率 f_1 成反比变化，这相当于直流电机的弱磁升速的情况，属于“恒功率调速”。在变频调速控制中，当频率 f_1 很低时，由于定子阻抗不能忽略，将导致电压 U_1 下降，为此应人为提高电压 U_1，用以补偿定子阻抗的压降。

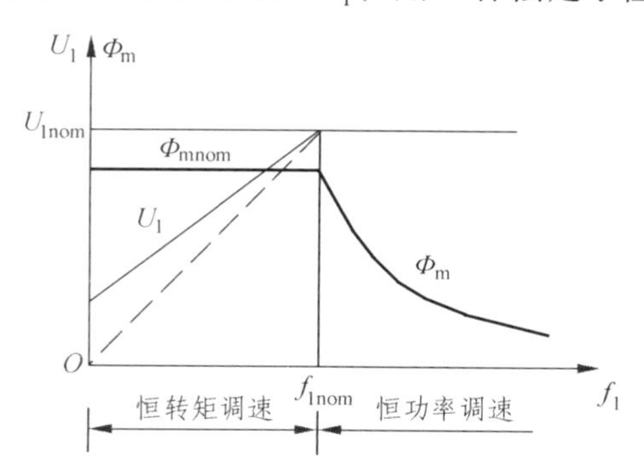

图 2.1　交流电机变频调速特性

2.2　交流电机变频调速系统

要进行交流电机的调速，就必须改变电机的电压与频率。实现交流电机变频调速的控制装置常称为变频器。通常希望变频器具有通用性，即同一装置可以对不同生产厂家、不同参数的同规格电机进行调速控制，但变频器的控制对象必须建立在实际电机的数学模型基础上，因此，目前市场上的变频调速控制装置分为通用型与专用型两类。通用型变频调速控制装置常称为“变频器”，由于变频器所控制的是通用感应电机，设计者无法预知最终控制对象的各种参数，控制系统必须对电机模型进行大量的简化与近似处理，因此，其调速范围较小、调速精度也较差。专用型变频器是针对配套的电机研发的调速控制装置，其调速范围宽、控制精确度高，而且能实现位置的精准控制，广泛应用于数控机床驱动系统，通常称这种专用型变频器为交流伺服驱动器。

变频调速控制装置有多种方式，但为了对电压的幅值、波形和频率进行有效控制，大多使用交-直-交变频调速方式，即先将交流转换为直流（整流），然后再将直流转换为所需要的交流（逆变）。交-直-交变频调速系统一般由整流电路和逆变电路两部分组成。

2.2.1 整流电路

1. 整流电路的基本类型

整流电路的作用是将交流输入转变为直流输出。由于电网电流额定频率一般为 50 Hz 或 60 Hz，它对电力电子器件的工作频率要求不高，为此，通常采用二极管或晶闸管作为整流元件。

根据电路结构不同，变频器的整流电路可分为单相桥式和三相桥式整流电路。根据控制形式的不同，整流电路又可分为“不可控制整流电路”和“可控制整流电路”。不可控制整流通常选用二极管作为整流元件，可控制整流则选用晶闸管作为整流元件。

2. 三相桥式整流电路

三相桥式整流电路是将三相交流电源转变为直流输出的电路。其电路和整流输出波形如图 2.2 所示。电路中整流管的通断取决于三相电源输入的相对值，有 6 次换相过程。

设三相电源分别为：

$$u_{\mathrm{a}} = \sqrt{2}U\sin\omega t$$
$$u_{\mathrm{b}} = \sqrt{2}U\sin(\omega t - 2\pi/3)$$
$$u_{\mathrm{c}} = \sqrt{2}U\sin(\omega t - 4\pi/3)$$

则三相线电压分别为：

$$u_{ab} = \sqrt{6}U\sin(\omega t + \pi/6)$$
$$u_{ba} = \sqrt{6}U\sin(\omega t - \pi/2)$$
$$u_{ca} = \sqrt{6}U\sin(\omega t - 7\pi/6)$$

三相桥式整流的换相总是对应于电压差最大的两个整流管优先导通，如在 0～6π 范围内，正向电压最大为 u_c，反向电压最大为 u_b，因此，V_3 和 V_5 管导通，整流输出电压为 $U_d = u_{cb}$。以此类推，整流电路的输出波形如图 2.2（b）所示，根据面积相等原则，整流输出的直流平均电压 U_d 的计算如下：

$$U_d = 6\times\frac{1}{2\pi}\int_{\pi/6}^{\pi/2}\sqrt{6}\sin\left(\omega t+\frac{\pi}{6}\right)dt = \frac{3\sqrt{6}}{\pi}U\left[-\cos\left(\omega t+\frac{\pi}{6}\right)\right]\Bigg|_{\pi/6}^{\pi/2} = \frac{3\sqrt{6}}{\pi}U \approx 2.34U$$

因电源线电压 $U_1 = \sqrt{3}U$，所以有 $U_d = 1.35U_1$。对于三相 AC 380 V 供电的整流电路，整流后的直流电压约为 510 V，若经大电容滤波后电压提高 1.2～1.4 倍，直流母线电压可达 600～700 V。

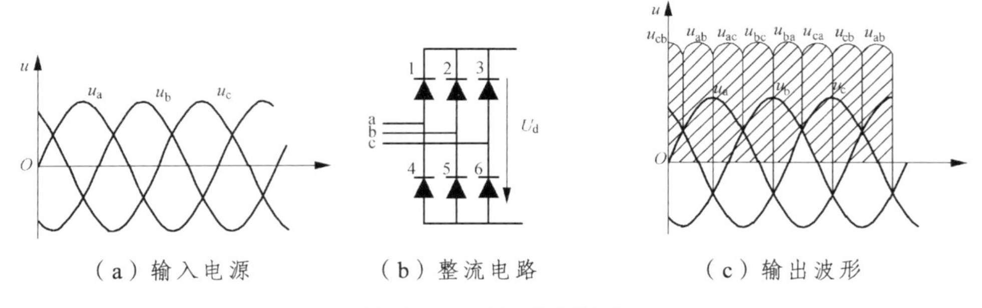

（a）输入电源　　（b）整流电路　　（c）输出波形

图 2.2　三相桥式整流

2.2.2　逆变电路

逆变电路是通过对功率管的通断控制，将直流电压转变为幅值、频率可变的交流电。逆变电路的结构如图 2.3 所示，主要由 6 个功率管组成。当功率管按照特定的顺序依次导通时，在电机定子绕组中产生交流电流，使转子以固定的方向运转。功率管的通断须根据电机转子的位置有序控制，为此，在交流电机的转子上安装有位置检测装置。

从电机运行原理可知，通过改变功率管的通断顺序（即电流相序）改变电机的转向。如电机正转时，功率管的导通顺序为 $VT_1/VT_6 \rightarrow VT_6/VT_2 \rightarrow$

$VT_2/VT_4 \to VT_4/VT_3 \to VT_3/VT_5 \to VT_5/VT_1 \to VT_1/VT_6$，电机的反转时，功率管的导通顺序则为 $VT_4/VT_2 \to VT_2/VT_6 \to VT_6/VT_1 \to VT_1/VT_5 \to VT_5/VT_3 \to VT_3/VT_4 \to VT_4/VT_2$。

根据逆变电路的控制方式不同，逆变电路有电流控制型、电压控制型和PWM控制型3种类型。

1. 电流控制型逆变电路

电流控制型逆变电路如图2.3所示，是在直流母线上串联大电感量的平波电抗器，整流电路相当于输出电流幅值保持不变的电流源。电流源的输出通过逆变功率管的开关作用，以方波的形式供给电机。电流控制型逆变电路通过调节整流晶体管的触发角来调节电流源的输出电流 I_d 的大小，实现对电机输出转矩的控制。这种逆变电路通常用于定子电流为方波的大型交流同步电机的控制。

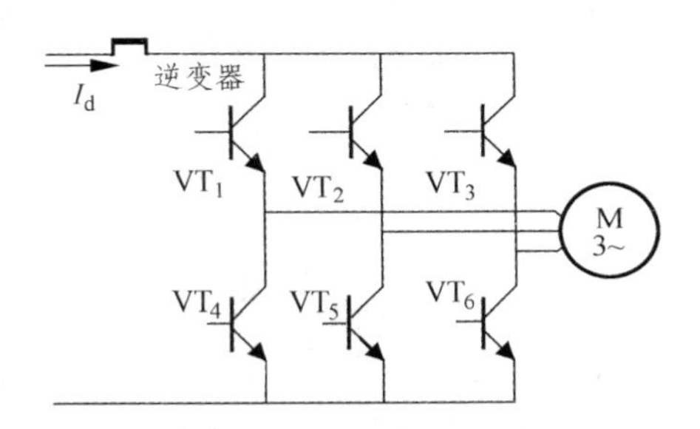

图2.3　电流控制型逆变电路

电流控制型逆变电路在换流的瞬间感性负载电流不能突变，将产生浪涌电压。因此，在高压、大电流控制时，应在逆变电路输出回路增加浪涌电压吸收器。电流控制型逆变电路的最大特点是电机制动的制动能量可通过控制功率管触发角返回到电网，实现回馈制动。

2. 电压控制型逆变电路

电压控制型逆变电路如图2.4所示，是在直流母线上并联大容量的滤波电容，整流电路相当于输出电压幅值保持不变电压源。直流电压通过逆变功率管的开关作用，以方波的形式供给电机。电压控制型逆变电路同样是通过调节整流晶体管的触发角来调节电压 U_d 的大小，从而控制电机的电枢电压。

电压控制型逆变电路的直流母线电容不能进行反向充电，因此无法实现回馈制动，通常采用能耗制动消耗电机制动时返回至直流母线上的能量，为此，在逆变电路的功率管上并联续流二极管。

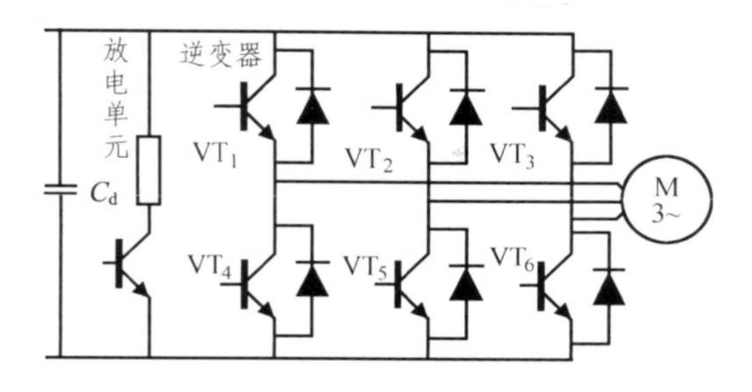

图 2.4　电压控制型逆变电路

3. PWM 控制型逆变电路

脉宽调制技术（PWM）是一种通过电力电子器件的通断将直流转换为一定形状脉冲序列的技术。如图 2.5 所示，将每半个周期内输出电压的矩形波分割为 N 等分，并用 N 个面积相等的窄脉冲与之等效，如果窄脉冲的幅值保持不变，可以通过改变窄脉冲的宽度来改变矩形波的幅值，这就是 PWM 技术的基本原理。

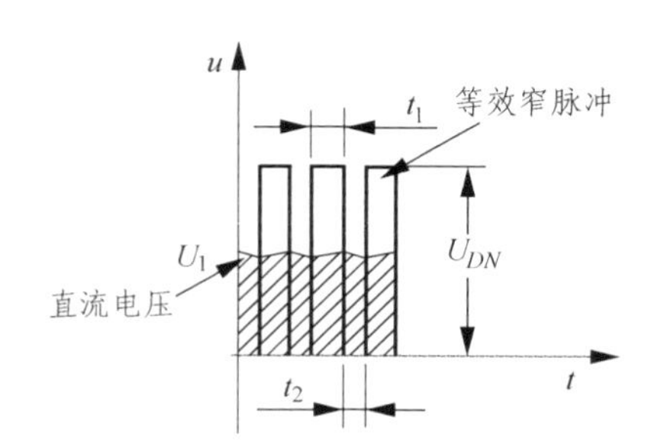

图 2.5　直流调制波形

PWM 控制型逆变电路与传统的晶闸管逆变方式相比具有如下特点：

（1）系统结构简单、响应速度快。PWM 控制型只需对逆变电路进行控制，便可实现电压和频率的同时改变，因此，电源电路可采用不可控整流电路，这样，不仅系统的结构更简单，而且系统的响应速度也快。

（2）调速性能好。PWM 控制型逆变电路输出的是远高于电机运行频率的高频窄脉冲，大大降低了输出电压中的谐波分量，因此，改善了电机的低速性能，扩大了调速范围。

因此，PWM 控制型逆变电路以开关频率高，功率损耗小，动态响应快等优点，广泛应用于中、小型机电设备，特别是数控机床的伺服驱动系统。

2.3 正弦波脉宽调制技术（SPWM）

在交流变频调速系统中，若采用具有正弦波特性的脉冲信号去控制逆变电路中功率管的通断，使变频器输出近似于正弦波交流电流驱动电机运转，便可有效避免 PWM 波中高次谐波的干扰，提高电机的工作特性。这种 PWM 控制技术称为正弦波脉宽调制技术（SPWM）。

2.3.1 SPWM 调制技术

1. 单相 SPWM 调制

逆变电路以频率比输出波形高得多的等腰三角波为载波，以频率和输出波形相同的正弦波为调制波。进行调制处理时，当调制波与载波相交时，由它们的交点确定逆变电路功率管的通断时间，在正弦调制波的半个周期内便可获得两边窄中间宽的一系列等幅不等宽的矩形波。这就是正弦波脉宽调制技术（SPWM），其原理如图 2.6 所示，这种序列的矩形波的面积按正弦规律变化，称为 SPWM 波。SPWM 与正弦波等效的原理如图 2.7 所示，把正弦波分成 n 等分，每一区间的面积可与 SPWM 波中等幅不等宽的矩形面积等效。

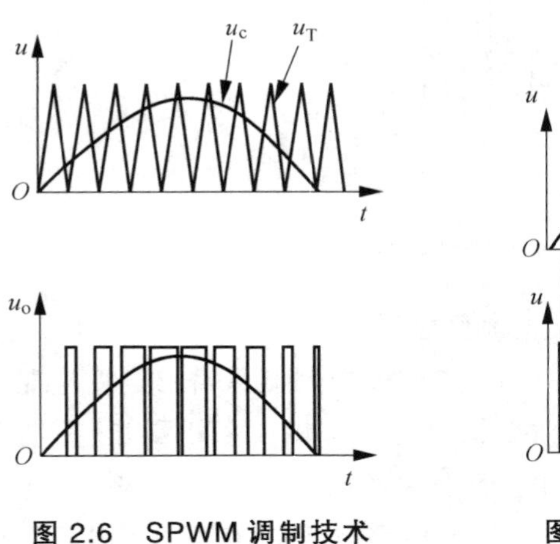

图 2.6 SPWM 调制技术

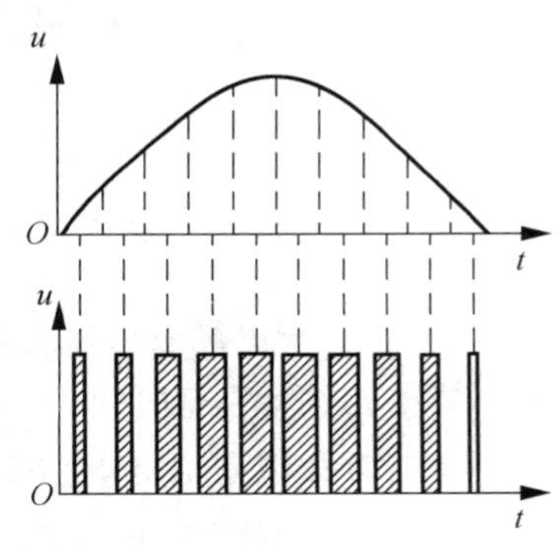

图 2.7 SPWM 波等效原理

2. 三相 SPWM 调制

根据单相 SPWM 波的生成原理，可以得到三相 SPWM 调制信号。如图 2.8 所示，三相正弦波调制信号 u_a、u_b、u_c 共用同一个三角形载波信号，假设逆变电路的直流输入为 E_d，选择 $E_d/2$ 作为参考电位，则可以得到图示的 SPWM 波形。在此基础上，根据 $u_{ab}=u_a-u_b$，便可得到图示的线电压 u_{ab} 的 SPWM 波，这就是三相 SPWM 波。

三相 SPWM 控制型调速控制装置的主回路结构如图 2.9 所示。三相 SPWM 波加在 6 个功率管的基极电路上，进行通断控制。逆变电路将直流电压逆变成幅值和频率可调的三相正弦交流电，驱动电机运转。电机制动时，逆变电路中功率管并联的续流二极管，为电机能量的返回提供了能耗制动的通路。

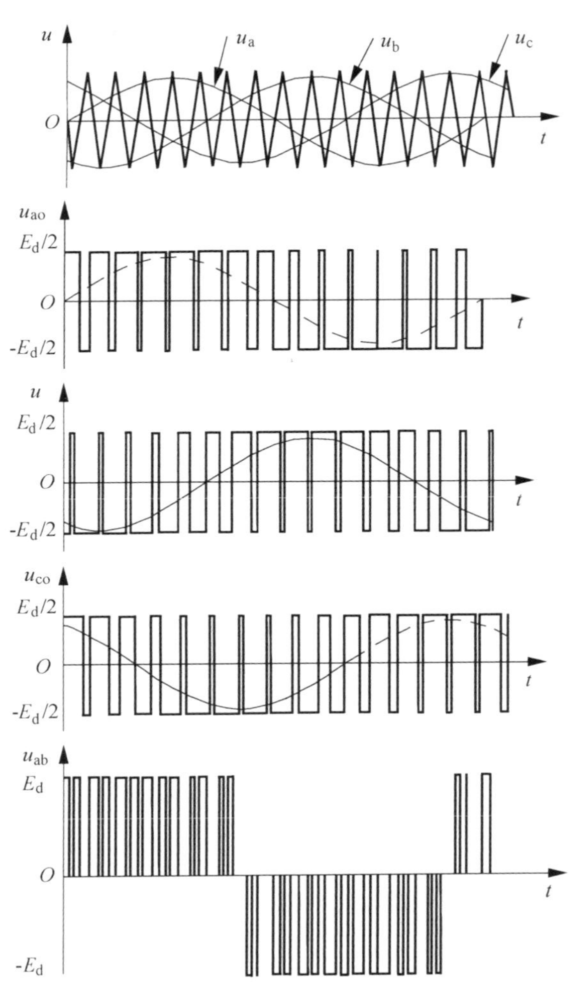

图 2.8　三相 SPWM 波

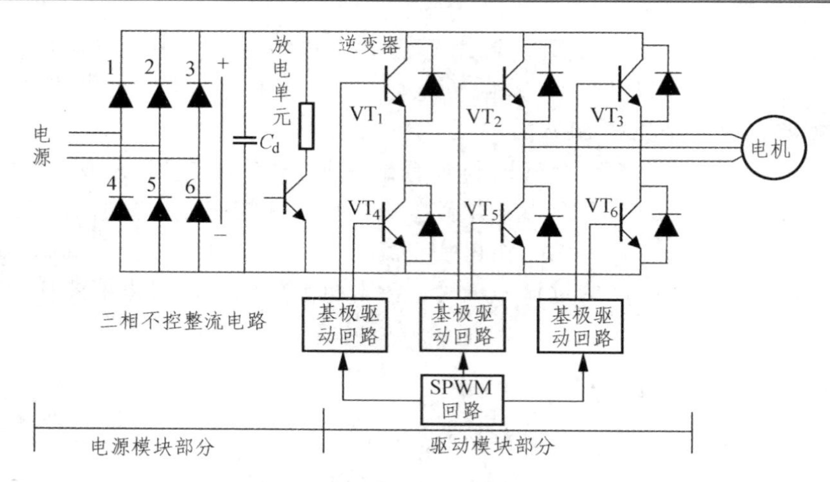

图 2.9　三相 SPWM 控制型调速控制装置的主回路

2.3.2　SPWM 波的生成方式

SPWM 波的生成有硬件生成法和软件生成法两种方式。

1. 硬件生成法

硬件生成 SPWM 波的方法又称为三角波法，是将等腰三角形载波 u_T 与正弦调制波 u_C 输入比较器，通过比较运算获得 SPWM 波。硬件电路通常由 3 部分组成：三角波发生器、正弦波发生器和比较器，如图 2.10 所示。若三角形的载波频率是正弦波的 N 倍，N 称为载波比，则正弦波形在一个周期内被划分为 N 等分，并对应 N 个宽度不同的矩形脉冲，当 N 足够大时，这一串矩形脉冲的面积将接近正弦波的面积。硬件生成法电路复杂，控制精度难以保证。随着大规模数字集成电路的发展，软件生成 SPWM 波的方法以调节灵活、稳定可靠、控制效果优越等优势得到普遍应用。

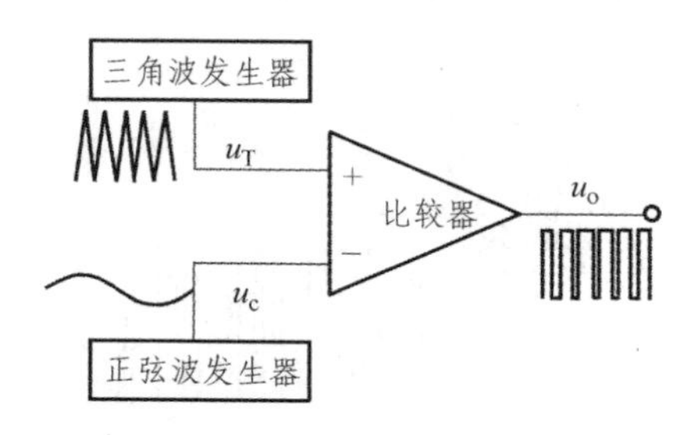

图 2.10　三角波法原理图

2. 软件生成法

软件生成法是通过微机软件编程的方法生成 SPWM 波。其原理仍然是基于以三角形载波对正弦调制波的调制处理。随着采样方式的不同，其实现的途径有多种：查表法、计算法、混合法。所谓的采样，就是决定 SPWM 波前后沿出现的时间，即脉冲宽度与间隔时间。这些时间在正弦波的不同时段是不同的，并随着正弦波幅值的变化而变化。查表法是离线计算出对应的脉宽数据，并写入 EPROM，再由计算机通过查表和加减运算得到脉宽和间隔时间；计算法是根据理论推导出脉冲函数表达式，由计算机进行实时在线计算，以获得相应的脉宽和间隔时间。由于查表法占用内存，计算法占用运算时间，因此实际中多将两者结合，即混合法。

除此之外，还可采用大规模专用集成芯片生成 SPWM 波，这样，可减少电路结构，提高可靠性，降低成本。目前，专用集成芯片有 HEF4752、SLE4520、MA818 等。

2.4　电力半导体器件

在交流电机变频调速系统中，逆变电路的主要器件是可用弱电控制通断的功率管。这些功率管担负着电能的变换与调控任务，并工作在高压与大电流的状态下，因此称为电力半导体器件。电力半导体器件以开关方式工作，能降低损耗，从而提高电能的变换效率。

电力半导体器件的发展经历了以晶闸管为代表的第一代“半控型”器件，以门极可关断晶闸管 GT0、大功率晶体管 GTR 和功率场效应晶体管 P-MOSFET 为代表的第二代“全控型”器件，以绝缘门极晶体管（Insulated Gate Bipolar Transistor，IGBT）为代表的第三代“复合型”器件，以及目前以智能化功率模块（Intelligent Power Modules，IPM）为代表的第四代功率集成器件 PIC 四个阶段。IGBT 的出现提高了交流调速系统的性能，实现了调速系统的小型化、高效化和低噪声，成为目前通用型变频器的主导功率器件。IPM 则使交流调速系统的性能更好，功能更完善，稳定性和智能化程度更高，成为专用变频器（即交流伺服驱动装置、交流主轴驱动装置）的主导功率器件。

2.4.1 绝缘门极晶体管（IGBT）

IGBT 是一种既有 GTR 的高电流密度、低饱和电压，又兼具 P-MOSFET 的高输入阻抗、高速特性的新型功率开关器件。

1. IGBT 的结构及工作原理

IGBT 的基本结构、等效电路与电路符号如图 2.11（a)、(b)、(c）所示。其结构与 MOSFET 的结构十分相似，只是在 N 沟道的 MOSFET 漏极上增加一层 P^+（IGBT 的集电极），形成由 PNP-NPN 晶体管互补连接的四层结构。为防止按晶闸管理机制工作，即防止所谓的锁定效应，在实际制造时，从结构上把 NPN 晶体管的基极和发射极由铝电极短路，尽量使 NPN 不起作用。因此，IGBT 的功能基本与 NPN 晶体管无关，可以认为是将 N 沟道 MOSFET 作为输入级，PNP 晶体管作为输出级的单向达林顿管。IGBT 利用栅极电压 U_{GE} 来控制器件的开关状态，以 N 沟道的 IGBT 为例，当 IGBT 的集电极 C 与发射极 E 之间加入正向电压时，集电极电流受栅极电压 U_{GE} 的控制，当 $U_{GE} > U_{GET}$ 时（U_{GET} 为开启电压），IGBT 导通；当 $U_{GE} > U_{GET}$ 时，IGBT 关断。目前 IGBT 的最大工作电流与最大工作电压可以在 1 600 A 和 3 300 V 以上，最高开关频率可在 50 kHz 以上。

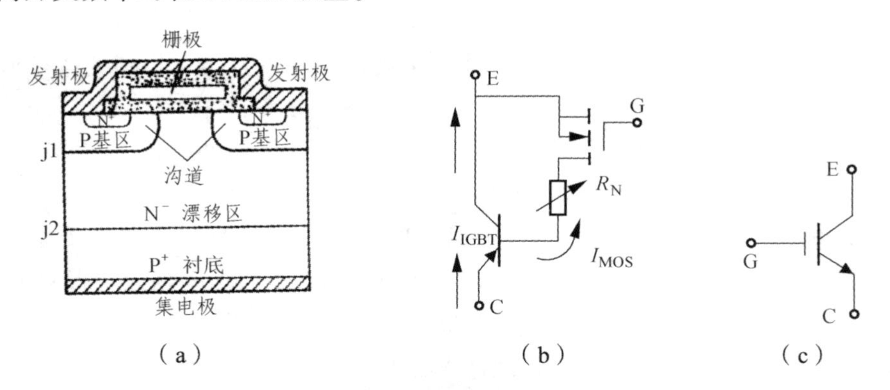

图 2.11 IGBT 基本结构、等效电路与电路符号

2. IGBT 的主要特点

IGBT 与 MOSFET 相比具有如下主要特点：

（1）耐压高，电流容量大。IGBT 导通时正载流子从 P^+ 层流入 N 型区并在 N 型区积蓄，加强了电导调制效应，这就使 IGBT 在导通时的电阻比高压（300 V 以上）MOSFET 低得多，因此，IGBT 容易实现高压大电流。

（2）开通速度快。由于 IGBT 中小电流 MOSFET 的开通速度很快，在开通之初后级 PNP 型晶体管的基极电流上升很快，因此 IGBT 的开通速度不但比双极性晶体管快，而且开通延迟时间比同容量的 MOSFET 短。

（3）关断速度慢。虽然 IGBT 中前级 MOSFET 的关断速度很快，但后级 PNP 型晶体管是少子功率的开关器件，少数载流子要有复合、扩散和消失的时间，在电流迅速下降到约 1/3 时，下降速度明显变慢，俗称“拖尾”。后级 PNP 型管的集-射极之间有基-射极 PN 结压降和 MOSFET 的压降，故集-射极不进入深饱和状态，关断速度较快。不过随着生产工艺的改进，IGBT 关断速度有明显的提高。

2.4.2　智能功率模块（IPM）

1. IPM 基本结构及工作原理

IPM 是将功率管、栅极驱动电路和故障监测电路集成在一起的模块电路。IPM 的基本结构如图 2.12 所示，由高速低功耗的管芯和优化的门极驱动电路，以及快速保护电路构成。IPM 一般使用 IGBT 作为功率开关元件，功率性能与 IGBT 相似。在工作时，IPM 实时检测驱动电源电压和 IGBT 的电流，当检测到驱动电源低于一定值超过 10 μs 时，则截止驱动信号；当发生严重过载或直接短路时，检测到的 IGBT 电流超过设定值，则 IGBT 被软关断，同时送出一个故障信号。同时，IPM 在靠近 IGBT 的绝缘基板上安装了一个温度传感器，当基板过热时，IPM 内部控制电路将截止栅级驱动，不响应输入控制信号，有效地起到了过热保护作用。IPM 还可将检测信号送到 CPU 或 DSP 作中断处理，即使发生负载事故或使用不当，也可以使 IPM 自身不受损坏。

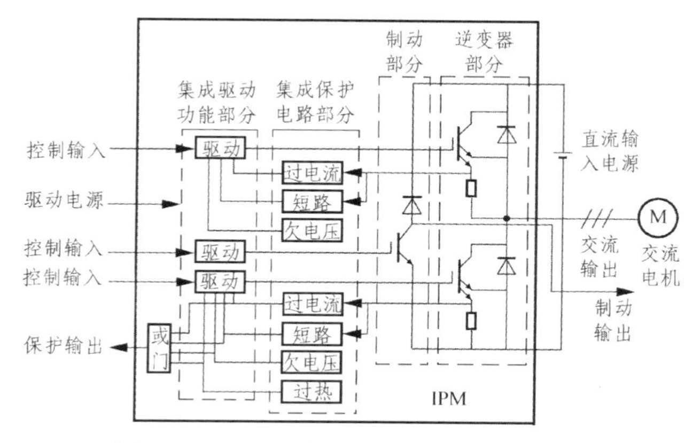

图 2.12　1IPM 智能功率模块结构框图

2. IPM 的主要特点

（1）开关速度快。IPM 内的 IGBT 芯片都选用高速型，且驱动电路紧靠 IGBT 芯片，驱动延时小，因此 IPM 开关速度快，损耗小。

（2）低功耗。IPM 内部的 IGBT 导通压降低，开关速度快，故 IPM 功耗小。

（3）抗干扰能力强。优化的门级驱动与 IGBT 集成，布局合理，无外部驱动线。

（4）缩短开发时间。IPM 集成了相关的外围电路，因此使用方便，开发更为简单。

（5）体积小。由于高度的集成化，大大减少了元件数目。

2.5 矢量控制技术

20 世纪 70 年代末，在 F. Blaschke 等人的“感应电机磁场定向控制原理”和 P. C. Custman，A. A. Clark 等人的“感应电机定子电压的坐标变换控制理论”的基础上，产生了交流电机矢量控制理论。

2.5.1 矢量控制的基本理论

直流电机能获得优异的调速性能，其主要原因是与直流电机电磁转矩相关的励磁磁通 Φ_m 和电枢电流 I_a 在空间上是正交的，且互相独立，即电磁转矩和电枢电流之间存在线性关系，这样，通过调节电枢电流就可以直接控制电磁转矩。另外，为使电机在高速区能以恒功率方式运行，直流电机还可进行弱磁控制。正因为直流电机在很宽的运行范围内能提供可控转矩，因此得到了长时间的广泛应用。

与直流电机不同，在交流电机中，励磁磁场和电枢磁通势的空间角度不固定，随负载的变化而变化，从而导致磁场间复杂关系，为此，不能简单地通过调节电枢电流来直接控制电磁转矩。若能通过外部条件对励磁磁场与电枢磁通势的空间位置进行定向控制，称为磁场的“角度控制”。同时，又能对电枢电流的幅值进行直接控制，那么，就可将交流电机模拟为一台他励直流电机，从而获得与直流电机同样的调速性能，这就是矢量控制理论。

矢量控制原理是将交流电机输入的电流等效变换为类似直流电机彼此独立的励磁电流和转矩电流，建立起与之等效的直流电机数学模型，通过对这两个量的反馈控制实现对电机电磁转矩和速度的闭环控制。然后，再通过相反的变换，将被控制的等效直流电机电流还原为交流电机的电流，从而实现了用类似直流电机的调速方法对交流电机的调速控制。

2.5.2　交流永磁同步电机的矢量控制

矢量控制技术在同步电机中更容易实现，因为同步电机中不存在像感应电机中的转差频率电流，于是参数的敏感性问题也就不那么明显，另外，应用高矫顽力和高剩磁感应的永磁材料，可使永磁同步电机的功率密度高于感应电机，即可以获得更高的转矩/惯量比。因此，目前在数控机床的驱动系统中，多采用矢量控制交流永磁同步电机系统。

为了实现交流永磁同步电机的矢量控制，需建立同步电机等效于直流电机的数学模型。根据矢量控制原理，交流永磁同步电机数学模型建立如下：

1. 定子合成电流 i_s

交流永磁同步电机采用正弦波供电，设三相定子电流分别为：

$$\begin{aligned} i_u &= I_1 \cos \omega t \\ i_v &= I_1 \cos(\omega t + 2\pi/3) \\ i_w &= I_1 \cos(\omega t + 4\pi/3) \end{aligned} \tag{2.3}$$

由于三相定子绕组本身在定子空间的位置相差 120°，因此，可得定子合成电流 i_s 的表达式：

$$\begin{aligned} i_s &= I_1 \cos \omega t + I_1 \cos(\omega + 2\pi/3)\cos(2\pi/3) + I_1 \cos(\omega + 4\pi/3)\cos(4\pi/3) \\ &= \frac{3}{2} I_1 \cos(\omega t) \end{aligned} \tag{2.4}$$

2. 定子电流在转子磁链 *d*-*q* 坐标系上的等效矢量

交流永磁同步电机的定子电流和转子磁链都是空间旋转的矢量，且两者须保证一定的夹角（转子磁链滞后于定子电流）才能输出电磁转矩。如果将两者在一静止的参考坐标系 *a*-*b* 上表示，可得如图 2.13 所示的矢量图。

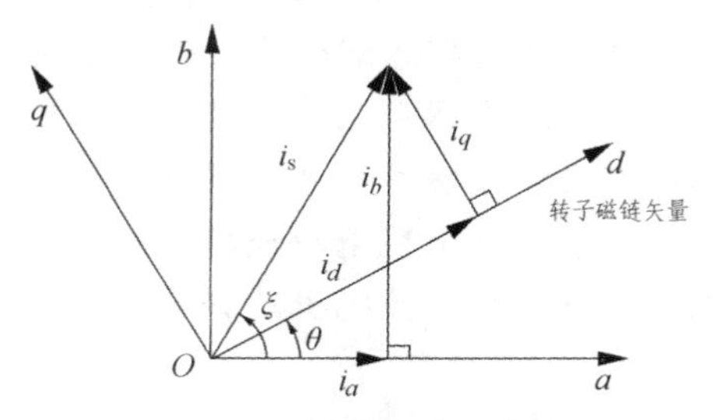

图 2.13 电流与磁场矢量

由此可得定子电流 i_s 转换到 a-b 坐标系和转子磁链矢量 d-q 坐标系上的表达式分别为：

$$\begin{aligned} i_a &= i_s \cos\xi \\ i_b &= i_s \sin\xi \end{aligned} \tag{2.5}$$

$$\begin{aligned} i_d &= i_a \cos\theta + i_b \sin\theta \\ i_q &= -i_a \sin\theta + i_b \cos\theta \end{aligned} \tag{2.6}$$

式中 θ——转子磁链的初始相位。

由于式（2.6）中电流分量 i_q 与转子磁链矢量正交，因此 i_q 可看成是产生电磁转矩的有效分量。在同样的 i_s 下，若 $\xi-\theta=90°$，电流分量 i_q 的值可以达到最大，此时，输出电磁转矩为最大。

3. 在转子磁链矢量 d-q 坐标系中建立定子电压平衡方程

为了建立定子电压平衡方程，需要在 d-q 坐标系中分解磁链。设永磁同步电机的永磁体转子磁链为 ψ_f，定子线圈产生的磁链为 ψ_a，根据公式 $\psi = Li$ 计算可得：$\psi_a = L_a i_d + \mathrm{j}L_a i_q$。那么，$d$-$q$ 坐标系中合成的磁链矢量表达式：

$$\psi = (\psi_f + L_a i_d) + \mathrm{j}L_a i_q \tag{2.7}$$

因 d-q 坐标系以角速度 $\omega = \mathrm{d}\theta/\mathrm{d}t$ 旋转，考虑方向后，可得磁链变化率：

$$\frac{\mathrm{d}\psi}{\mathrm{d}t} = \frac{\partial\psi}{\partial t} + \mathrm{j}\omega\psi \tag{2.8}$$

将式（2.7）代入到（2.8）式，并考虑到永磁体的转子磁链 ψ_f 为常数，整理后可得定子绕组上的感应电动势：

$$e_1 = \frac{\mathrm{d}\psi}{\mathrm{d}t} = \left(L_a\frac{\mathrm{d}i_d}{\mathrm{d}t} — L_a\omega i_q\right) + \mathrm{j}\left(L_a\frac{\mathrm{d}i_q}{\mathrm{d}t} + L_a\omega i_d + \psi_f\omega\right) \tag{2.9}$$

分解到转子 d-q 坐标系上，定子电压平衡方程式为：

$$\begin{aligned} u_{\mathrm{d}} &= R_a i_d + L_a \frac{\mathrm{d}i_d}{\mathrm{d}t} - L_a \omega i_q \\ u_{\mathrm{q}} &= R_a i_q + L_a \frac{\mathrm{d}i_q}{\mathrm{d}t} + L_a \omega i_d + K\omega \end{aligned} \tag{2.10}$$

式中　K——电机常数，$K = p\psi_{\mathrm{f}}$，其中 p 为永磁同步电机的极对数；

R_a——定子电阻；

L_a——定子电感；

ω——定子电流的角频率。

4. 建立电机的运行方程

交流永磁同步电机的理想控制状态是：能在转子磁场强度为最大值的位置上，使定子绕组的电流也能够达到最大，这样电机便能在同样的输入电流下获得最大的输出电磁转矩。

要保证交流永磁同步电机处于理想状态，就应采用转子的磁场定向控制原理，对定子电流的幅值与相位同时进行控制。转子磁场定向控制原理是：控制与转子磁链同相的电压分量 u_d，使与转子磁链同相的电流分量 $i_d = 0$，即保证电机在旋转过程中三相定子合成电流矢量 i_{s} 始终与转子磁链矢量垂直（即 $i_{\mathrm{s}} = i_q$），$\xi - \theta = 90°$，从而使电机在按同步转速旋转的同时输出最大转矩。根据转子磁场定向控制原理，可得交流永磁同步电机的运行方程：

$$\begin{aligned} u_d &= -L_a \omega i_q \\ u_q &= R i_q + L_a \frac{\mathrm{d}i_q}{\mathrm{d}t} + K\omega \\ M &= K i_q \end{aligned} \tag{2.11}$$

由式（2.11）可见，在实现“磁场定向”控制的前提下，只需控制与转子磁链正交的电流分量 i_q 就可实现永磁同步电机输出转矩的控制。矢量控制技术的应用，使交流电机的控制效果如同直流电机的控制效果，提高了交流电机的调速特性。

5. 参考坐标系间的坐标变换

在矢量控制中，当外部对电机的转矩指令确定后，也就给定了电流分量 i_q^*。如果电机内部的实际值电流 i_q、i_d 与给定值 i_q^*、i_d^* 相符合，便实现了上述控制要求。但实际向电机输入的并不是 d、q 轴电流 i_q、i_d，而是三相电流 i_u、i_v、i_w，前者是直流量，后者是交流量。为从给定值 i_q^*、i_d^* 得到给定的三相电流 i_u^*、i_v^*、i_w^*，还要进行两个参考坐标系间的坐标变换，变换关系：

$$\begin{pmatrix} i_u^* \\ i_v^* \\ i_w^* \end{pmatrix} = \sqrt{\frac{2}{3}} \begin{pmatrix} \cos\theta & \sin\theta & \sqrt{\frac{1}{2}} \\ \cos\left(\theta - \frac{2\pi}{3}\right) & \sin\left(\theta - \frac{2\pi}{3}\right) & \sqrt{\frac{1}{2}} \\ \cos\left(\theta + \frac{2\pi}{3}\right) & \sin\left(\theta + \frac{2\pi}{3}\right) & \sqrt{\frac{1}{2}} \end{pmatrix} \begin{pmatrix} i_d^* \\ i_q^* \end{pmatrix} \tag{2.12}$$

为使实际输入电机的三相电流 i_u、i_v、i_w 与由式（2.12）变换得到的指令值 i_u^*、i_v^*、i_w^* 相等，通常在控制系统中设置电流环，通过电流闭环控制，迫使实际三相电流严格跟踪指令电流。另外，要实现式（2.12）的变换，还需获取转子磁链 d-q 坐标系的转角 θ，通常在电机轴端安装编码器或旋转变压器，实时检测转子磁极位置，由此获得转角 θ。由此可见，矢量控制的实质是通过分别控制 d、q 轴电流 i_q、i_d，并通过坐标变换，最终实现电流 i_s 的幅值和相位的控制。

第 3 章　驱动电机及特性

数控机床进给伺服驱动系统常用的驱动电机有步进电机、交流永磁同步电机和交流永磁同步直线电机。数控机床主轴伺服驱动系统常用的驱动电机有交流主轴异步电机和电主轴等。本章重点介绍交流永磁同步电机、交流永磁同步直线电机、交流主轴异步电机和电主轴。

3.1　交流永磁同步电机

3.1.1　交流永磁同步电机的结构及工作特性

1．交流永磁同步电机的结构和工作原理

（1）永磁同步电机的结构。

交流永磁同步电机的结构如图 3.1 所示，主要由定子 5、定子绕组 3、转子 6 和位置速度检测元件 11 组成。电机的定子由硅钢片叠装构成，其上有齿槽，内有三相对称绕组，外形呈多边形。转子结构有切向式转子和极靴星形转子等。切向式转子如图 3.2 所示，由用高导磁率的永磁材料制成的多个磁极 2 和铁心 1 组成。此结构气隙磁密较高，极数较多，同一种铁心和相同的磁铁块数可装成不同的极数。极靴星形转子如图 3.3 所示，这种转子可采用矩形磁铁或整体星形磁铁构成。

在永磁同步电机的矢量控制技术中，无论转子的磁场定向控制，还是磁通反馈，都需要实时检测转子磁场的幅值和相位。因此，在永磁同步电机的轴上均安装有编码器、旋转变压器等位置、检测装置。

永磁同步电机转子的永磁材料对电机的外形尺寸、磁路尺寸和性能指标都有很大的影响。常用的永磁材料有铝镍钴系永磁合金、铁氧体磁铁和稀土永磁铁，其中稀土永磁合金又分第一代钐钴（$SmCo_3$），第二代钐钴（$SmCo_{17}$）和第三代稀土钕铁硼（Nd-Fe-B）等。铁氧体的价格便宜，具有较高的矫顽

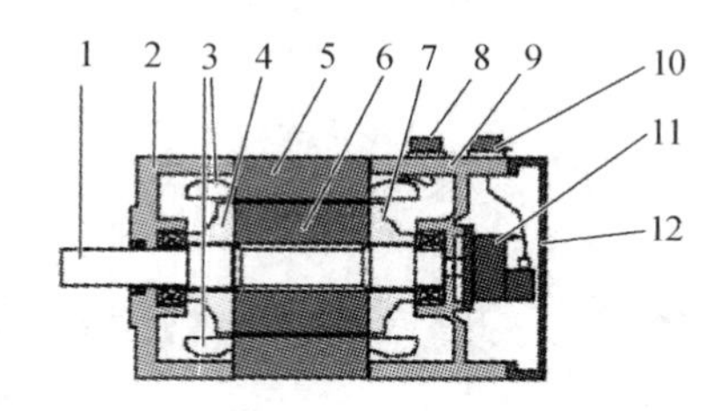

图 3.1 交流永磁同步电机的结构图

1—电机轴；2—前端盖；3—三相绕组线圈；4—前压板；5—定子；6—转子；7—后压板；8—动力线插头；9—后端盖；10—反馈插头；11—脉冲编码器；12—电机后盖

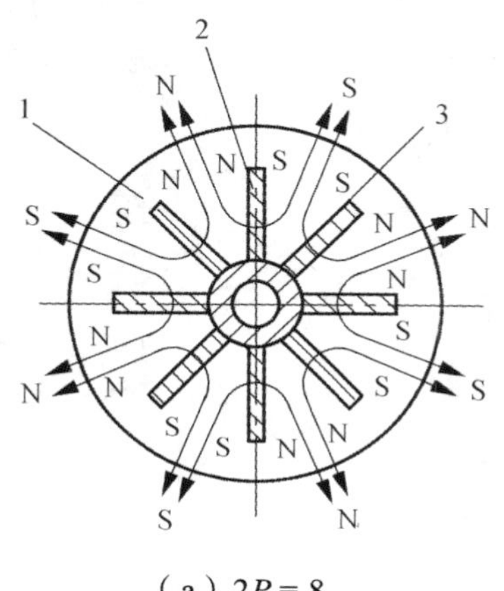

（a）$2P=8$

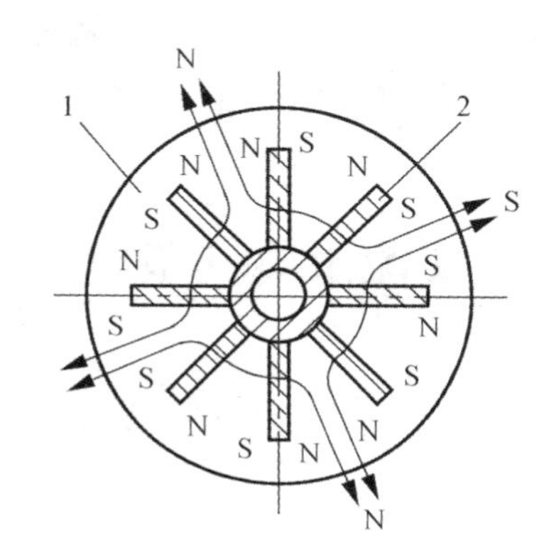

（b）整体星形式 $2P=4$

图 3.2 交流永磁同步电机的切向转子式结构图

1—铁心；2—永磁铁；3—非磁性套筒

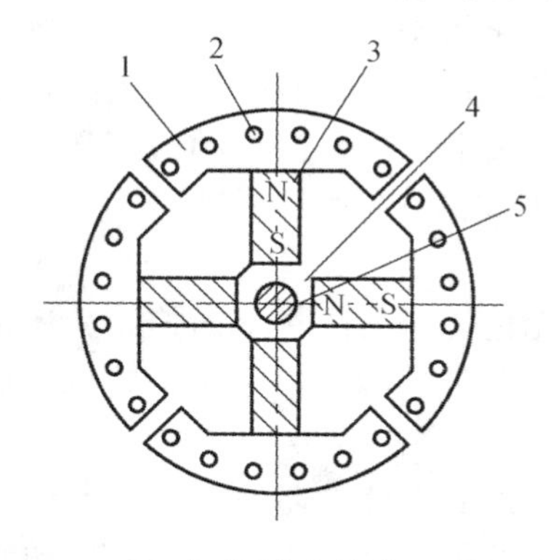

（a）矩形磁铁式

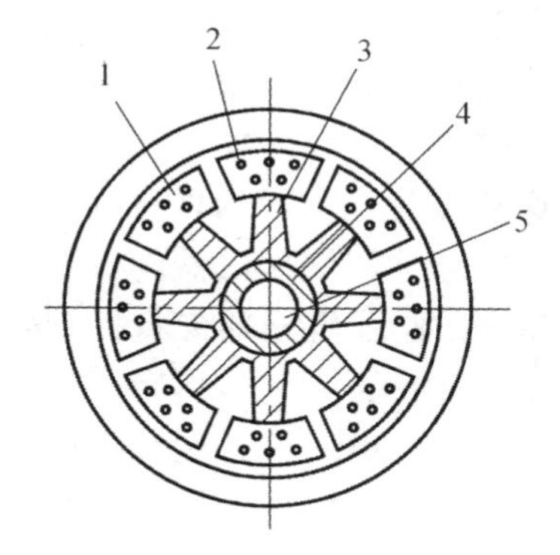

（b）整体星形式

图 3.3 交流永磁同步电机的极靴星形转子结构图

1—极靴；2—笼条；3—永磁铁；4—转子轭；5—转轴

力及一定的抗去磁能力，但剩磁通密度低。稀土钴较铁氧体的矫顽力和剩磁通密度高得多，抗去磁能力良好，不过成本很高。钕铁硼是近年来出现的新型永磁材料，其矫顽力和剩磁通密度较铁氧体高，而成本又较稀土钴更低，是最有应用前景的永磁材料。根据永磁材料的磁性能不同，制成的转子结构也不同，如星形转子只适宜用铝镍钴系合金材料制成，而切向永磁转子适宜用铁氧体磁铁和稀土永磁铁制成。

（2）永磁同步电机的工作原理。

永磁同步电机的工作原理如图 3.4 所示。当定子的三相绕组通入三相交流电时，产生空间的旋转磁场，从而吸引转子上的磁极同步旋转。永磁同步电机的同步转速为 $n=n_s=60f/p$，转速由交流供电电源频率 f_1 和磁极对数 p 所决定。永磁同步电机运行时，当负载超过一定极限后，转子不再按同步转速旋转，甚至可能不转，这就是永磁同步电机的失步现象，此时负载的极限称为最大同步转矩 M_m。

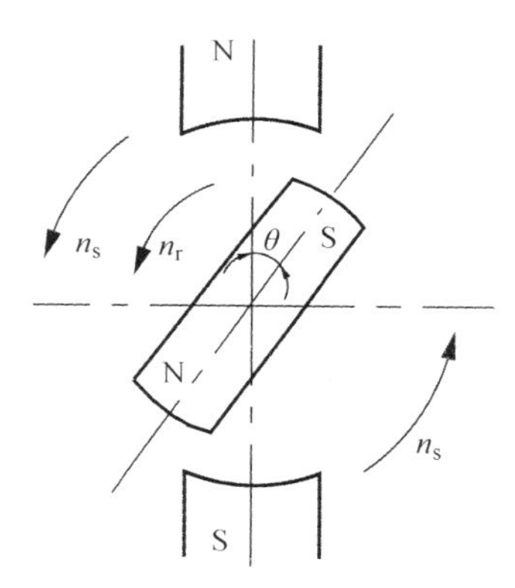

图 3.4　永磁同步电机的工作原理

永磁同步电机启动时，若将其定子直接接入电网，虽然定子绕组已产生旋转磁场，而此时由于转子自身的惯性作用不能立刻随旋转磁场同步转动，这样定子和转子间存在相对运动，使转子受到的平均转矩为零，同时，刚启动时，定子与转子磁场之间的转速差很大，因此，电机不能自行启动。启动难是永磁同步电机的缺点。解决启动难的方法有：在设计时设法减小电机的转子惯性；增加极数，以减小电机的同步转速；另外，还可在速度控制单元中采取先低速后高速的控制方法来解决。

由于永磁同步电机的转速与旋转磁场同步，其静态误差为零。在负载扰动下，只是功率角变化，而不引起转速变化，因此，其响应时间具有实时性，这是其他调速系统做不到的，与感应式异步电机相比，由于永磁同步电机的转子有磁极，在很低的频率下也能运行，因此，在相同的条件下，该电机的调速范围比异步电机更宽。同时，由于转子是永磁铁，只要定子绕组通入电流，即使转速为零时，电机仍然能够输出额定转矩，称此为“零速伺服锁定”功能。

2. 交流永磁同步电机的工作特性

永磁同步电机的工作特性反映在转矩与转速的变化关系上，称此为电机的机械特性。永磁同步电机的机械特性曲线如图 3.5 所示，在整个速度控制范围内，转矩基本是恒定的，堵转（零转速）时转矩最大，转矩可以短时过载，过载能力可达 4 ~ 5 倍额定转矩。机械特性可分为两个工作区，实线下是连续工作区，即连续运行或连续加工的工作区域；虚线与实线间的区域是断续工作区，用于动态过渡过程，如加/减速运行、反向，以及起停的工作区域。由于此区可以过载使用，从图中可见，过载倍数可达额定力矩的 4 倍多，所以过渡过程可以加速执行，使得伺服的跟随精度可以提高，生产效率也可提高。永磁同步电机的“零速伺服锁定”功能使得其在非常低的速度下都能够平稳、平滑地转动，保证了数控机床在低速加工时，也能够获得高质量的加工表面。

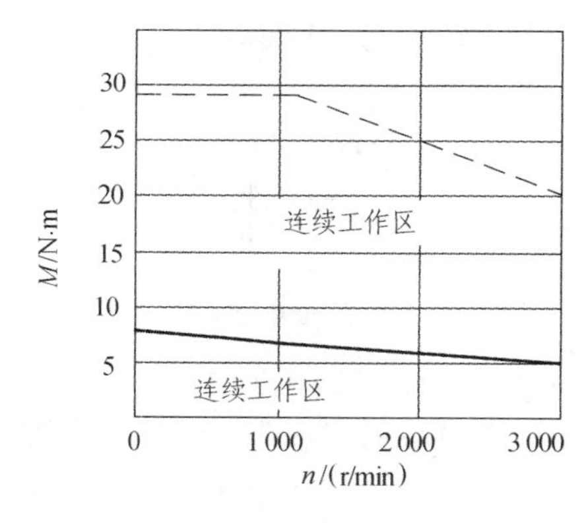

图 3.5 永磁同步电机的工作曲线

在连续工作区中，速度和转矩的任何组合都可连续工作，但连续工作区的划分受到一定条件的限制。一般说来，有两个主要条件：一是供给电机的电流应是理想的正弦波电流；二是电机的工作温度，如工作温度变化，则工作曲线将表现为另一条曲线，这是由于所用的磁性材料的负温度系数所致，至于断续工作区的极限，一般受到电机供电电压的限制。

3.1.2　典型交流永磁伺服电机的和

1．武汉华中数控交流永磁伺服电机

武汉华中数控公司的交流永磁伺服电机有 GK6 系列。GK6 系列电机又包括与三相 220 V 电源的驱动器匹配与三相 380 V 电源的驱动器匹配的两种类型。电机冷却方式有自然冷却和强制冷却。GK6 系列电机可配增量式光电编码器（2 500 p/r）、旋转变压器等位置检测装置。

（1）GK6 系列电机的型号与意义，如图 3.6 所示。

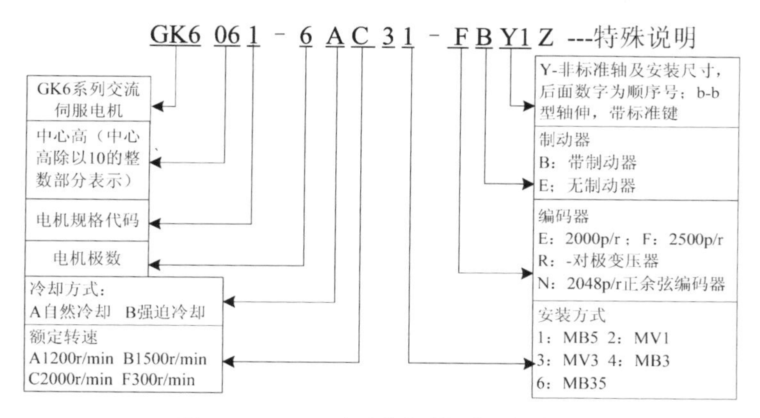

图 3.6　GK6 系列电机的型号与意义

（2）电机的主要规格及技术参数。

与三相 380 V 电源驱动器匹配的 GK6 系列（自然冷却型）电机的主要规格及技术参数如表 3.1 所示。

表 3.1　GK6 系列（自然冷却）电机的主要规格及技术参数

（与三相 380 V 电源的驱动器匹配）

电机型号 GK6	额定转速 /（r/min）	静转矩 /N·m	相电流 /A	极数	转动惯量 /kg·cm^2	质量 /kg	适配的驱动器	
							HSV-18D-	HSV-180AD-
040-6AC61（6AF61）	2 000（3 000）	1.6	0.9（1.4）	6	1.87	3.7	025	—
041-6AC61（6AF61）	2 000（3 000）	2.5	1.4（2.2）	6	2.67	4.3	025	—
042-6AC61（6AF61）	2 000（3 000）	3.2	1.9（2.8）	6	3.47	5.0	025	—
060-6AC61（6AF61）	2 000（3 000）	3	1.5（2.3）	6	4.4	8.5	025	—

续表 3.1

电机型号 GK6	额定转速 /（r/min）	静转矩 /N·m	相电流 /A	极数	转动惯量 /kg·cm²	质量 /kg	适配的驱动器	
							HSV-18D-	HSV-180AD-
061-6AC61（6AF61）	2 000（3 000）	6	3（4.5）	6	8.7	10.6	025	—
062-6AC61（6AF61）	2 000（3 000）	7.5	3.8（5.7）	6	12.9	12.8	025	035
063-6AC61（6AF61）	2 000（3 000）	11	5.6（8.3）	6	17	14.5	025（050）	035
064-6AC61（6AF61）	2 000（3 000）	4.5	2.2（3.2）	6	6.7	9	025	035
070-6AC61（6AF61）	2 000（3 000）	3	1.5（2.3）	6	4.4	8.5	025	035
071-6AC61（6AF61）	2 000（3 000）	6	3（4.5）	6	8.7	10.6	025	035
072-6AC61（6AF61）	2 000（3 000）	7.5	3.8（5.7）	6	12.9	12.8	025	035
073-6AC61（6AF61）	2 000（3 000）	11	5.6（8.3）	6	17	14.5	025（050）	035
075-6AC61（6AF61）	2 000/3 000	15	6.2/9.1	6	23.4	17.8	025	035
080-6AC61（6AF61）	2 000/3 000	16	6.8/10.2	6	26.7	16.5	025（050）	035（050）
081-6AA61（6AC61）	1 200（2 000）	21	6.1（10）	6	35.7	19.5	025（050）	035（050）
081-6AF61	3 000	21	15	6	35.7	19.5	050	075
083-6AA61（6AC61）	1 200（2 000）	27	8.1（13.3）	6	44.6	22.5	025（050）	035（075）
083-6AF61	3000	27	20	6	44.6	22.5	100	100
085-6AA61（6AC61）	1 200（2 000）	33	9.9（16.5）	6	53.5	25.5	050（075）	050（075）
085-6AF61	3 000	33	24.8	6	53.5	25.5	100	100
087-6AA61（6AC61）	1 200（2 000）	37	11.1（18.5）	6	62.4	28.5	050（075）	050（075）
085-6AF61	3 000	37	27.8	6	62.4	28.5	100	150
083-6AA61（6AC61）	1 200（2 000）	42	12.6（21）	6	71.3	31.5	050（075）	050（075）
085-6AF61	3 000	42	31.5	6	71.3	31.5	150	150

续表 3.1

电机型号 GK6	额定转速 /（r/min）	静转矩 /N·m	相电流 /A	极数	转动惯量 /kg·cm^2	质量 /kg	适配的驱动器	
							HSV-18D-	HSV-180AD-
100-8AA61（8AB61）	1 200（1 500）	18	4.7（5.9）	8	57.2	21	025（025）	035（035）
100-8AC61（8AF61）	2 000（3 000）	18	7.8（11.7）	8	57.2	21	025（050）	035（050）
101-8AA61（8AB61）	1 200/ 1 500	27	7（8.8）	8	89.5	26	025（050）	035（035）
101-8AC61（8AF61）	2 000/ 3 000	27	11.7（17.5）	8	89.5	26	050（075）	050（075）
103-8AA61（8AB61）	1 200/ 1 500	36	9.4（11.8）	8	121.5	30	050（050）	035/050）
103-8AC61（8AF61）	2 000/ 3 000	36	15.7（23.5）	8	121.5	30	050（100）	075/100）
105-8AA61（8AB61）	1 200/ 1 500	45	11.7（14.5）	8	153.5	34	055（050	050（075）
105-8AC61（8AF61）	2 000/ 3 000	45	19.5（30.6）	8	153.5	34	075（150）	100（150）
107-8AA61（8AB61）	1 200/ 1 500	55	14.3（17.9）	8	185.5	38	050（075）	075（075）
107-8AC61（8AF61）	2 000/ 3 000	55	23.8（35.7）	8	185.5	38	100（150）	100（150）
109-8AA61（8AB61）	1 200/ 1 500	70	18.5（23.1）	8	233.5	45	075（100）	075（100）
109-8AC61（8AF61）	2 000/ 3 000	70	28.2（42.3）	8	233.5	45	150（200）	150（200）

2. 广州数控交流永磁伺服电机

广州数控公司的交流永磁伺服电机有 SJT 系列。SJT 系列电机根据外形尺寸不同可分为 80SJT、110SJT、130SJT、175SJT 4 大类。电机的输出力矩从 2.4 N·m 到 38 N·m，可配增量式光电编码器（2 500、5 000 p/r）或 17bit 的绝对值编码器。

（1）SJT 系列电机的型号及意义，如图 3.7 所示。

（2）电机的主要规格和技术参数。

SJT 系列电机的主要规格和技术参数如表 3.2 所示。

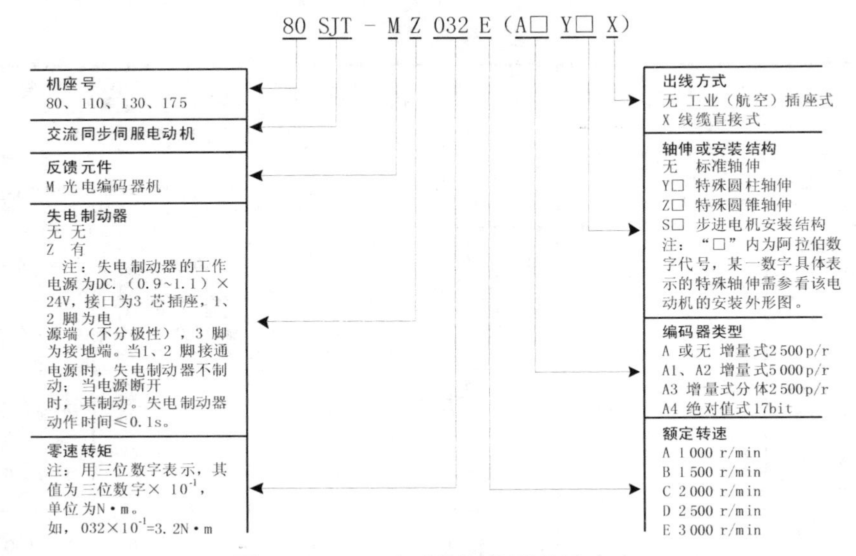

图 3.7 SJT 系列电机的型号及意义

表 3.2 SJT 系列电机的主要规格及技术参数

电机型号 SJT—	额定功率 /kW	额定电流 /A	额定转矩 /N·m	最大转矩 /N·m	额定转速 /(r/min)	最高转速 /(r/min)	极数	转动惯量 /kg·cm²	质量（带制动器）/g	适配的伺服驱动器	
										GE2000-	GH2000-
80SJT-M024C	0.5	3	2.4	7.2	2 000	2 500	4	0.83	2.8	GE2030T	GH2030T
80SJT-M024E	0.75	4.8	2.4	7.2	3 000	4 000	4	0.83	2.9	GE2030T	GH2030T
80SJT-M032C	0.66	5	3.2	9.6	2 000	2 500	4	1.23	3.4	GE2030T	GH2030T
80SJT-M032E	1.0	6.2	3.2	9.6	3 000	4 000	4	1.23	3.5	GE2030T	GH2030T
110SJT-M040D	1	4.5	4	12	2 500	3 000	4	0.68	6.1（7.7）	GE2030T	GH2030T
110SJT-M040E	1.2	5	4	10	3 000	3 300	4	0.6	6.1（7.7）	GE2030T	—
110SJT-M060D	1.5	7	6	12	2 500	3 000	4	0.9	7.9（9.5）	GE2050T	GH2050T
110SJT-M060E	1.8	8	6	12	3 000	3 300	4	0.9	7.9（9.5）	GE2050T	—
110SJT-M040D	1	4	4	10	2 500	3 000	4	1.1	6.5（8.1）	—	—
110SJT-M050D	1.3	5	5	12.5	2 500	3 000	4	1.1	6.5（8.1）	—	—
130SJT-M060D	1.5	6	6	18	2 500	3 000	4	1.33	7.2（10.1）	GE2050T	GH2050T
130SJT-M075D	1.88	7.5	7.5	20	2 500	3 000	4	1.85	8.1（11）	GE2050T	GH2050T
130SJT-M100B	1.5	6	10	25	1 500	2 000	4	2.42	9.6（12.5）	GE2050T	GH2050T
130SJT-M100D	2.5	10	10	25	2 500	3 000	4	2.42	9.7（12.6）	GE2050T	GH2050T

续表 3.2

电机型号 SJT—	额定功率 /kW	额定电流 /A	额定转矩 /N·m	最大转矩 /N·m	额定转速 /(r/min)	最高转速 /(r/min)	极数	转动惯量 /kg·cm²	质量（带制动器）/g	适配的伺服驱动器	
										GE2000-	GH2000-
130SJT-M150B	2.3	8.5	15	30	1 500	2 000	4	3.1	11.9（14.8）	GE2050T	GH2050T
130SJT-M150D	3.9	14.5	15	30	2 500	3 000	4	3.6	12.7（15.6）	GE2075T	GH2075T
175SJT-M120E	3	13	9.6	19.2	3 000	3 000	3	5.1	18.9（24.5）	—	GH2075T
175SJT-M150B	2.4	11	15	30	1 500	2 000	3	5.1	18.5（24.1）	—	GH2075T
175SJT-M150D	3.1	14	12	24	2 500	3 000	3	5.1	19（24.6）	GE2075T	GH2075T
175SJT-M180B	2.8	15	18	36	1 500	2 000	3	6.5	22.8（28.4）	GE2075T	GH2075T
175SJT-M180D	3.8	16.5	14.5	29	2 500	3 000	3	6.5	22.9（28.5）	GE2100T	GH2100T
175SJT-M220B	3.5	17.5	22	44	1 500	2 000	3	9	28.9（34.5）	GE2100T	GH2100T
175SJT-M220D	4.5	19	17.6	35.2	2 500	3 000	3	9	29.2（36.8）	GE2100T	GH2100T
175SJT-M300B	3.8	19	24	48	1 500	2 000	3	11.2	34.3（42）	GE2100T	GH2100T
175SJT-M300D	6	27.5	24	48	2 500	3 000	3	11.2	34.4（42.1）	GE2100T	GH2100T
175SJT-M380B	6	29	38	76	1 500	2 000	3	14.8	42.4（50.1）	GE2100T	GH2100T

3. 西门子交流永磁伺服电机

德国西门子公司的交流永磁伺服电机有 1FT5、1FT6、1FT7、1FK6、1FK7、1FS6 等系列。1FT5 电机与 SIMODRIVE 611A 配合构成模拟驱动系统，可连接具有模拟接口的数控系统，如西门子的 SINUMERIK 810/850/880/840C 等系统。1FK6、1FT6 电机与 SIMODRIVE 611D/611U 配合构成数字驱动系统，可连接具有数字接口的数控系统，如西门子的 SINUMERIK 802D/810D/840D/840Di 等系统。1FK7、1FT7 系列是 1FK6、1FT6 系列的替代产品，可与西门子多种驱动器配合使用，特别是与 SINAMICS S120 高性能驱动器匹配，能实现精确的位置、速度控制。本节主要介绍广泛应用于数控机床驱动系统的 1FT7 和 1FK7 系列电机。

（1）1FT7 系列交流永磁伺服电机。

1FT7 电机是新型永磁同步电机，与 1FT6 相比外形更紧凑美观。电机的动态性能、过载能力（可达 4 倍定额值）、低转矩脉动、速度设定范围（包括磁场削弱）和定位精度等特性均能满足高端驱动系统的控制要求。

1FT7 电机有带 DRIVE-CLiQ 接口和不带 DRIVE-CLiQ 接口两种类型。带 DRIVE- CLiQ 接口的电机包括一个用于编码器分析、获取电机温度的传感器模块，以及一个带有明确的身份识别号码的电气型号铭牌和电机编码器专用的数据。电机可直接通过所提供的 DRIVE-CLiQ 电缆连接在 SINAMICS S120 驱动器的电机模块上，如图 3.8 所示。此电机由于可以自动进行电机和编码器类型身份识别，简化了调试和诊断工作。不带 DRIVE-CLiQ 接口的电机在 SINAMICS S120 上运行时需要一个柜式安装的传感器模块。传感器模块对连接的电机编码器信号或者外部编码器信号进行评估，并将其转换到 DRIVE- CLiQ 上，连接方式如图 3.9 所示。电机内置编码器系统不带 DRIVE-CLiQ 接口的编码器类型有：增量式编码器 sin/cos 1Vpp 2048p/r（绝对式编码器）EnDat/2048p。电机内置编码器系统带 DRIVE-CLiQ 接口的编码器类型有：增量式编码器 22bit 2048p/r、（绝对值编码器）22 bit 2048p/r。

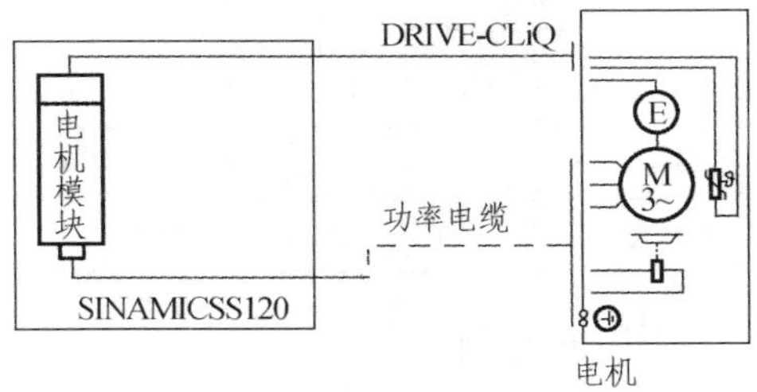

图 3.8　带有 DRIVE-CLiQ 接口电机的编码器连接

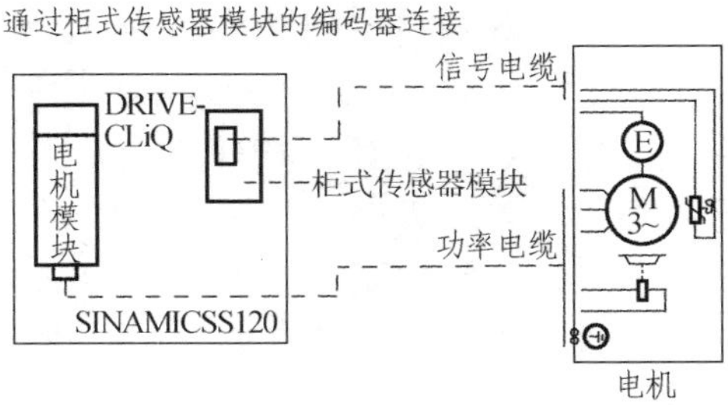

图 3.9　不带 DRIVE-CLiQ 接口电机的编码器连接

① 1FT7 系列电机的型号及意义，如图 3.10 所示。

② 电机的主要规格及技术参数。

1FT7 系列电机与 SINAMICS S120 伺服驱动器配套的核心型电机的规格与主要技术参数如表 3.3 所示。

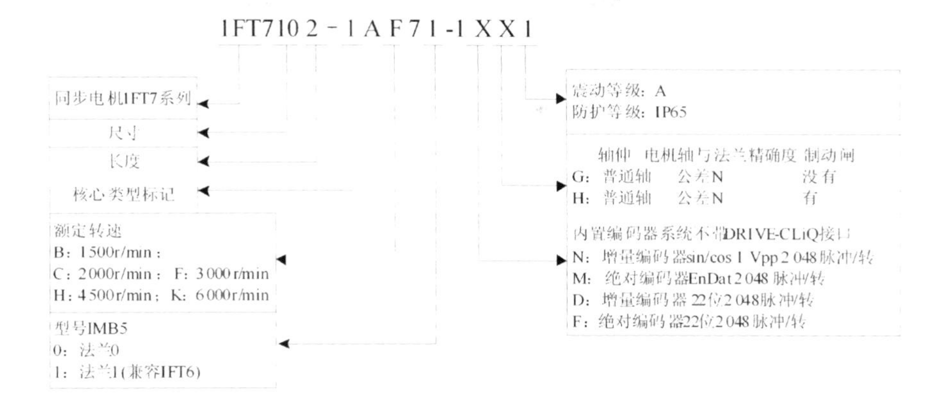

图 3.10 1FT7 系列电机的型号及意义

表 3.3 1FT7 系列核心型电机的主要规格及技术参数

电机类型 1FT7	额定转速 /(r/min)	轴高	额定功率 /kW	静转转矩 /N·m	额定转矩 /N·m	额定电流 /A	极对数	转动惯量(不含制动器) /kg·cm²	质量（不含制动器）/kg	适配 SINAMICS S120 驱动器的电机模块	
										额定电流/A	6SL3120-
1FT7102-1AC71-1□□□	2 000	100	5.03	30	24	10	5	91.4	26.1	18	-□TE21-8AA0 1)
1FT7105-1AC71-1□□□	2 000	100	7.96	50	38	15	5	178	44.2	18	-□TE21-8AA0
1FT7044-1AF71-1□□□	3 000	48	1.35	5	4.3	2.6	3	5.43	7.32	3	-□TE13-0AA0
1FT7062-1AF71-1□□□	3 000	63	1.7	6	5.4	3.9	5	7.36	7.1	5	-□TE15-0AA0
1FT7064-1AF71-1□□□	3 000	63	2.39	9	7.6	5.1	5	11.9	9.7	9	-□TE21-0AA0
1FT7082-1AF71-1□□□	3 000	80	3.24	13	10.5	6.6	5	26.5	14	9	-□TE21-0AA0
1FT7084-1AF71-1□□□	3 000	80	4.55	20	14.5	8.5	5	45.1	20.8	18	-□TE21-8AA0
1FT7086-1AF71-1□□□	3 000	80	5.65	28	18	11	5	63.6	31.6	18	-□TE21-8AA0
1FT7084-1AH71-1□□□	4 500	89	4.82	20	11.65	10.1	5	45.1	20.8	18	-□TE21-8AA0
1FT7062-1AK71-1□□□	6 000	63	2.13	6	3.7	5.9	5	7.36	7.1	9	-□TE21-0AA0
1FT7064-1AK71-1□□□	6 000	63	2.59	9	5.5	6.1	5	11.9	9.7	9	-□TE21-0AA0

注：1）“□”为 1 配套单电机模块和 2 配套双电机模块。

2）电机规格中核心型号与标准型号相比，交货期较短，配件供应迅速，为此，建议优先采用核心型号电机。

（2）1FK7 系列交流永磁伺服电机。

1FK7 电机是高度紧凑型的永磁同步电机，采用了新的定子绕组技术，与 1FK6 电机相比，长度更短，力矩波动更小。电机具有可选择的集成齿轮箱，因此应用范围很广。根据结构不同，1FK7 电机有紧凑型 CT 和高动态性能型 HD 两种类型。CT 型电机主要用于安装空间狭小的场合，适用于大多数的行业应用；HD 型电机主要用于对动态性能有较高要求、加速性能好的生产机械。1FK7 电机可配置增量式编码器、绝对值编码器或者旋转变压器等位置检测装置，并可与西门子多种驱动器配合使用，如 810D 内部的驱动器、611D、611U、611Ue 和 SINAMICS S120 等，特别是与 SINAMICS S120 高性能驱动器匹配，能实现精确的位置、速度控制。

1FK7 电机有带 DRIVE-CLiQ 接口和不带 DRIVE-CLiQ 接口两种类型。电机内置编码器系统不带 DRIVE- CLiQ 接口的编码器类型有：增量式编码器 sin/cos 1Vpp 2048p/r、多圈 2048p/r EnDat 绝对式编码器。电机内置编码器系统带 DRIVE-CLiQ 接口的编码器类型有：增量式编码器 22bit 2048p/r、多圈 22 位 2048p/r 22bit 的绝对值编码器。

① 1FK7 系列电机的型号及意义，如图 3.11 所示。

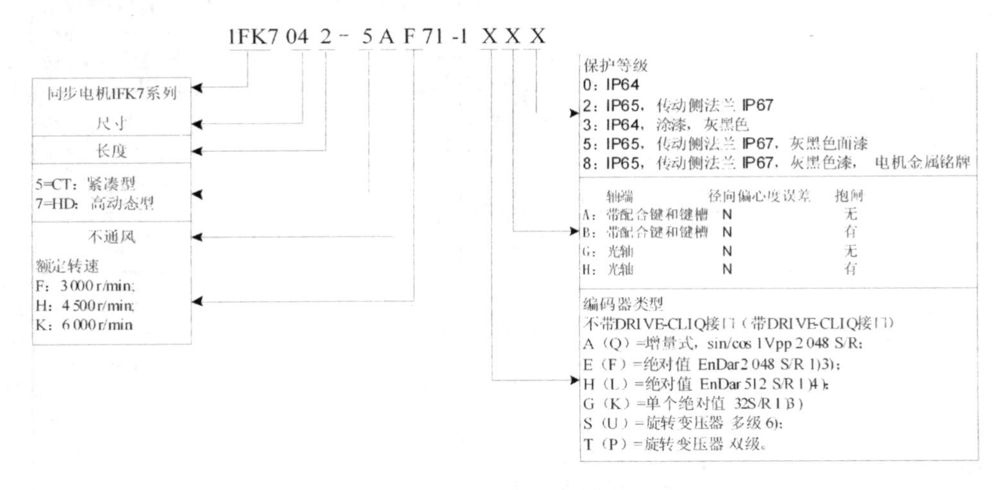

图 3.11 1FK7 系列电机的型号及意义

② 电机的主要规格及技术参数。

1FK7 系列电机分别与 SIMODRIVE 611Ue、SINAMICS S120 伺服驱动器配套的 HD、CT 型核心型电机的主要规格与技术参数如表 3.4 所示。

表 3.4 1FK7 系列电机的规格及主要技术参数

电机类型 1FK7	额定速度 /(r/min)	轴高 /mm	额定功率 /kW	额定转矩 /N·m	定额电流 /A	极对数	转动惯量（不含制动器）/kg·cm^2	质量（不带制动器）/kg	伺服驱动器的额定电流 /A	适配的 SIMODRIVE 611U 的功率模块 6SN1123-	适配的 SINAMICS S120 的电机模块 6SL3120-
HD 型核心型											
1FK7044-7AF71-1□□□	3 000	48	1.1	3.5	4.5	4	1.28	7.5	5	-1AA00-0AA1	-□TE15-0AA0[3]
1FK7061-7AF71-1□□□	3 000	63	1.7	5.4	6.1	4	3.4	10.1	9	-1AA00-0BA1	-□TE21-0AA0
1FK7064-7AF71-1□□□	3 000	63	2.51	8	11	4	6.5	15.3	18	-1AA00-0CA1	-□TE21-0AA0
1FK7082-7AF71-1□□□	3 000	80	2.51	8	10.6	4	14	17.2	18	-1AA00-0CA1	-□TE21-8AA0
1FK7085-7AF71-1□□□	3 000	80	2.04	6.5	22.5	4	23	23.5	28	-1AA00-0DA1	-1TE23-0AA0
1FK7043-7AH71-1□□□	4 500	48	1.23	2.6	4.5	3	1.01	6.7	5	-1AA00-0AA1	-□TE15-0AA0
1FK7044-7AH71-1□□□	4 500	48	1.41	3	6.3	3	1.28	7.5	9	-1AA00-0BA1	-□TE21-0AA0
1FK7061-7AH71-1□□□	4 500	63	2.03	4.3	8	3	3.4	10.1	9	-1AA00-0BA1	-□TE21-0AA0
1FK7064-7AH71-1□□□	4 500	63	2.36	5	15	3	6.5	15.3	18	-1AA00-0CA1	-□TE21-8AA0
1FK7033-7AK71-1□□□	6 000	36	0.57	0.9	2.2	2	0.27	3.1	3	-1AA00-0HA1	-□TE13-0AA0
1FK7043-7AK71-1□□□	6 000	48	1.26	2	6.4	2	1.01	6.7	9	-1AA00-0BA1	-□TE21-0AA0
CT 型核心型											
1FK7105-5AC71-1□□□	2 000	100	7.75	37	16	4	156	39	30	-1AA00-0DA1	-□TE23-0AA0
1FK7042-5AF71-1□□□	3 000	48	0.82	2.6	1.95	4	3.01	4.9	3	-1AA00-0HA1	-□TE13-0AA0
1FK7060-5AF71-1□□□	3 000	63	1.48	4.7	3.7	4	7.95	7	5	-1AA00-0AA1	-□TE15-0AA0

续表 3.4

电机类型 1FK7	额定速度 /(r/min)	轴高 /mm	额定功率 /kW	额定转矩 /N·m	定额电流 /A	极对数	转动惯量（不含制动器） /kg·cm^2	质量（不带制动器） /kg	伺服驱动器的额定电流 /A	适配的 SIMODRIVE 611U 的功率模块 6SN1123-	适配的 SINAMICS S120 的电机模块 6SL3120-
1FK7063-5AF71-1□□□	3 000	63	2.29	7.3	5.6	4	15.1	11.5	9	-1AA00-0BA1	-□TE21-0AA0
1FK7080-5AF71-1□□□	3 000	80	2.14	6.8	4.4	4	15	10	5	-1AA00-0AA1	-□TE15-0AA0
1FK7083-5AF71-1□□□	3 000	80	3.3	10.5	7.4	4	27.3	14	9	-1AA00-0BA1	-□TE21-0AA0
1FK7100-5AF71-1□□□	3 000	100	3.77	12	8	4	55.3	19	18	-1AA00-0CA1	-□TE21-8AA0
1FK7101-5AF71-1□□□	3 000	100	4.87	15.5	11.8	4	79.9	21	18	-1AA00-0CA1	-□TE21-8AA0
1FK7103-5AF71-1□□□	3 000	100	5.37	20.5	16.5	4	105	29	30	-1AA00-0DA1	-1TE23-0AA0
1FK7105-5AF71-1□□□	3 000	100	8.17	26	18	4	156	39	30	-1AA00-0DA1	-1TE23-0AA0
1FK7060-5AH71-1□□□	4 500	63	1.74	3.7	4.1	4	7.95	7	9	-1AA00-0BA1	-1TE23-0AA0
1FK7063-5AH71-1□□□	4 500	63	2.09	5	6.1	4	15.1	11.5	18	-1AA00-0CA1	-□TE21-8AA0
1FK7080-5AH71-1□□□	4 500	80	2.39	5.7	5.6	4	15	10	9	-1AA00-0BA1	-1TE23-0AA0
1FK7083-5AH71-1□□□	4 500	80	3.04	8.3	9	4	27.3	14	18	-1AA00-0CA1	-□TE21-8AA0
1FK7022-5AK71-1□□□	6 000	28	0.4	0.6	1.4	3	0.28	1.8	3	-1AA00-0HA1	-□TE13-0AA0
1FK7032-5AK71-1□□□	6 000	36	0.5	0.8	1.4	3	0.61	2.7	3	-1AA00-0HA1	-□TE13-0AA0
1FK7040-5AK71-1□□□	6 000	48	0.69	1.1	1.7	2	1.69	3.5	3	-1AA00-0HA1	-□TE13-0AA0
1FK7042-5AK71-1□□□	6 000	48	1.02	2	3.1	2	3.01	4.9	5	-1AA00-0AA1	-□TE15-0AA0

注：1）使用绝对值编码器时，额定转矩降低 10%；
2）SINAMICS 的最大工作频率不得超过 470 Hz；
3）“□”为 1 配套单电机模块和 2 配套双电机模块。

4. 发那科交流永磁伺服电机

日本发那科公司的交流永磁伺服电机有βi 和αi 两大系列，分别提供 200 V 和 400 V 两种电源类型。电机采用最新的 HRV（High Response Vector）伺服控制技术，具有运行平稳、加速特性优良，以及可靠性高的特点，实现了高速、高精和高效的进给轴控制效果。其中 β i 电机的扭矩小、惯量小，速度响应快，主要适合于点位直线控制的高性能价格比的小型数控机床。αi 电机的扭矩大、惯量大，低速性能好，可与丝杠直联。由于其惯量大，系统时间特性可预知，受机械传动的影响小，容易调试，控制精度高，但成本也高，因此，主要适用于直线、轮廓控制精度要求较高的中等规格的数控机床。

（1）βi 系列交流永磁伺服电机。

βi 系列电机性能可靠、结构紧凑、经济实用，且性价比高，广泛用于高性能价格比的小型数控机床。βi 系列用于进给驱动系统的有βiS、βiSc 两种类型。其中βiS 电机属于紧凑型结构，性价比高；βiSc 电机性价比高，但无热敏电阻及 ID 信息。电机均配置高分辨率的编码器（128 000/rev）。

βi（200 V）系列βiS、βiSc 类型电机的主要规格及技术参数如表 3.5 所示。

表 3.5　βi 系列电机的主要规格及技术参数

电机类型 βiS（200 V）	额定功率 /kW	堵转转矩 /N·m	最大转矩 /N·m	额定转速 /(r/min)	最高转速 /(r/min)	转动惯量 /kg·cm^2	适配的伺服驱动器βiSV（或βiSVSP）
βiS 2/4 000	0.5	2	7	4 000	4 000	2.9	20
βiS 4/4 000	0.75	3.5	10	3 000	4 000	5.2	20
βiS 8/3 000	1.2	7	15	2 000	3 000	12	20
βiS 12/2 000	1.4	10.5	21	2 000	2 000	23	20
βiS 12/3 000	1.8	11	27	2 000	2 000	23	40
βiS 22/2 000	2.5	20	45	2 000	2 000	53	40
βiS 22/3 000	3	20	45	2 000	2 000	53	80
βiS 30/2 000	3	27	68	2 000	2 000	59	80
βiS 40/2 000	3	36	90	1 500	2 000	99	80
βiSc 2/4 000	0.5	2	7	4 000	4 000	2.91	20
βiSc 4/4 000	0.75	3.5	10	3 000	4 000	5.2	20
βiSc 8/3 000	1.2	7	15	2 000	3 000	12	20
βiSc 12/2 000	1.4	10.5	21	2 000	2 000	23	20

（2）αi 系列交流永磁伺服电机。

αi 系列电机采用更高分辨率的薄型编码器（标准型：1 000 000/rev 和 16 000 000 /rev），配套高精度电流检测功能的伺服驱动器，以及最新的伺服 HRV 控制，实现了高速、高精度和高效的控制，最适合于高精化和小型化的数控机床的进给轴驱动。电机采用最优的结构设计，大大缩短了全长，是一种旋转很平滑的伺服电机。

αi 系列用于进给驱动系统的有αiS 和αiF 两种类型。代号中的“S”代表采用钕磁钢的强力电机；“F”代表铁氧体磁钢电机。αiS 电机适用于小型、高速、大功率，以及要求加速性能优越的进给轴；αiF 电机适用于移动物重、转动惯量较大的进给轴。αi（200V）系列αiS、αiF 类型电机的主要规格及技术参数如表 3.6 所示。

表 3.6　αi 系列的αiS、αiF 电机的主要规格及技术参数

电机类型 αi（200 V）	额定功率 /kW	堵转转矩 /N · m	最大转矩 /N · m	额定转速 /(r/min)	最高转速 /(r/min)	转动惯量 /kg · cm^2	适配的伺服 驱动器βiSV （或βiSVSP）
αiS							
αiS2/5000	0.75	2	7.8	4 000	5 000	2.9	20
αiS2/6000	1	2	6	6 000	6 000	2.9	20
αiS4/5000	1	4	8.8	4 000	5 000	2.5	20
αiS4/6000	1	3	7.5	6 000	6 000	25	80
αiS8/4000	2.5	8	32	4 000	4 000	12	80
αiS8/6000	2.2	8	22	6 000	6 000	12	80
αiS12/4000	2.7	12	46	3 000	4 000	23	160
αiS12/6000	2.2	11	52	4 000	6 000	23	160
αiS22/4000	4.5	22	76	3 000	4 000	53	160
αiS22/6000	4.5	18	54	6 000	6 000	53	360
αiS30/4000FAN	5.5	30	100	3 000	4 000	76	360
αiS40/4000	5.5	40	115	3 000	4 000	99	160
αiS50/2000	4	53	170	2 000	2 000	145	360
αiS60/2000	5	65	200	1 500	2 000	195	360
αiS50/3000FAN	14	75	215	3 000	3 000	145	360
αiS60/3000FAN	14	95	285	2 000	3 000	195	360

续表 3.6

电机类型 αi（200 V）	额定功率 /kW	堵转转矩 /N·m	最大转矩 /N·m	额定转速 /(r/min)	最高转速 /(r/min)	转动惯量 /kg·cm^2	适配的伺服驱动器βiSV（或βiSVSP）
αiS100/2500	11	100	274	2 000	2 500	250	360
αiS100/2500FAN	22	140	274	2 000	2 500	250	360
αiS200/2500	16	180	392	2 000	2 500	430	360
αiS200/2500FAN	30	200	392	2 000	2 500	430	360
α iS300/2000	52	300	750	2 000	2 000	790	360×2
α iS500/2000	60	500	1 050	2 000	2 000	1300	360×2
αiF							
αiF2/5000	0.5	1	5.5	5 000	5 000	3.1	20
αiF4/4000	0.75	2	8.3	4 000	5 000	5.3	20
αiF8/3000	1.4	4	15	4 000	4 000	14	40
αiF12/3000	1.6	8	29	3 000	3 000	26	40
αiF22/3000	3	12	35	3 000	3 000	62	80
αiF22/3000	4	22	64	3 000	3 000	120	80
αiF30/3000	7	30	83	3 000	3 000	170	160
αiF40/3000	6	38	130	2 000	3 000	220	160
αiF40/3000FAN	9	53	130	2 000	3 000	220	160

3.2　直线电机

随着航空航天、汽车制造、模具加工和电子制造等行业对高精、高效加工的要求越来越高，高速数控机床成为数控的必然趋势。而直线驱动系统采用直接驱动（Direct Drive）方式，与传统的旋转传动方式相比，取消了电机到工作台间的一切机械中间传动环节，把机床进给传动链的长度缩短为零。由于其彻底改变了传统的旋转传动存在的弹性变形大、响应速度慢、反向间隙大，以及易磨损等缺点，以速度高、加速快、定位精准和行程不受制约等优点，成为高速数控机床驱动系统发展的主流技术。

直线驱动系统的执行元件是直线电机，直线电机是直接产生直线运动的电磁装置。它可以看成是从旋转电机演化而来。设想把旋转电机沿径向剖开，并将圆周展开成直线，就得到了直线电机，如图 3.12 所示。

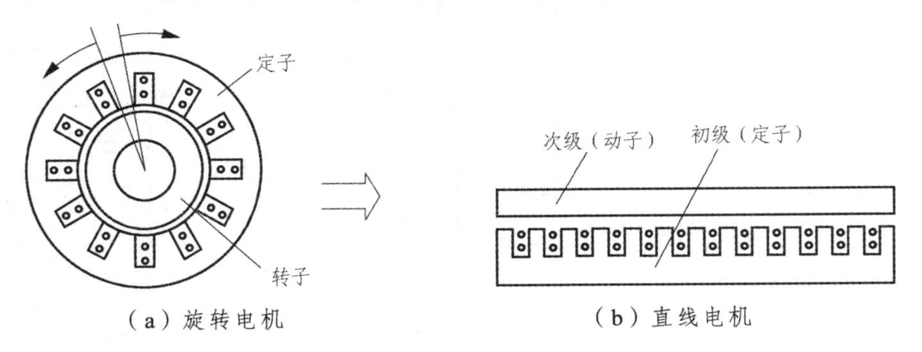

图 3.12 感应式旋转电机演变为直线电机示意图

直线电机的种类很多，在不同的场合有不同的分类方法。从原理上讲，每种旋转电机都有与之对应的直线电机。直线电机根据工作原理可分为永磁同步直线电机和感应异步直线电机两类。永磁同步直线电机的定子由永磁材料构成，感应异步直线电机的定子由金属条构成。其中，永磁同步直线电机的性能好、体积小、重量轻，且具有回馈制动功能，在推力、速度、定位精度和效率等方面都比感应直线电机具有更多的优点，其最大推力达 15 ~ 20 kN，额定推力达 6 ~ 8 kN，而感应异步直线电机的最大推力为 5 ~ 10 kN，额定推力为 0.8 ~ 2 kN。因此，永磁同步直线电机以明显的优势广泛应用于高精、高速和高效的数控机床。

3.2.1 交流永磁同步直线电机的结构和工作原理

1. 交流永磁同步直线电机的结构和工作原理

永磁同步直线电机的结构如图 3.13 所示，主要由定子和动子组成。定子由一条可以任意加长的铁轭和交替布置的永磁磁极组成。动子在全长上，安装了含铁心的通电绕组。在直线电机中，定子和动子又分别称为次级和初级。

直线电机与旋转电机不仅在结构上相类似，而且工作原理也是相似的。如图 3.14 所示，直线电机动子的三相绕组中通入三相正弦交流电后，产生气隙磁场。当不考虑由于铁心两端开断而引起的纵向端部效应时，这个气隙磁场的分布情况与旋转电机相似，即可以看成沿展开的直线方向呈正弦分布。当三相电流随时间变化时，气隙磁场将按 A、B、C 相序沿直线运动。这个原理与旋转电机相似，但两者的差异是：直线电机的气隙磁场是沿直线方向平移，而不是旋转，称该磁场为行波磁场。显然，行波磁场的移动速度与旋转磁场在定子内圆表面上的线速度 v_s（称为同步速度）是一样的。对于永磁直线同步电机来说，永磁体的磁场与行波磁场相互作用便会产生电磁推力。在这个电磁推力的作用下，由于定子固定不动，那么动子就会沿行波磁场运动的相反方向作直线运动。行波磁场移动速度 v_s 的计算公式：

$$v_s = 2f\tau \tag{3.1}$$

式中　τ——动子的极距；

f——电源频率。

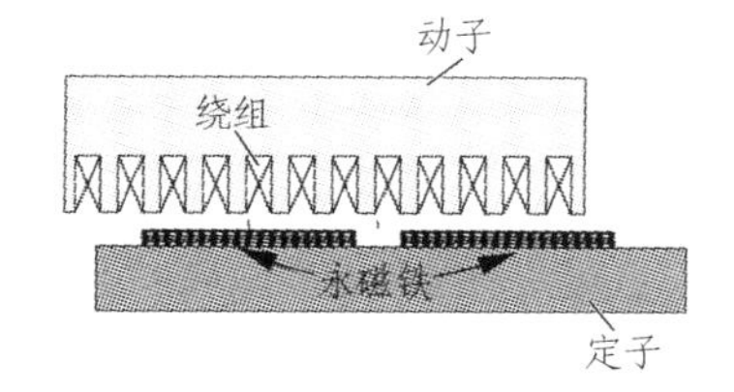

图 3.13　交流永磁同步直线电机

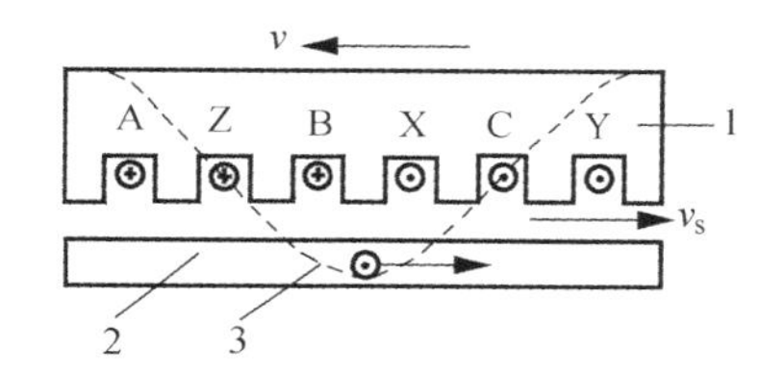

图 3.14　交流永磁同步直线电机工作原理

1—动子；2—定子；3—行波磁场

若相对于旋转电机的转差率为 S（取值在 0 ~ 1），则动子的移动速度 v：

$$v = 2f\tau(1-S) \tag{3.2}$$

直线电机的电磁推力公式与三相异步电机转矩公式相类似，电磁推力 F：

$$F = KpI_2\Phi_m\cos\theta_2 \tag{3.3}$$

式中　K——电机结构常数；

p——磁极对数；

I_2——次级电流；

Φ_m——初级一对磁极的磁通量幅值；

$\cos\theta_2$——初极的功率因数。

由于直线电机的初级和次级都存在边端，在做相对运动时，初级与次级之间互相耦合的部分将不断变化，不能按规律运动。为使其正常运行，需要保证在行程范围内，初级与次级之间的耦合保持不变，因此，实际应用时，初级和次级的长度不完全相等。通常情况下，采用初级短、次级长的结构。初级部件具有固定尺寸，而次级部件可以根据所需行程长度由多段组成。此外，直线电机还有单边型和双边型两种结构，如图 3.15 所示。双边型电机的次级部件位于两个初级部件之间（一个是带有标准绕组的初级部件，一个是带辅助绕组的初级部件）。数控机床一般采用单边型，直线电机的初级安装在工作台的下部，且是通电端，次级固定在床身上。在电磁推力的作用下，由于床身（次级）固定不动，那么工作台（初级）则会沿行波磁场运动的相反方向实现直线运动。

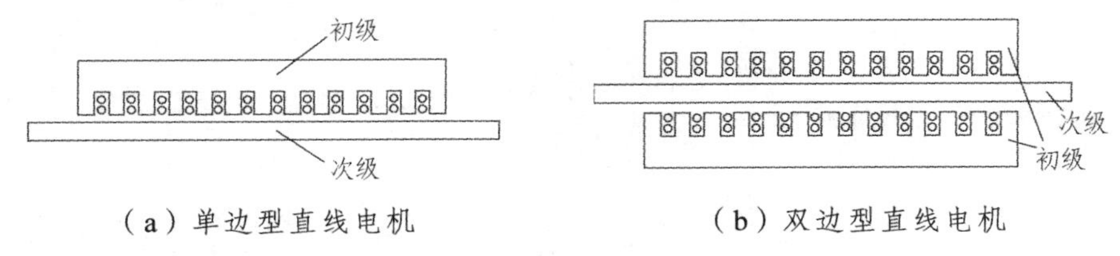

（a）单边型直线电机　　（b）双边型直线电机

图 3.15　直线电机外形结构

2. 直线电机的工作特性

直线电机与传统的旋转电机加滚动丝杠的结构相比，具有以下主要工作特性：

（1）速度范围宽。直线电机的进给速度从几微米到百米以上，目前加工中心快进速度可达 300 m/min，而传统机床快进速度在 60 m/min 以下，一般为 20 ~ 30 m/min。

（2）速度特性好。直线电机的速度偏差可达到 0.01% 以下。

（3）加速度大。直线电机的最大加速度可达 30g。目前加工中心进给加速度已达 3.24g，激光加工机进给加速度已达 5g，而传统机床进给加速度在 1g 以下，一般为 0.3 ~ 0.5g。

（4）定位精度高。直线电机驱动系统采用全闭环控制，定位精度可达 0.1 ~ 0.01 μm；应用前馈控制的系统可减少跟踪误差 200 倍以上；由于直线电机运动部件的动态特性好，响应灵敏，加上插补控制精细化，易于实现纳米级控制。

（5）行程不受限制。传统丝杠传动受丝杠制造工艺的限制，行程一般在 4 ~ 6 m。而直线电机驱动，定子可无限加长，且制造工艺简单，目前已有大型高速加工中心其 X 轴长达 40 m。

（6）结构简单、运动平稳、噪声小，运动部件摩擦小、磨损小、使用寿命长、安全可靠。

直线电机由于结构上的特点，也产生了一些特有的问题：

（1）发热较大。直线电机的发热可高达 100 °C，通常需增设水冷却系统，以避免对机床结构产生不利的影响。

（2）低频模态下的惯性振动。重型机床或立柱采用直接驱动，在高速、高加速度下运动时可能出现机床结构的低频模态，这种惯性振动被检测系统拾取，就可能造成控制系统的不稳定和影响加工表面的质量，因此直接驱动系统更适用于中小型数控机床。

（3）无自锁特性。直线电机由于无自锁特性，为保证操作安全，尤其在垂直运动轴，必须增设配重和锁紧机构。

（4）端部效应。直线电机的端部效应可分为横向端部效应和纵向端部效应两种。横向端部效应是由边缘磁通端部、连接磁通和次级纵向电流分量的相互作用而产生的。横向端部效应会引起等值的次级电阻率增加和在次级上产生侧向不稳定的偏心力。纵向端部效应是由有限长初级绕组和初级铁心引起的特殊现象，它又可分为静态端部效应和动态端部效应。纵向端部效应会引起电机的附加损耗，降低电机的效率和输出推力，导致电机的工作特性恶化。目前，消除直线电机端部效应的措施有很多，如在主初级前面增加一段辅助短初级，在次级铁心上开槽，改变次级永磁体形状结构和布局方式等，这些措施主要是通过改变电机结构来降低端部效应；还可以采用各种数值算法和优化算法，通过对直线电机进行计算机辅助优化设计，从而降低端部效应，提高其性能指标。目前，端部效应无法彻底消除，在控制过程中还要采取补偿措施，以减小端部效应的不利影响。

除此之外，直线电机的防磁和安全防护等问题也值得重视。由于直线电机的磁场是敞开的，工件、床身和刀具很容易被磁化，切屑和空气中的磁性尘埃会被吸入到直线电机初、次级之间的气隙中，导致电机无法正常工作，因此直线电机要采取有效的隔磁措施。目前，一般采用三维折叠式高速防护罩将直线电机的磁场封闭起来，以确保直线电机的安全运行。在高速加工过程中，为了保护电机，直线电机两端要设计机械式缓冲防护装置和电子限位开关，以防止动子失控后发生碰撞。

虽然在改善直线电机的性能以及控制系统等方面还有许多工作要做，但使用直线驱动的高速数控机床以能增加材料的切除率、减小刀具磨损、改善工件表面加工质量，以及加工薄壁零件和硬质材料等独特的优点必将在机床工业中得到越来越广泛的应用。

3.2.2 典型交流直线电机

1. 西门子直线电机

德国西门子公司的直线电机有 1FN1 和 1FN3 等系列，其中 1FN1 已逐渐被 1FN3 替代。1FN3 系列直线电机的初级部件具有固定尺寸，次级部件可以根据所需长度由几段组成。同时可通过电机的并行运行方式，增大其推力和行程。如果使用相应的测量系统和在适合的温度条件下，电机可实现纳米级定位。直线电机的初级部件中的热量可通过集成的液体冷却系统耗散，电机与机器间可经济地实现有效热隔离。1FN3 直线电机可与驱动器 SIMODRIVE 611 digital/universal HR 和 SINAMICS S120 配套使用，构成高品质的直接驱动系统，满足机床高动态响应和高精度的要求。IFN3 系列直线电机的主要规格及技术参数如表 3.7 所示。

表 3.7　IFN3 系列直线电机的主要规格及技术参数

电机类型 1FN3 标准型、水冷（初级部件型号）	额定推力 /N[1)3)]	最大推力 /N	最大速度 /(m/min)[2)]		额定电流 /A[1)]	额定功率 /kW	适配的 SIMODRIVE 611U 的功率模块	
			额定推力时	最大推力时			定额电流/A	6SN1123-[4)]
1FN3 050-2WC00-□□□□	200	550	146	373	2.7	4.1	5	-1A□0-0AA1
1FN3 100-1WC00-□□□□	200	490	138	322	2.4	3.1	5	-1A□0-0AA1
1FN3 100-2WC00-□□□□	450	1 100	131	297	5.1	6.3	9	-1A□0-0BA1
1FN3 100-2WE00-□□□□	450	1 100	237	497	8.1	8.3	18	-1A□0-0CA1
1FN3 100-3WC00-□□□□	675	1 650	120	277	7.2	9.2	18	-1A□0-0CA1
1FN3 100-3WE00-□□□□	675	1 650	237	497	12.1	12.4	18	-1AA0-0CA1
1FN3 100-4WC00-□□□□	900	2 200	131	297	10.1	12.6	18	-1A□0-0CA1
1FN3 100-5WC00-□□□□	1 125	2 750	109	255	11	14.4	18	-1A□0-0CA1
1FN3 150-1WC00-□□□□	340	820	126	282	3.6	4.3	5	-1A□0-0AA1
1FN3 150-2WC00-□□□□	675	1 650	126	282	7.2	8.7	18	-1A□0-0CA1
1FN3 150-3WC00-□□□□	1 015	2 470	126	282	10.7	13	18	-1A□0-0CA1
1FN3 150-4WC00-□□□□	1 350	3 300	126	282	14.3	17.4	28	-1AA0-0DA1
1FN3 150-5WC00-□□□□	1 690	4 120	126	282	17.9	21.7	28	-1AA0-0DA1
1FN3 300-1WC00-□□□□	615	1 720	128	309	6.5	8.7	18	-1A□0-0CA1
1FN3 300-2WC00-□□□□	1 225	3 450	63	176	8	13.2	18	-1A□0-0CA1
1FN3 300-2WC00-□□□□	1 225	3 450	125	297	12.6	16.8	28	-1AA0-0DA1
1FN3 300-3WC00-□□□□	1 840	5 170	125	297	19	25.1	56	-1AA0-0EA1
1FN3 300-4WB00-□□□□	2 450	6 900	63	176	16	26.3	28	-1AA0-0DA1

续表 3.7

电机类型 1FN3 标准型、水冷 （初级部件型号）	额定推力/N[1)3)]	最大推力/N	最大速度/(m/min)[2)]		额定电流/A[1)]	额定功率/kW	适配的 SIMODRIVE 611U 的功率模块	
			额定推力时	最大推力时			定额电流/A	6SN1123-[4)]
1FN3 300-4WC00-□□□□	2 450	6 900	125	297	25.3	33.5	56	-1AA0-0EA1
1FN3 450-2WA00-□□□□	1 930	5 180	30	112	8.6	15.9	18	-1A□0-0CA1
1FN3 450-2WC00-□□□□	1 930	5 180	120	275	18.8	23.1	28	-1AA0-0DA1
1FN3 450-2WB00-□□□□	2 895	7 760	62	164	179	27.5	28	-1AA0-0DA1
1FN3 450-3WC00-□□□□	2 895	7 760	120	275	28.1	34.6	56	-1AA0-0EA1
1FN3 450-4WB00-□□□□	3 860	10 350	62	164	23.8	36.7	56	-1AA0-0EA1
1FN3 450-4WC00-□□□□	3 860	10 350	120	275	37.5	46.2	56	-1AA0-0EA1
1FN3 450-4WE00-□□□□	3 860	10 350	240	519	67.6	65.3	140	-1AA0-0KA1
1FN3 600-2WA00-□□□□	2 610	6 900	36	120	12.4	21.9	18	-1A□0-0CA1
1FN3 600-3WB00-□□□□	3 915	10 350	58	155	23.2	35.4	56	-1AA0-0EA1
1FN3 600-3WC00-□□□□	3 915	10 350	112	254	35.2	41.6	56	-1AA0-0EA1
1FN3 600-4WB00-□□□□	5 220	13 800	58	155	30.9	47.2	56	-1AA0-0EA1
1FN3 600-4WB50-□□□□	5 220	13 800	91	215	40.8	52.2	70	-1AA0-0FA1
1FN3 600-4WC00-□□□□	5 220	13 800	112	254	46.9	55.5	70	-1AA0-0FA1
1FN3 900-2WB00-□□□□	4 050	10 350	65	160	24.7	34.5	56	-1AA0-0EA1
1FN3 900-2WC00-□□□□	4 050	10 350	115	253	36.7	41	56	-1AA0-0EA1
1FN3 900-3WB00-□□□□	6 075	15 530	75	181	40.6	54.5	70	-1AA0-0FA1
1FN3 900-4WB00-□□□□	8 100	2 0700	65	160	49.4	68.9	70	-1AA0-0FA1
1FN3 900-4WC00-□□□□	8 100	2 0700	115	253	73.5	81.9	140	-1AA0-0KA1

注：1）水冷，进口温度 + 35 °C；
2）变频器直流链路电压为 DC 600 V 时的值；
3）在电机停止时、运行速度极低时或行程极短的情况下，必须考虑到有一个 30% 的减少量；
4）“□”为 1 配套单电机模块和 2 配套双电机模块。

2. 发那科直线电机

日本发那科公司的直线电机有 Lis 系列，并且分别提供 200 V 和 400 V 两种电源类型。Lis 电机采用最新的伺服 HRV 控制技术，以及通过处理来自线性编码器的模拟信号的原点位置检测电路，可获得高速、高平滑和高精度的进给，即最高速度 4 m/s 下能实现 0.01 μm 的高分辨精度。对于大行程进给轴，电机可以通过在一块磁铁板上安装多个线圈来实现多头配置以增加推力，并实现旋转电机很难达到的最高速度 4 m/s 和最大加速度 30g 以上。电机特殊的冷却结构，最大限度地减少了电机对机床的热传递，保证了机床更高的精度。Lis 系列直线电机的主要规格及技术参数如表 3.8 所示。

表 3.8 Lis 系列直线电机的主要规格及技术参数

电机类型 LiS（200 V）	最大速度 /(m/s)	最大功率 /kW	连续推力/N		最大推力 /N	磁引力 /N	适配的伺服放大器 αi SV
			自然冷却	水冷			
LiS 300A1/4	4	0.7	50	100	300	750	20
LiS 600A1/4	4	1.4	100	200	600	1 500	40
LiS 900A1/4	4	2.1	150	300	900	2 250	40
LiS 1500B1/4	4	3.2	300	600	1 500	4 500	40
LiS 3000B2/2	2	3.2	600	1 200	3 000	9 000	40
LiS 3000B2/4	4	6.8	600	1 200	3 000	9 000	80
LiS 4500B2/2	2	4.8	900	1 800	4 500	13 500	80
LiS 6000B2/2	2	6.4	1 200	2 400	6 000	18 000	80
LiS 6000B2/4	4	13.5	1 200	2 400	6 000	18 000	160
LiS 7500B2/2	2	8	1 500	3 000	7 500	22 500	160
LiS9000B2/2	2	9.6	1 800	3 600	9 000	27 000	160
LiS 9000B2/4	4	20.3	1 800	3 600	9 000	27 000	360
LiS 3300C1/2	2	3.5	660	1 320	3 300	9 900	80
LiS 9000C2/2	2	9.6	1 800	3 600	9 000	27 000	160
LiS 11000C2/2	2	17.1	2 200	4 400	11 000	33 000	160
LiS 15000C2/2	2	20.3	3 000	7 000	15 500	45 000	360
LiS15000C2/3	3	23.8	3 000	7 000	15 500	45 000	360
LiS 10000C3/2	2	10.7	2 000	4 000	10 000	30 000	160
LiS 17000C3/2	2	18.1	3 400	6 800	17 000	51 000	360

3.3　交流主轴伺服电机

3.3.1　交流主轴异步电机的结构及工作特性

交流主轴伺服电机通常采用感应式电机的结构形式，属于异步电机，但是需要专门设计。为增加电机的输出功率、减小电机的尺寸，主轴异步电机的定子采用定子铁心在空气中直接冷却的方法，没有机壳，同时，在定子铁心上设计有轴向孔以便于通风，电机外形呈多边形，如图 3.16 所示。电机的转子结构多采用带斜槽的铸铝结构，与一般鼠笼式感应电机相同。在电机尾部的转轴上安装有编码器等检测元件，用于轴的位置、速度检测。

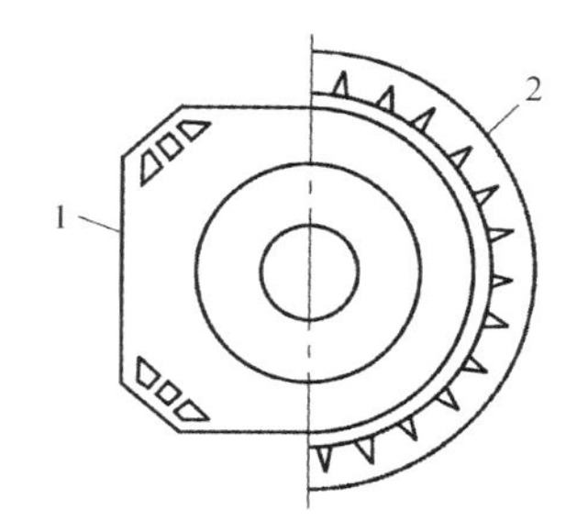

图 3.16　交流主轴异步电机与普通感应式电机剖面对照图

1—主轴异步电机；2—普通感应式电机

交流主轴异步电机的工作特性曲线有功率-速度、转矩-速度关系曲线，如图 3.17 所示。由特性曲线可知，电机在额定速度以下为恒转矩区域，在额定速度以上为恒功率区域。对于某些电机，在恒功率区域内，当电机速度超过一定值之后，功率-速度曲线会下降，即不能保持恒功率特性，恒功率的速度范围的速度比只有 1∶3。目前国外公司开发出一种输出转换型交流主轴异步伺服电机，输出切换方法有三角形-星形切换、绕组数切换，或二者组合切换，其中绕组数切换方法最方便，每套绕组都能分别设计成最佳的功率特性，有效地拓宽了电机恒功率区的速度范围，速度比可达到 1∶8～1∶30。

在电机尺寸一定的条件下，为了提高输出功率和转速，必然会大幅度增加电机发热量。为此，主轴电机必须解决散热问题。目前主轴电机除采用传统的空冷散热方法外，还可采用液体（润滑油或水）强迫冷却的方法散热。液体冷却主轴电机在电机外壳和前段盖中间有一个独特的冷却液通道，通以强迫循环的冷却液，降低绕组和轴承的温度，使电机可在 200 000 r/min 的高速下连续运行，这类电机的恒功率范围也很宽。

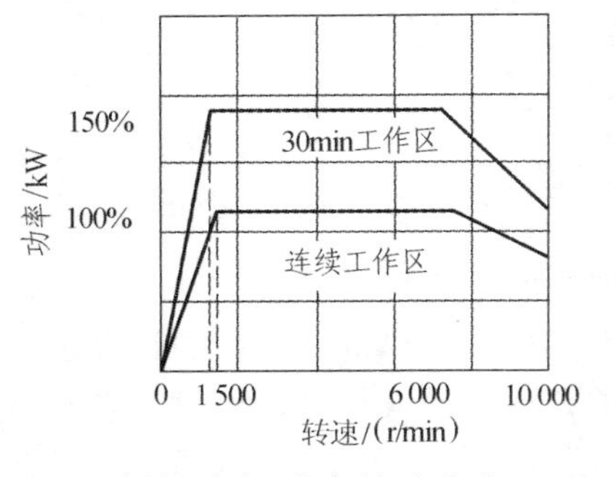

（a）功率-速度关系曲线

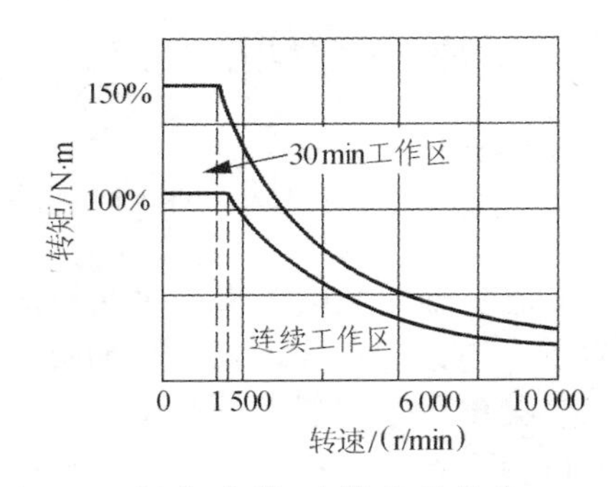

（b）转矩-速度关系曲线

图 3.17 交流主轴异步电机的特性曲线

3.3.2 典型交流主轴伺服电机

1. 武汉华中数控交流主轴伺服电机

武汉华中数控公司的交流主轴伺服电机有 GM7 系列。GM7 系列电机在结构和磁路优化设计的基础上，采用了整机加工和高精度动平衡工艺。电机具有结构紧凑、旋转精度高、恒功率调速范围宽、响应速度快，以及性能价格比高等特点。

（1）GM7 系列主轴电机的型号与意义，如图 3.18 所示。

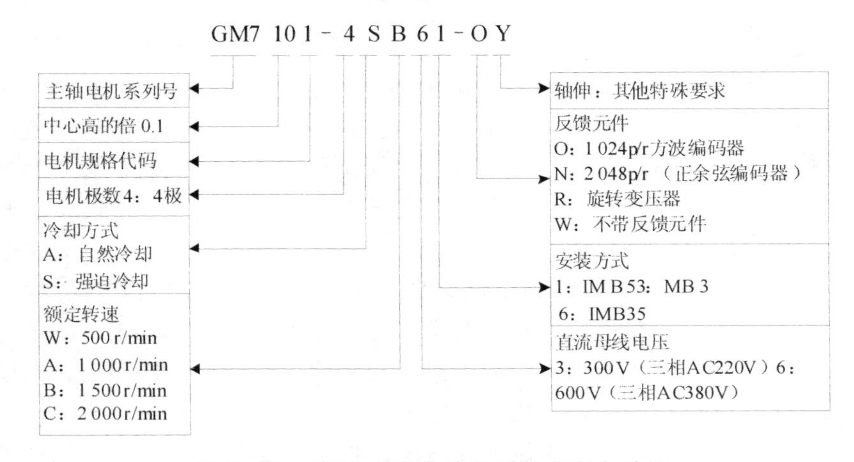

图 3.18 GM7 系列主轴电机的型号与意义

（2）电机的主要规格及技术参数。

GM7 系列电机的主要规格及技术参数如表 3.9 所示。

表 3.9 GM7 系列电机的主要规格及技术参数

电机型号 GM7	额定功率 /kW	额定转矩 /N · m	额定电流 /A	额定转速 /(r/min)	最大转速 /(r/min)	转动惯量 /kg · cm^2	质量 /kg
GM7100-4SB61	2.2	14	6	1 500	6 000（9 000）[1)]	150	25
GM7101-4SB61	3.7	23.6	10	1 500	6 000（9 000）	200	35
GM7102-4SB61	3	19.1	8	1 500	6 000（9 000）	150	25
GM7103-4SA61	3.7	35.3	10	1 000	6 000（9 000）	200	35
GM7103-4SB61	5.5	35	13	1 500	6 000（9 000）	200	35
GM7103-4SC61	7.5	35.8	18.8	2 000	6 000（9 000）	200	35
GM7105-4SB61	7.5	47.8	18.8	1 500	6 000（8 000）	320	55
GM7107-4SA61	6.3	60.2	19.4	1 000	6 000（8 000）	320	55
GM7107-4SB61	9	57.3	23.5	1 500	6 000（8 000）	320	55
GM7107-4SC61	10.5	50.1	26	2 000	6 000（8 000）	320	55
GM7109-4SB61	11	70	25	1 500	6 000（8 000）	370	64
GM7130-4SB61	5.5	35	13	1 500	6 000（8 000）	420	78
GM7131-4SB61	11	70	24	1 500	6 000（8 000）	760	93
GM7132-4SB61	7.5	47.8	18.8	1 500	6 000（8 000）	420	78
GM7133-4SA61	12	114.6	30	1 000	6 000（8 000）	760	93
GM7133-4SB61	15	95.5	34	1 500	6 000（8 000）	760	93
GM7133-4SC61	20	95.5	45	2 000	6 000（8 000）	760	93
GM7135-4SB61	18.5	117.8	42	1 500	6 000（8 000）	1 090	133
GM7137-4SA61	17	162.3	43	1 000	6 000（8 000）	1 090	133
GM7137-4SB61	22	140.1	57	1 500	6 000（8 000）		
GM7137-4SC61	28	133.7	50	2 000	6 000（8 000）		
GM7181-4SW61	12	229.2	30	500	6 500	3 000	310
GM7181-4SA61	22	210.1	55	1 000	6 500	3 000	310
GM7181-4SB61	30	191	72	1 500	6 500	3 000	310
GM7183-4SW61	16	305.6	37	500	6 500	3 700	336
GM7183-4SA61	28	267.4	71	1 000	6 500	3 700	336
GM7183-4SB61	37	235.5	82	1 500	6 500	3 700	336

续表 3.9

电机型号 GM7	额定功率 /kW	额定转矩 /N·m	额定电流 /A	额定转速 /(r/min)	最大转速 /(r/min)	转动惯量 /kg·cm^2	质量 /kg
GM7185-4SW61	22	420	76	500	5 000	1 500	390
GM7185-4SA61	39	372	90	1 000	5 000	1 500	390
GM7185-4SB61	51	325	120	1 500	5 000	1 500	390
GM7187-4SW61	30	565	105	500	5 000	6 700	460
GM7187-4SA61	51	487	118	1 000	5 000	6 700	460
GM7187-4SB61	65	414	135	1 500	5 000	6 700	460
GM7189-4SW61	36	688	79	500	5 000	7 700	499
GM7189-4SA61	60	573	132	1 000	5 000	7 700	499
GM7189-4SB61	75	478	165	1 500	5 000	7 700	499
GM7221-4SA61	71	678	164	1 000	4 500	14 800	650
GM7221-4SB61	100	636	188	1 500	4 500	14 800	650

注：最大转速除与电机参数有关外，也与选配的编码器有关。配国产或日本产编码器，最大转速为 6 000 r/min；配德国产编码器，最高转速可达 15 000 r/min。

2. 广州数控交流主轴伺服电机

广州数控公司的交流主轴伺服电机有 GSK ZJY 系列。GSK ZJY 系列电机为全封闭式无外壳风冷结构。电机的过载能力强（可在 30 min 150% 额定功率下可靠运行）、调速范围广（最高转速可达 10 000 r/min），能广泛满足数控机床的性能需求。

（1）GSK ZJY 系列主轴电机的型号与意义，如图 3.19 所示。

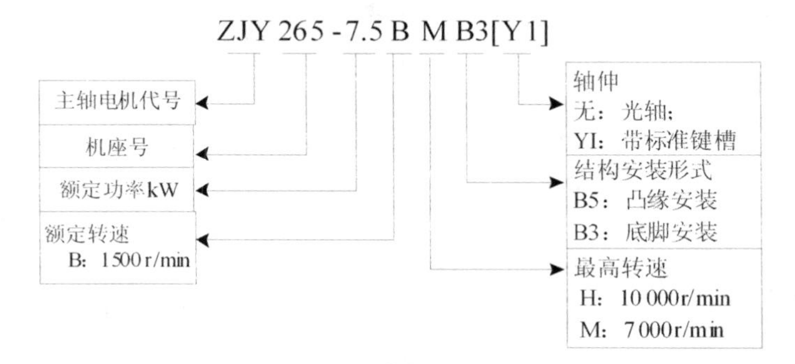

图 3.19 GSK ZJY 系列主轴电机的型号与意义

（2）电机的主要规格及技术参数。

GSK ZJY 系列电机的主要规格及技术参数如表 3.10 所示。

表 3.10　ZJY 系列电机的主要规格及技术参数

电机型号 GSK	额定功率 /kW	额定电流 /A	额定转矩 /N・m	额定转速 /（r/min）	最大转速 /（r/min）	转动惯量 /kg・cm^2	质量 /kg
ZJY182-1.5B	1.5	4.2	9.5	1 500	M、h	56	27
ZJY182-2.2B	2.2	5.7	14	1 500	M、h	74	32
ZJY182-2.2B	3.7	9.4	24	1 500	M、h	115	43
ZJY208-3.7B	3.7	8.9	24	1 500	M、h	168	51
ZJY208-5.5B	5.5	13.7	35	1 500	M、h	238	66
ZJY208-7.5B	7.5	18.4	48	1 500	M、h	309	77
ZJY265-7.5B	7.5	18	49	1 500	M	413	89
ZJY265-11B	11	26	72	1 500	M	744	107
ZJY265-15B	15	35	98	1 500	M	826	125

3. 西门子交流主轴伺服电机

德国西门子公司的交流主轴伺服电机有多种类型，有用于带传动主轴的 1PH7、1PH4 系列实心轴电机和用于联轴器传动主轴的 1PM6、1PM4 系列空心轴电机。其中 1PH7、1PM6 电机为强制风冷型，1PH4、1PM4 电机为强制水冷（或油冷）型。

（1）1PH7 主轴电机。

IPH7 电机适合于数控机床中主轴的闭环速度控制，具有宽恒功率调整范围，全域恒扭矩输出，以及很高的过载能力，广泛用于无特殊结构要求的数控机床主轴驱动。可与伺服驱动器 SIMODRIVE 611U 和 SINAMIC S120 驱动器配套使用。

① IPH7 系列主轴电机的型号及意义，如图 3.20 所示。

② 电机的主要规格与技术参数。

IPH7 系列主轴电机的主要规格与技术参数如表 3.11 所示。

（2）1PM4、1PM6 系列主轴电机。

1PM4、1PM6 电机可直接安装在机械主轴上，电机的空心轴可用于向需要内部冷却的刀具传送冷却剂。1PM6 电机属于坚固型并且无需维护，可与伺服驱动器 SIMODRIVE 611U 和 SINAMIC S120 驱动器配套使用。

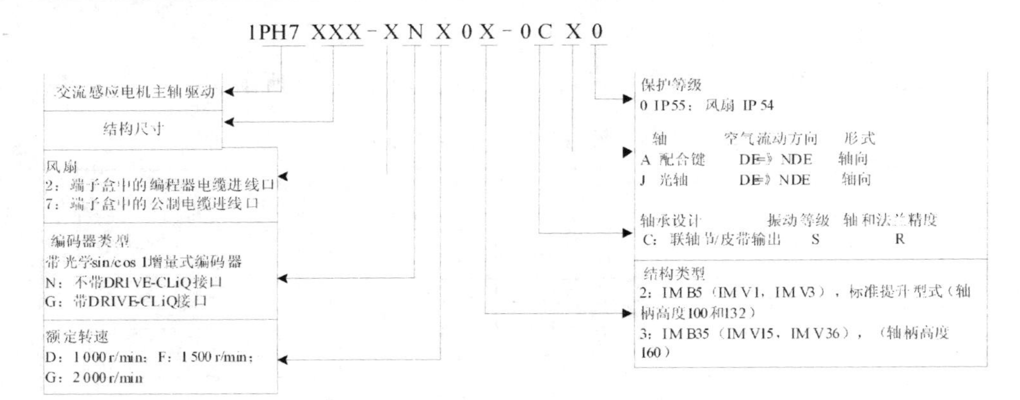

图 3.20 IPH7 系列主轴电机的型号及意义

表 3.11 IPH7 系列核心型主轴电机的主要规格及技术参数

电机类型 1PH7	轴高 /mm	额定功率 /kW	额定转矩 /N·m	额定转速 /(r/min)	最大转速 /(r/min)	定额电流 /A	转动惯量 /kg·cm²	质量 /kg	适配的 SIMODRIVE 611U 的功率模块 6SN1123-		适配的 SINAMIC S120 的电机模块 6SL3 120-	
									定额电流 /A	6SN1123-	定额电流 /A	6SL3121-
1PH7-103-□□G02-0C□0	100	7	33.4	2 000	9 000	17.5	170	40	24	-1AA00-0CA1	18	-□TE21-8AA0[1)]
1PH7-107-□□F02-0C□0	100	9	57.3	1 500	9 000	23.5	290	63	24	-1AA00-0CA1	18	-□TE23-0AA0
1PH7-133-□□D02-0C□0	132	12	114.6	1 000	8 000	30	760	90	30	-1AA00-0DA1	30	-□TE23-0AA0
1PH7-133-□□G02-0C□0	132	20	95.5	2 000	8 000	45	760	90	45	-1AA00-0LA1	45	-□TE24-5AA0
1PH7-137-□□D02-0C□0	132	17	162.3	1 000	6 500	43	1 090	130	45	-1AA00-0LA1	45	-□TE24-5AA0
1PH7-137-□□G02-0C□0	132	28	133.7	2 000	6 500	60	1 090	130	60	-1AA00-0EA1	60	-□TE26-0AA0
1PH7-163-□□D03-0C□0	160	22	210.1	1 000	6 500	55	1 900	180	60	-1AA00-0EA1	60	-□TE26-0AA0
1PH7-163-□□F03-0C□0	160	30	191	1 500	6 500	72	1 900	180	85	-1AA00-0FA1	85	-□TE28-5AA0
1PH7-167-□□F03-0C□0	160	17	235.5	1 500	6 500	43	2 300	228	85	-1AA00-0FA1	85	-□TE28-5AA0

注："□" 为 0 配套单电机模块和 1 配套双电机模块。

1PM4、1PM6 系列主轴电机的主要规格与技术参数如表 3.12 所示。

表 3.12　IPM4、IPM6 系列核心型主轴电机的主要规格及技术参数

电机类型 IPM4、IPM6	额定功率 /kW		额定转矩 /N·m		额定转速 /(r/min)		最大转速 /(r/min)	星形电路的定额电流 /A	转动惯量 /kg·cm²	质量 /kg	适配的 SIMODRIVE 611U 的功率模块		适配的 SINAMIC S120 的电机模块	
	星形	三角形	星形	三角形	星形	三角形					定额电流 /A	6SN1123-	定额电流 /A	6SL3121-
1PM4 油冷														
101-2□[1]F86-1□S1	3.7	3.7	24	9	1 500	4 000	12 000	13	110	42	24	-1AA00-0CA1	18	-□TE21-8AA0[2]
101-2LF86-1□S1-Z	3.7	3.7	24	9	1 500	4 000	18 000	13	110	42	24	-1AA00-0CA1	24	-□TE21-8AA0
105-2□F86-1□S1	7.5	7.5	48	18	1 500	4 000	12 000	23	240	67	24	-1AA00-0CA1	30	-1TE23-0AA0
105-2LF86-1□S1-Z	7.5	7.5	48	18	1 500	4 000	18 000	23	240	67	24	-1AA00-0CA1	30	-1TE23-0AA0
133-2□F86-1□S1	11	11	70	26	1 500	4 000	10 500	41	460	90	45	-1AA00-0LA1	45	-1TE24-5AA0
133-2□F86-1□S1-Z	11	11	70	26	1 500	4 000	15 000	41	460	90	45	-1AA00-0LA1	45	-1TE24-5AA0[1]
137-2□F86-1□S1	18.5	18.5	118	44	1 500	4 000	10 500	56	850	130	60	-1AA00-0EA1	60	-1TE26-0AA0
137-2□F86-1□S1-Z	18.5	18.5	118	44	1 500	4 000	12 000	56	850	130	60	-1AA00-0EA1	60	-1TE26-0AA0
1PM4 风冷														
101-2LF86-1□S1-Z	5	—	32	-	1 500	—	18 000	18	110	42	24	-1AA00-0CA1	18	-□TE21-8AA0[2]
105-2LF86-1□S1-Z	11	—	70	-	1 500	—	18 000	38	240	47	45	-1AA00-0LA1	45	-1TE24-5AA0
133-2LF86-1□S1-Z	15	—	95	-	1 500	—	15 000	55	460	74	60	-1AA00-0EA1	60	-1TE26-0AA0
137-2LF86-1□S1-Z	27	—	172	-	1 500	—	12 000	85	850	130	85	-1AA00-0FA1	85	-1TE28-0AA0
1PM6 强制冷却														
101-2LF8□-1□□1-Z	3.7	3.7	24	9	1 500	4 000	12 000	13	110	45	24	-1AA00-0CA1	18	-□TE21-8AA0[1]
105-2LF8□-1□□1-Z	7.5	7.5	48	18	1 500	4 000	12 000	23	240	70	24	-1AA00-0CA1	18	-1TE23-0AA0
133-2LF8□-1□□1-Z	11	11	70	26	1 500	4 000	10 000	41	460	94	45	-1AA00-0LA1	18	-1TE24-5AA0
137-2LF8□-1□□1-Z	18.5	18.5	118	44	1 000	4 000	8 000	56	850	135 156	60	-1AA00-0EA1	18	-1TE6-0AA0

注：1）□表示信号界面，“L”为非 Drive-CLiQ 界面，“V”为 Drive-CLiQ 界面；

2）“□”为 1 配套单电轴模块和 2 配套双轴模块。

4. 发那科交流主轴伺服电机

日本发那科公司的交流主轴伺服电机有αi 和βi 两个系列，分别提供200 V 和 400 V 两种电源类型。电机采用最优化绕组设计和高效率的冷却结构，具有高速区的强大驱动和快速加速的特点。同时，电机利用绕组温度信息通过电流相位的最佳控制，有效降低电机的发热，实现了不受温度影响的恒定输出。

（1）βi 系列主轴电机。

βi 系列主轴电机有βiI 和βiI_P两个系列。其中βiI 为感应电机，βiI_P为宽幅恒定功率型感应电机。βi 系列主轴电机广泛用于高性能价格比的小型数控机床。βi（200 V）系列βiI、βiI_P类型主轴电机的主要规格及技术参数见表 3.13。

表 3.13 βi 系列的βiI、βiI_P类型主轴电机的主要规格及技术参数

电机类型 βi（200 V）	额定功率 /kW	最大功率 (15 min) /kW	额定功率基本转速 /(r/min)	额定功率上限转速 (15 min) /(r/min)	额定功率上限转速 (60 min) /(r/min)	最高转速 /(r/min)	额定转矩 /N·m	转动惯量 /kg·cm^2	适配的伺服驱动器 αiSVSP
βiI									
βiI 3/10 000	3.7	5.5	2 000	4 500	2 000	10 000	17.7	78	7.5
βiI 6/10 000	5.5	7.5	2 000	4 500	2 000	10 000	26.3	148	11
βiI 8/10 000	7.5	11	2 000	4 500	2 000	10 000	35.8	179	11
βiI 12/8 000	11	15	2 000	3 500	2 000	8 000	52.5	275	15
βiI_P									
βiI_P 8/6 000	3.7	5.5	1 000	3 500	1 000	6 000	35.3	179	7.5
βiI_P 12/6 000	5.5	7.5	1 200	2 500	1 200	6 000	43.8	275	7.5
βiI_P 15/6 000	7.5	9	1 200	6 000	1 200	6 000	59.7	700	11
βiI_P 18/6 000	9	11	1 000	5 000	1 000	6 000	85.9	900	11

（2）αi 系列主轴电机。

αi 系列 200 V 电机有αiI、αiI_P、αiI_T和αiI_L 4 种类型，400 V 电机有αiI、αiI_P和αiI_T 3 种类型。其中αiI 为标准型感应电机，αiI_P为宽幅恒定功率感应电机，αiI、αiI_P 适用于数控车床和加工中心。αiI_T、αiI_L 为电机与加工中心主轴直接连接的结构。αiI_T 电机采用空冷，并与主轴贯通冷却，适用于有贯穿孔的加工中主轴的驱动；αiI_L 采用液体冷却，同样与主轴贯通冷却，适用于高精度加工中心的有贯穿孔的主轴驱动。αi 系列适用于高精度、大功率和高速数控机床的主轴驱动。αi（200 V）系列αiI、α iI_P、$αiI_T$、$αiI_L$ 类型主轴电机的主要规格及技术参数如表 3.14 所示。

表 3.14　αi 系列αiI、$αiI_P$、$αiI_T$、$αiI_L$ 主轴电机的主要规格及技术参数

电机类型 αi（200 V）	额定功率 /kW	最大功率（30 min）/kW	额定功率基本转速 /(r/min)	额定功率上限转速 /(r/min)	最高转速 /(r/min)	额定转矩 /N·m	转动惯量 /kg·cm²	适配的主轴驱动器 αiSPM
αiI								
αiI 0.5/10 000	0.55	1.1	3 000	8 000	10 000	1.75	5	2.2
αiI 1/10 000	1.5	2.2	3 000	10 000	10 000	4.77	30	2.2
αiI 1/15 000	1.5	2.2	3 000	15 000	15 000	4.77	30	5.5
αiI 1.5/10 000	1.1	3.7	1 500	8 000	10 000	7	43	5.5
αiI 1.5/20 000	1.5	2.2	3 000	20 000	20 000	4.77	43	15
αiI 2/10 000	2.2	3.7	1 500	10 000	10 000	14	78	5.5
αiI 2/20 000	2.2	3.7	3 000	20 000	20 000	7	78	22
αiI 3/10 000	3.7	5.5	1 500	7 000	10 000	23.5	148	5.5
αiI 3/12 000	3.7	5.5	1 500	12 000	12 000	23.5	148	11
αiI 6/10 000	5.5	7.5	1 500	8 000	10 000	35	179	11
αiI 6/12 000	5.5	7.5	1 500	8 000	12 000	35	179	11
αiI 8/8 000	7.5	11	1 500	6 000	8 000	47.7	275	11
αiI 8/10 000	7.5	11	1 500	10 000	10 000	47.7	275	11
αiI 8/12 000	7.5	11	1 500	7 000	12 000	47.7	275	15
αiI 12/7 000	11	15	1 500	6 000	7 000	70	700	15
αiI 12/10 000	11	15	1 500	10 000	10 000	70	700	15
αiI 12/12 000	11	15	1 500	6 000	12 000	70	700	15
αiI 15/7 000	15	18.5	1 500	6 000	7 000	70	700	22
αiI 15/10 000	15	18.5	1 500	10 000	10 000	95.4	900	22
αiI 15/12 000	15	18.5	1 500	6 000	12 000	95.4	900	22
αiI 18/7 000	18.5	22	1 500	6 000	7 000	117	1 050	22
αiI 18/10 000	18.5	22	1 500	10 000	10 000	117.7	1 050	22
αiI 18/12 000	18.5	22	1 500	6 000	12 000	117.2	1 050	22
αiI 22/7 000	22	26	1 500	6 000	7 000	140	1 280	26
αiI 22/10 000	22	26	1 500	10 000	10 000	140	1 280	26
αiI 22/12 000	22	26	1 500	6 000	12 000	140	1 280	26
αiI 30/6 000	30	37	1 150	3 500	6 000	249.1	2 950	45
αiI 40/6 000	37	45	1 500	4 000	6 000	235.5	3 550	45
αiI 50/5 000	45	55	1 150	3 500	6 000	373.7	4 900	55

续表 3.14

电机类型 αi（200 V）		额定功率 /kW	最大功率（30 min）/kW	额定功率基本转速 /(r/min)	额定功率上限转速 /(r/min)	最高转速 /(r/min)	额定转矩 /N · m	转动惯量 /kg · cm^2	适配的主轴驱动器 αiSPM
αiI_P									
αiI_P 2/6 000 αiI_P 12/8 000	LOW	3.7	7.5	500	1 500	1 500	70.7	700	11
	HIGH[1)]	5.5	7.5	750	6 000	6 000（8 000）	70	700	11
αiI_P 15/6 000 αiI_P 15/8 000	LOW	5	9	500	1 500	1 500	95.5	900	11
	HIGH[1)]	7.5	9	750	6 000	6 000（8 000）	95.5	900	11
αiI_P 18/6 000 αiI_P 18/8 000	LOW	6	11	500	1 500	1 500	115	1 050	15
	HIGH[1)]	9	11	750	6 000	6 000（8 000）	115	1 050	15
αiI_P 22/6 000 αiI_P 22/8 000	LOW	7.5	15	500	1 500	1 500	143	1 280	15
	HIGH[1)]	11	15	750	6 000	6 000（8 000）	140	1 280	15
αiI_P 30/6 000	LOW	11	18.5	400	1 000	1 500	263	2 950	22
	HIGH[1)]	15	18.5	575	3 450	6 000	249	2 950	22
αiI_P 40/6 000	LOW	13	22	400	1 000	1 500	310	2 950	22
	HIGH[1)]	18.5	22	575	3 450	6 000	307	2 950	22
αiI_P 50/6 000	LOW	22	30	575	1 200	1 500	365	3 650	45
	HIGH[1)]	22	30	1 200	3 000	6 000	175	3 650	45
αiI_P 60/4 500	LOW	18.5	30	400	750	1 500	442	4 900	45
	HIGH[1)]	22	30	750	3 000	4 500	280	4 900	45
αiI_T									
αiI_T 1.5/20 000		1.5	2.2	3 000	20 000	20 000	4.77	43	15
αiI_T 2/20 000		2.2	3.7	3 000	20 000	20 000	7	78	22
αiI_T 3/12 000		3.7	5.5	1 500	12 000	12 000	23.5	148	11
αiI_T 6/12 000	LOW	5.5	7.5	1 500	8 000	12 000	35	179	15
	HIGH	5.5	7.5	4 000	12 000	12 000	13.1	179	15
αiI_T 8/12 000	LOW	7.5	11	1 500	7 000	12 000	47.7	275	15
	HIGH	7.5	11	4 000	12 000	12 000	17.9	275	15
αiI_T 5/15 000	LOW	15	22	1 400	2 500	4 000	102.3	550	30
	HIGH	15	22	5 000	10 000	15 000	28.6	505	30
αiI_T 2/10 000	LOW	22	26	1 500	6 000	10 000	140	1280	26
	HIGH	22	26	4 000	10 000	10 000	52.5	1280	26

续表 3.14

电机类型 αi（200 V）		额定功率 /kW	最大功率（30 min）/kW	额定功率基本转速 /(r/min)	额定功率上限转速 /(r/min)	最高转速 /(r/min)	额定转矩 /N·m	转动惯量 /kg·cm²	适配的主轴驱动器 αiSPM
αiI_L（200 V）									
αiI_L 8/20 000	LOW	11	15	1 150	4 000	4 000	70	275	30
	HIGH	15	18.5	5 000	20 000	20 000	28.6	275	30
αiI_L 5/15 000	LOW	18.5	15	1 400	3 000	4 000	126.2	550	30
	HIGH	18.5	22	6 000	10 000	15 000	29.4	550	30
αiI_L 6/15 000	LOW	15	22	600	2 000	2 000	238.6	1670	30
	HIGH	26	30	2 500	10 000	15 000	99.3	1670	30

注：1）HIGH 为高速型。

3.4　交流电主轴

电主轴是将电机和机械传动以及主轴合为一体的主轴结构。电主轴的出现彻底消除了机械传动链，从根本上解决了传统主轴单元存在的问题，将主轴转速提升至几万～几十万转/分。目前，国内外各高端数控机床广泛采用了电主轴，如复合加工机床、多轴联动机床、多面体加工机床和并联机床等。电主轴已成为高速数控加工机床的“心脏部件”，是机床实现高速加工的前提和基本条件。

3.4.1　交流电主轴的工作原理与关键技术

1. 交流电主轴的结构与工作原理

电主轴有普通交流变频电主轴和交流伺服电主轴两种类型。普通交流变频电主轴结构简单，成本低，但存在低速输出功率不稳的问题，难以满足低速大扭矩的要求。而交流伺服电主轴的低速输出性能好，能实现闭环控制，常用于加工中心等要求主轴定位或有 C 轴功能的高速数控机床。

电主轴一般由内装式电机（转子和定子）、润滑系统、冷却系统、轴承和位置检测装置等组成，如图 3.21 所示。电主轴的定子由具有高导磁率的优质矽钢片叠压而成，内腔带有冲制嵌线槽，通过冷却套固定在主轴箱体孔内。转子由转子铁心、鼠笼、转轴等组成，中空、直径较大的转轴同时也是机床的主轴，它有足够的空间容纳刀具夹紧机械或送料机构。当定子通入三相交流电后，定子线圈产生旋转的正弦交流磁场，转子在旋转磁场产生的电磁力矩作用下转动，从而直接带动机床主轴运转。

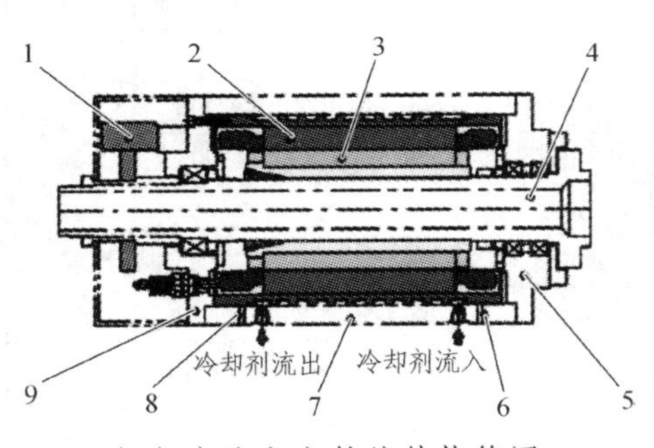

（a）交流电主轴的结构简图

（b）交流电主轴的剖视图

图 3.21 交流电主轴

1—编码器；2—带冷却罩的定子；3—带套管的转子；4—带轴承的主轴芯轴；5—轴承盖；6—泄漏孔；7—主轴壳体；8—泄漏孔；9—轴承盖

2. 电主轴的关键技术

电主轴是高速轴承技术、润滑技术、冷却技术、动平衡技术、精密制造和装配技术，以及高速伺服驱动等技术的综合运用。

（1）电主轴的高速轴承技术。

目前在高速精密电主轴中应用的轴承有精密滚动轴承、液体动静压轴承、气体静压轴承和磁悬浮轴承，以及精密角接触陶瓷球轴承和精密圆柱滚子轴承等。其中角接触球轴承可同时承受径向和轴向载荷，且刚度高、高速性能好、结构简单紧凑、品种规格繁多，以及便于维修更换，因而在电主轴中得到广泛的应用。随着陶瓷轴承技术的发展，电主轴轴承多选用混合陶瓷球轴承，即滚动体为 Si3N4 陶瓷球，采用“小珠密珠”结构，轴承套圈为 GCr15 钢圈。这种混合轴承通过减小离心力和陀螺力矩，减小了滚珠与沟道间的摩擦，从而获得较低的温升及较好的高速性能。

（2）电主轴的润滑技术。

在润滑过程中供油量过多或过少都是有害的。脂润滑和油雾润滑由于均无法准确地控制供油量多少，因此不利于主轴轴承转速和寿命的提高。油气润滑技术是利用压缩空气将微量的润滑油连续不断地、精确地供给每一套主轴轴承。微小油滴在轴承内、外滚道间形成弹性动压油膜，同时，压缩空气还可带走轴承产生的部分热量。由于这种方式可精确地控制各个摩擦点的润滑油量，因此可靠性极高，目前已成为高速电主轴的主要润滑方式。

（3）电主轴的冷却。

电主轴的转速一般都在 10 000 r/min 以上。研究表明，在电机高速运转条件下，有近 1/3 的电机发热量由电机转子产生，并且转子产生的绝大部分热量都通过转子与定子间的气隙传入定子中，其余 2/3 的热量产生于电机的定子。为此，电主轴内设计有外循环水式冷却装置，通过冷却水的循环实现定子的强制冷却。除此之外，电主轴还可通过适当减小滚珠的直径、采用陶瓷轴承，以及合理的润滑方式等措施降低热量的产生。

（4）电主轴的设计和装配。

在设计电主轴时，必须严格遵守结构对称原则，键联接和螺纹联接在电主轴上被禁止使用，通常采用过盈联接，实现转矩的传递。高速旋转时，微小的不平衡质量都可引起电主轴大的高频振动，因此精密电主轴的动平衡精度要求达到 G1 ~ G0.4 级。在装配时不仅对主轴上的每个零件进行动平衡，还需在装配后进行整体的在线动平衡。

3.4.2 典型交流电主轴

德国西门子公司的电主轴有 2SP1 系列。2SP1 系列电主轴分标准型和可选型 F 型、D 型和 S 型系列。其中 2SP1 系列标准型为标准型铣削和加工中心的电主轴，F 型为紧凑型铣削电主轴，D 型为车削电主轴，S 型为磨削电主轴。2SP1 电主轴内置高扭矩集成式电机，有同步和异步两个系列。同步电机在功率和扭矩上优于异步电机，且产生的损耗热量少，SP1 电主轴标准配置为同步电机。根据机床功率的不同，电主轴可在长结构和短结构两种形式中选择。电主轴的两端支撑均采用脂润滑轴承，使用寿命长，不需要添加润滑脂。电主轴配备有集成式冷却系统，控制主轴温度，且有多种刀具接口类型，如 HSK A63、SK40、CAT40 和 BT40 等，选用时，可选购带有刀具内部冷却功能的电主轴结构。

（1）2SP1 系列电主轴的型号及意义，如图 3.22 所示。

（2）电主轴的主要规格及技术参数。

2SP1 系列标准型电主轴的直径有两种类型，分别是 200 mm 和 250 mm，每种类型均有不同的转矩和转速梯度，以适配不同的铣床。其中 2SP1253 和 2SP1255 型号提供两种异步电机和两种同步电机。2SP1 电主轴可与 SIMODRIVE 611 变频器系统配套使用，构成主轴驱动系统。2SP1 系列标准型电主轴的主要规格及技术参数如表 3.15 所示。

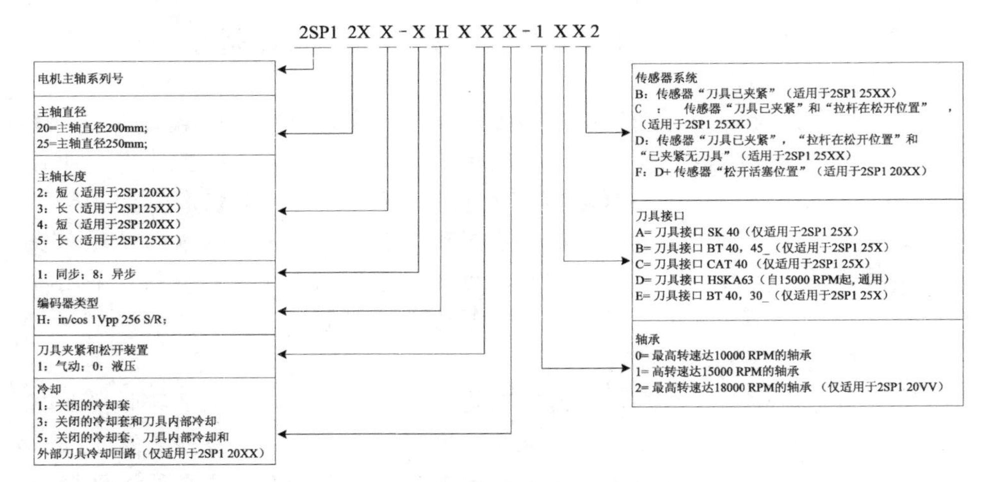

图 3.22 2SP1 系列电主轴的型号及意义

表 3.15 2SP1 系列标准型电主轴的主要规格及技术参数

电机型号 2SP1—	额定功率 /kW[3)]	额定转矩 /N·m	额定转速 /(r/min)	额定电流 /A	额定功率 /kW[1)3)]	额定转矩 /kW[1)3)]	最大电流 /A	最大转速 /(r/min)	转动惯量 /kg·cm^2	额定功率 /kW[3)]	额定转矩 /N·m	额定转速 /(r/min)	额定电流 /A	功率模块 /A	适配的 SIMODRIVE 611D/U 的功率模块 6SN1123-
同步电机															
202-1HA□□-1	12	42	2 700	30	12.0	55	60	15 000	0.015	—	—	—	—	30/45/51	-1AA00-0DA1
202-1HB□□-2	15.5	42	3 500	42	15.5	55	84	18 000	0.015	—	—	—	—	45/60/76	-1AA00-0LA1
204-1HA□□-1	26.4	84	3 000	60	26.4	110	120	15 000	0.023	—	—	—	—	60/80/102	-1AA00-0EA1
204-1HB□□-2	35	78	4 300	79	35.0	110	160	18 000	0.023	—	—	—	—	85/110/127	-1AA00-0FA1
异步电机															
253-8HA□□-0	13.2	70	1 800	28	18.9	51	100	10 000	0.037	13.2	32	4 000	29	30/45/51	-1AA00-0DA1
253-8HA□□-1	13.2	70	1 800	28	18.9	51	100	15 000	0.037	13.2	32	4 000	29	30/45/51	-1AA00-0DA1
255-8HA□□-0	11.7	140	800	30	16.7	51	200	10 000	0.055	11.7	62	1 800	29	30/45/51	-1AA00-0DA1
255-8HA□□-1	11.7	140	800	30	16.7	51	200	15 000	0.055	11.7	62	1 800	29	30/45/51	-1AA00-0DA1
同步电机															
253-1HA□□-0	26	100	2 500	53	29.0	106	130	10 000	0.037	—	—	—	—	60/80/102	-1AA00-0EA1

续表 3.15

电机型号 2SP1—	额定功率 /kW3)	额定转矩 /N·m	额定转速 /(r/min)	额定电流 /A	额定功率 /kW1)3)	额定转矩 /kW1)3)	最大电流 /A	最大转速 /(r/min)	转动惯量 /kg·cm²	额定功率 /kW3)	额定转矩 /N·m	额定转速 /(r/min)	额定电流 /A	功率模块 /A	适配的SIMODRIVE 611D/U的功率模块 6SN1123-
减小的电机数据 2)	22.5	80	2 700	45	—	—	—	—	0.037	—	—	—	—	45/60/76	-1AA00-0LA1
253-1HB□□-1	35	100	3 300	68	38.0	136	130	15 000	0.037	—	—	—	—	85/110/127	-1AA00-0FA1
减小的电机数据 2)	30	80	3 600	60	—	—	—	—	0.037	—	—	—	—	60/80/102	-1AA00-0EA1
255-1HA□□-0	46.3	170	2 600	95	55.0	170	236	10 000	0.037	—	—	—	—	120/150/193	-1AA00-0JA1
减小的电机数据 2)	40	150	2 560	85	—	—	—	—	0.037	—	—	—	—	85/110/127	-1AA00-0FA1
255-1HB□□-1	53.4	170	3 000	120	64.0	240	236	15 000	0.055	—	—	—	—	120/150/193	-1AA00-0JA1
减小的电机数据 2)	40	150	3 000	105	—	—	—	—	0.055	—	—	—	—	120/150/193	-1AA00-0JA1

注：1）S6运行（断续负载）：40%负载时间，60%空运行时间，时间以2 min的负载循环为基准；

2）此值适用于较小型号功率模块的运行；

3）所列功率数据仅适用于与西门子系统组件SIMODRIVE 611D/U连接的情况。

第 4 章　数控机床进给伺服驱动系统

4.1　概　述

进给伺服驱动系统接收数控装置发出的位移、速度指令，经变换、放大、调整后，由电机和机械传动机构驱动机床坐标轴，带动工作台，跟随指令运动，通过轴的联动使刀具相对工件产生各种复杂的机械运动，从而加工出用户所要求的形状复杂的工件。进给驱动系统应具有精确的定位和轮廓跟踪功能，是数控机床中性能要求最高的系统。

4.1.1　进给伺服驱动系统的性能要求

进给伺服驱动系统的性能与数控机床的运动质量、跟踪精度、定位精度、加工表面质量和生产效率，以及工作可靠性等一系列重要指标息息相关。为此，数控机床对进给伺服驱动系统有如下的性能要求。

（1）高位置精度。进给伺服驱动系统的位置精度包括定位精度和重复定位精度。定位精度是指机床运动部件在程序指令控制下所能达到实际位置与指令理论位置之间的差距。重复定位精度是指机床运动部件在程序指令控制下沿某个方向往返一个距离后，初始位置与终点位置之间的差距。目前高精密数控机床的定位精度可达 0.3 ~ 0.6 μm，重复定位精度可达 0.3 ~ 0.9 μm，如日本安田 YMC430-Ⅱ精密加工中心全行程范围定位精度 X/Y/Z 分别为 0.508/0.356/0.316 μm。

（2）宽调速范围。调速范围是指电机在额定负载时所能提供的最高转速和最低转速的范围。为保证在任何切削条件下都能获得最佳的切削速度，要求进给伺服驱动系统能提供较大的调速范围。一般应达到 1 : 5 000 ~ 1 : 10 000，高性能系统的调速范围可达 1 : 100 000 以上。

（3）快响应速度。响应速度是指进给伺服驱动系统对数控装置指令的跟踪快慢，是系统动态品质的重要指标。在加工过程中，要求系统跟踪指令信号的速度要快，过渡时间要短，而且无超调，这样才能保证轮廓形状的精度和低表面粗糙度。一般电机速度由零加速到最大速度，或从最大速度减速到零，时间应控制在 100 ms 左右，甚至达几十毫秒以内。

（4）稳定性工作。工作稳定性是指进给伺服驱动系统在电压波动、负载波动、电机参数变化、上位控制器输出特性变化、电磁干扰以及其他特殊运行条件下，维持稳定运行并保证一定的性能指标的能力。工作稳定性越好，机床运动平稳性越高，工件的加工质量就越好。

（5）低速度性能。数控机床在低速粗加工时需承担的负载转矩大，而高速工作为空程运行，负载转矩较小。为减小电机额定功率，低速时使电机在过载下运行，满足短时重切削的要求。为此进给驱动系统应具有较大的过载能力，一般最大输出转矩是额定转矩的 3～6 倍，甚至更大。

4.1.2　进给伺服驱动系统的类型

进给伺服驱动系统有以下几种分类方法：按有无检测反馈装置分为开环、半闭环和全闭环驱动系统，按驱动电机的类型分为步进电机、直流电机、交流电机驱动系统，按控制信号的处理类型分为模拟控制系统和数字控制系统。

1．按有无位置检测反馈装置分类

（1）开环驱动系统。开环驱动系统中没有位置检测装置和反馈回路，驱动装置主要是步进电机和电液脉冲马达等。其特点是：结构简单、维护方便、成本较低，但加工精度不高，如果采取螺距误差补偿和传动间隙补偿等措施，定位精度可稍有提高。

（2）半闭环伺服驱动系统。半闭环伺服驱动系统中位置检测装置（编码器、旋转变压器等）安装在丝杠或伺服电机的轴端部，测量丝杠或电机的角位移，再间接得出机床运动部件的直线位移，经反馈回路送回到控制调节器与控制指令值相比较，并将其差值经放大，控制伺服电机带动工作台移动，直至工作台的实际位置跟随指令位置变化。系统对丝杠螺母副的传动误差，需要在数控系统中用间隙补偿和螺距误差补偿来减小。其特点是：精度比闭环系统差，但系统结构简单，便于调整，检测装置成本低，系统稳定性好，广泛用于中小型数控设备。

（3）全闭环伺服驱动系统。全闭环伺服驱动系统中位置检测装置（直线感应同步器、光栅尺等）安装在工作台上，可直接测量出工作台的实际直线位移，经反馈回路送回到控制调节器或驱动器与位置指令值相比较，并将其

差值经放大，控制伺服电机带动工作台移动，直至工作台的实际位置跟随指令位置变化。装在伺服电机上的编码器用于速度反馈。该系统将所有传动部分都包含在控制环之内，可消除机械系统引起的误差。其特点是：精度高于半闭环伺服系统，但结构较复杂，控制稳定性较难保证，成本高，调试和维修困难，适用于大型或比较精密的数控设备。

2. 按驱动电机的类型分类

（1）步进电机驱动系统。步进电机将进给指令信号变换为具有一定方向、大小和速度的机械转角位移，并通过齿轮和丝杠螺母副带动工作台移动。步进电机具有自锁能力，理论上步距误差不会累积，但在大负载和速度较高的情况下容易失步，而且能耗大、速度低。同时，驱动系统一般采用开环系统，精度较差,故主要用于速度和精度要求不高的经济型数控机床和旧机床改造。

（2）直流电机驱动系统。直流伺服电机具有良好的宽调速性能，输出转矩大，过载能力强等优点，20 世纪 70 年代在数控机床上大量使用。但直流伺服电机有电刷和机械换向器，使结构与体积受限制，阻碍了它向大容量、高速方向的发展，应用因此受到限制。

（3）交流电机驱动系统。交流电机驱动系统常采用永磁同步伺服电机为执行元件。相比直流伺服电机，交流伺服电机具有结构简单、体积小、惯量小、响应速度快、效率高等特点，其动、静态特性已完全可与直流伺服系统相媲美。同时，可实现弱磁高速控制，拓宽了系统的调速范围，适应了高性能伺服驱动的要求，现已成为进给伺服驱动系统的主流系统。

（4）直线电机驱动系统。直线电机直接驱动机床工作台运动，取消了电机和工作台之间的一切中间传动环节，形成了所谓的“直接驱动”或“零传动”，克服了传统驱动方式中传动环节带来的缺点，显著提高了机床的动态灵敏度、加工精度和可靠性。直线电机驱动系统主要应用于高速度、高加工精度的数控机床。

3. 按控制信号的处理类型分类

（1）模拟控制系统。模拟控制系统的所有控制量（如电压、电流等）都为连续变化的模拟量。如假设 10 V 控制电压代表 2 000 r/min 的电机转速，则当电机转速为 1 000 r/min 时，对应的控制电压为 0.5 V。模拟驱动器的电路复杂，稳定性较差，不易实现复杂的控制理论。20 世纪 80 年代初发展起来的无刷直流电机调速系统就属于模拟控制系统，由于驱动器无微处理器，因此不能实现位置控制，位置控制功能则由数控装置或其他外部位置控制装置实现。换言之，模拟驱动器的实质只是一个带有速度、电流双闭环调节功能的速度调节器，可称之为“速度控制单元”。

（2）数字控制系统。数字控制系统的所有控制量都为数字量。如假设数字量 7D0（十六进制）代表 2 000 r/min 的电机转速，则当电机转速为 100 r/min 时，对应的数字量十六进制值为 64。数字控制系统又可分为全数字控制系统和数字-模拟混合式控制系统。数字控制系统中，数字驱动器广泛采用数字信号处理器 DSP 为基本的控制器件，通过各种算法不仅能实现传统的 PID 运算功能，而且能实现现代控制理论中的状态观察器、坐标变换、矢量控制、模糊控制等功能，同时又是集位置、速度与电流调节为一体的最优控制系统。在数字-模拟混合式控制系统中，位置信号和反馈信号采用数字量，速度信号和电流信号采用模拟量，实现了一机多用功效。

4.2　交流伺服驱动器

交流伺服驱动器是数控机床进给伺服驱动系统的核心单元，它与变频器的主要区别在于与之相配的伺服电机由驱动器厂家有针对性地开发与生产，能实现精确的位置和速度控制，以及大范围的恒转矩调速。

4.2.1　交流伺服驱动器的结构及工作原理

1. 交流伺服驱动器的类型

交流伺服驱动器按与外设通信方式不同有两种基本类型：一是利用外部输入脉冲给定位置的通用型伺服驱动器，二是使用专用内部总线控制的专用型伺服驱动器。

（1）通用型伺服驱动器。

通用型伺服驱动器多数采用外部脉冲输入指令来控制伺服电机的位置与速度。此类驱动器通过改变指令脉冲的频率与数量，实现改变运动速度与位置的目的。通用型伺服驱动器是一种独立的控制部件，当采用外部脉冲输入指令控制时，它对数控装置无规定要求。此驱动器与数控装置之间的数据传输与通信较麻烦，因此，驱动器通常配置用于数据设定与显示的控制面板。在先进的通用型伺服驱动器上，已经开始采用网络总线控制技术，以提高数据传输的速度。目前所采用的总线技术有 CC-link、PROFIBUS、Device-NET、CANopen 等。

配套通用型伺服驱动器的数控装置通常较简单，它本身不需要位置调节器，系统的位置与速度检测信号也无需反馈到数控装置上。但是，有时为了回参考点等动作的需要，电机的零位脉冲需要返回数控装置。

通用型伺服驱动器的缺点是无法简单地监控驱动器的工作状态，一般也难以通过数控装置对驱动器的参数进行设定与优化，性能与专用型伺服驱动器相比存在一定的差距。目前国内使用较多的中小规格的通用型伺服驱动器产品有日本三菱（MITSUBICHI）、安川（YASKAWA）、松下（Panasonic）等。

（2）专用型伺服驱动器。

专用型伺服驱动器是指必须与指定的数控装置和伺服电机配套使用的伺服驱动器。此类驱动器与位置控制装置之间多采用专用内部总线连接，并以网络通信的形式实现驱动器与数控装置之间的数据传输。网络通信一般使用自主开发的伺服总线与通信协议，对外部无开放性，伺服驱动器不可独立使用。虽然专用型伺服驱动器的位置环一般也被设计在伺服驱动器上，但通过总线通信，伺服驱动器的数据设定、状态监控、调试与优化等操作都可直接在数控装置的数据输入与显示单元（MDI/LCD 单元）上完成。专用型伺服驱动器产品有日本 FANUC 的αi 和βi 系列伺服驱动器和德国西门子的 SIMODRIVE 611 和 SINAMICS S120 伺服驱动器。

2. 交流伺服驱动器的结构及工作原理

如图 4.1 所示为交流永磁同步电机进给伺服驱动系统的结构原理框图。由于需要对伺服电机转子任意角度定位控制，因此，本系统采用半闭环控制。为实现位置、速度和转矩的精确控制，伺服驱动系统采用了三环控制结构，三环之间实行串级联接，分别对位置、速度和电流进行闭环控制。其中，交流伺服驱动器由调节器和电力变换装置组成，主要功能是实现各种调节运算，并将固定频率和幅值的三相交流电源变换为受控于调节器输出控制量的可变三相交流电源，实现进给伺服电机的准确控制。

（1）电流控制环。

电流控制环是进给伺服驱动系统的内环，其目标是实现电流的快速响应和输出纹波小的电流波形，以得到高精度的转矩控制性能。

电流控制环由电流调节器、电流检测装置、三相 SPWM 逆变器、永磁同步电机等组成。在电流控制环中，要保证电机在旋转过程中三相定子合成电流矢量 i_s 始终与转子磁链矢量垂直（即 $i_s = i_q$ ，$i_d = 0$ ），$\xi - \theta = 90°$ ，则需通过安装于电机轴上的位置检测装置获取转子磁链的角度 θ，将磁极位置的空间角度 θ 转换成电压或电流的相位角，再与速度调节器的输出相乘，得到交

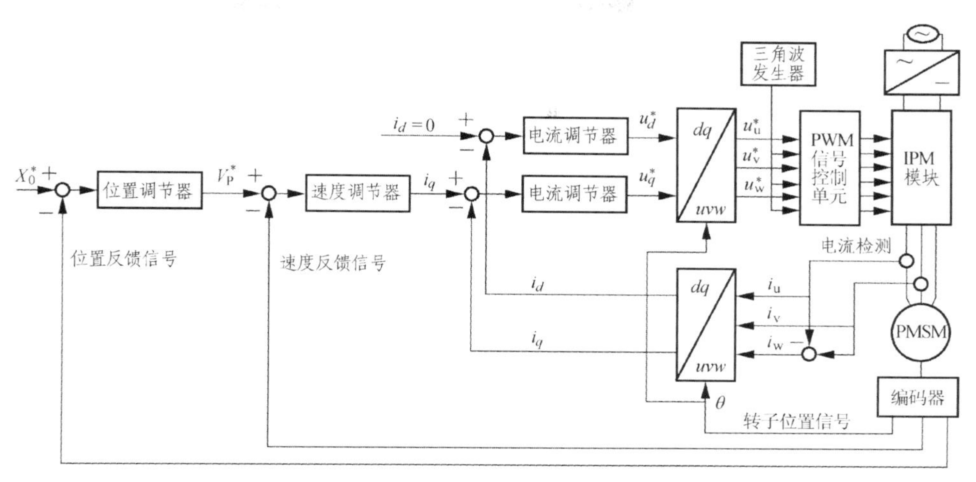

图 4.1　交流永磁同步电机进给伺服驱动系统的结构原理图

流电流指令信号 i_q^*。i_q^*是一个表征电流幅值的直流量。由电流控制环将直流电流指令 i_q^*交流化，使电流指令的相位由转子磁链位置决定，电流指令的频率由转子磁链的旋转速度决定，并且把电流指令矢量控制在与转子磁链相正交的空间位置上，从而实现交流电机的矢量控制。

由于 d-q 坐标系中 i_q、i_d 与三相交流电流 i_u、i_v、i_w 间存在确定的坐标变换关系，因此，对电流控制一般有两个方案，一是交流闭环控制方案，如图 4.1 所示；另一种是直流闭环控制方案：如图 4.2 所示。直流闭环控制方案是在变换后的 d-q 坐标系中，对直流电流 i_q、i_d 分别进行闭环控制，从而实现对转矩的直接控制。

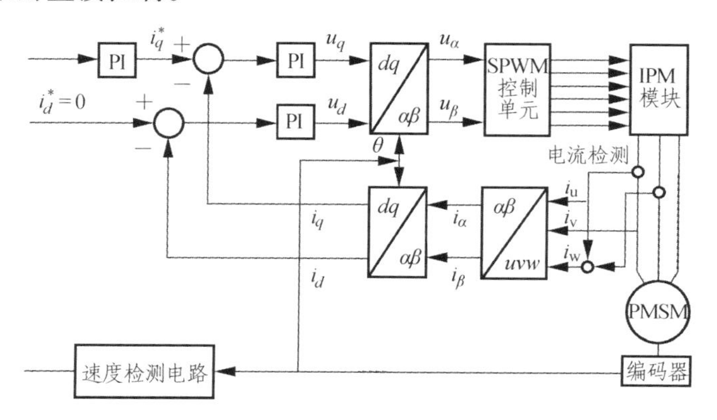

图 4.2　伺服驱动器电流环直流闭环控制原理图

进给伺服驱动系统要求电流控制环输出电流谐波分量小、响应速度要快。

由于电流频率较高时，电流控制所产生的滞后变得十分明显，直接影响电流的控制性能，因此，快速响应是电流控制的主要目标。

提高电流控制精度的方法有以下几个方面：

① 采用开关频率高的电力电子器件。采用开关频率高的电力电子器件可降低逆变器开关延迟时间 t_{PWM}，获得快速电流响应，从而提高电流控制环精度。

② 提高 SPWM 载波频率。由于在 SPWM 控制方式中，逆变器输出电流的纹波大小，取决于三角波载波频率的上限，因此，提高 SPWM 载波频率也可提高电流控制环精度。

③ 合理地选择电流调节器的参数。一般来说，增大电流调节器的比例增益 k_I，将加快电流的响应速度，有利于减小稳态误差，但过大的 k_I 又会导致电流有较大的超调，使电流产生振荡，系统稳定性降低。而增大电流调节器的积分时间常数 t_I，有利于减小电流的超调量，减小振荡，使电机运转稳定，但电流稳态误差的消除将随之减慢。因此，在电流控制环参数设定时，应进行反复调试，以达到最佳控制效果。

（2）速度控制环。

进给伺服驱动系统要求速度控制应具有高精度、快响应和宽调速范围等特性。具体指示值为速度频率响应至少在 200 Hz 以上（高性能系统已达 900 Hz），速度调节范围至少在 1∶1 000 以上（高性能系统调速范围已达 1∶100 000 以上），转速不均匀度小于 5%。

速度控制环由速度调节器、内环电流控制环和速度检测元件组成。速度调节器通常采用比例调节器。在速度控制环中，由位置检测装置产生的经 f/V（频率/电压）转换后正比与电机速度的直流电压信号，作为速度控制环的反馈信号 V_P，与位置控制环给定的速度指令 V_P^*（电压信号）进行比较，其误差经速度调节器产生电流分量 i_q^* 作为电流控制环的指令值，实现电机速度的跟踪控制。

提高速度控制精度的方法有以下几个方面：

① 采用高分辨率的速度检测元件。在采用编码器作为速度检测元件的速度控制系统中，在电机处于极低速度范围内时，编码器的输出脉冲间隔可能比速度采样周期长得多，这样，速度采样存在延时现象，系统产生控制误差。同时，在高低速切换运行时还会引起振荡现象，不仅限制了速度控制的响应频率，还提高了稳定可控的最低转速，最终使调速范围减小。编码器的分辨率越高，速度采样延时就越少，因此要获得高精度的速度控制，应尽量提高编码器的分辨率。

② 提高电流控制环的精度。从永磁同步电机的运动方程式可知，电磁转矩脉动和转速脉动之间有明显的线性关系。而电磁转矩脉动是由三相定子电流畸变引起的，因此采用内部结构品质高的电机，检测漂移误差小的电流检测元件，以及高开关频率的大功率电力电子器件，同时，提高电流控制环控制精度，均可提高速度控制精度。

③ 合理地选择速度调节器参数。由于机床运行过程中负载的多样性，速度调节器参数的选择比较复杂。同样，增大速度调节器的比例增益 k_A，系统的动态响应速度提高，但过分增大又会引起系统的振荡。增大速度调节器的时间常数 T_M，可减小速度超调量，提高稳定性，但会减慢消除稳态误差的过程。同时，在负载的特性发生变化时，整个系统的特性也将引起变化。若负载的转动惯量与伺服电机的转动惯量之比越大，或者，负载的摩擦转矩增大，系统的响应速度就会变慢，容易造成系统的不稳定，产生爬行现象，此时应增大 k_A 和 T_M，以满足系统的稳定性要求。相反，惯量比越小，动态响应速度快，低速运行时转速脉动较大，此时应减小 k_A 和 T_M，以保证低速运行时的速度控制精度。

（3）位置控制环。

位置控制的目的是在保证定位精度和不产生位置超调的前提下，使系统具有尽可能快的瞬态位置响应性能，以减小跟踪误差，提高位置精度，缩短加工时间。因此，位置控制的精度决定了零件形状精度。位置控制环由位置调节器、速度控制环和位置检测元件组成。位置控制调节器一般采用比例控制器。

位置控制环的输入量是给定位置指令 x_0^*，反馈量是转子磁链的实际位置 x_A。给定的位置值与位置反馈量进行比较，其误差值经过位置调节器运算，输出作为速度控制环的速度指令值 V_P^*。当给定的位置指令与实际位置相等时，即位置误差为零时，系统停止工作，执行部件到达指令所要求的位置。

提高位置控制精度的方法有以下几个方面：

① 采用高分辨率的位置检测元件。位置检测元件的分辨率越高，位置控制精度越高。

② 提高速度环的控制精度。由系统频率特性可知，位置控制器的比例增益 k_N 受速度环的截止频率的限制。为了获得高的 k_N，位置控制环截止频率将随之提高，这样就必须提高内环速度控制环的截止频率，而速度控制环的截止频率受诸多参数的影响，如机械部分的负载转动惯量和传动机构的刚性，伺服电机的机电时间常数和转动刚性，以及伺服放大环节的载波频率和速度

检测器的分辨率等。因此，提高速度环的控制精度，才可能获得较高的k_N。

③ 合理选择位置调节器的参数。通常位置环增益k_N越高，位置跟踪误差愈小，位置控制精度越高。但k_N很大时，在速度突变时，机械负载会承受很大的冲击，引起系统的振荡与不稳定，因此，k_N值不宜选得太大。

3. 数字式交流伺服驱动器

如图 4.3 所示，为某数字式交流进给伺服驱动器的结构框图。驱动器采用专用运动控制数字信号处理器 DSP、大规模现场可编程逻辑阵列 FPGA 和智能化功率模块 IPM 等最新技术。可通过修改参数、选择驱动器的控制工作方式和内部参数设置，以适应不同工作环境和要求，并显示驱动器工作过程的状态信息和一系列的故障诊断信息。

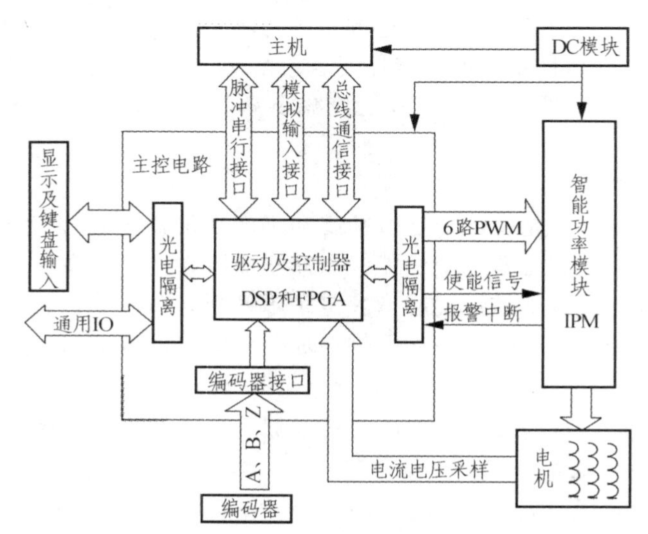

图 4.3 数字式交流伺服驱动器结构框图

驱动器可通过指令信号接口将生成的指令以脉冲、模拟量或总线的方式输入至驱动器的指令接口。驱动器的主控电路由 DSP 和 FPGA 组成。DSP 通过定时中断处理实时性很强的控制任务，通过 EVA 和 EVB 两个事件管理器生成 6 路脉宽调制信号，经光电隔离后，驱动 IPM 实现逆变控制，驱动电机运动。并通过电流电压、编译器信号的实时采样和处理，将反馈电流、速度、位置信号送入 DSP，形成闭环控制。为了提高 DSP 的运算能力，FPGA 实现 DSP 与外围电路的通信，如与外部的时序逻辑处理，以及与其他外设的实时数据交换等。通过键盘可以对驱动器的参数进行设置，同时，LED 能实时显示当前驱动器的运行模式、控制参数和故障诊断等信息。

DC 电源模块为主控电路、IPM 逆变电路等提供稳定的直流电压，如 ± 5 V、± 12 V、15 V 等。功率驱动电路采用 IPM，它集成了三相 6 个大功率管和 1 个制动回路，以及报警保护的输出电路，提供控制电压欠压保护（UV）、过热保护（OT）、短路保护（SC）和过流保护（OC）4 种保护。当 IPM 发生其任一故障时，输出故障信号，IPM 会封锁门极驱动，关断 IPM。当故障源消失后，IPM 内部自动复位。

除了上述主控电路和功率驱动电路以外，驱动器还包括电流、电压、温度检测电路、与外部的通信模块，以及一些辅助电路。

4.2.2 交流伺服驱动器的主要性能指标

交流伺服驱动器是实现控制理论与算法,并获得最终控制效果的关键器件，具有如下主要性能指标。

（1）调速范围。调速范围是衡量驱动器变速能力的指标，通常以最低转速与最高转速之比来表示。交流伺服驱动器的调速比一般在 1∶5 000 以上。

（2）调速精度。调速精度是衡量系统调速稳定性的指标，通常以空载转速与满载转速的差值占额定转速的百分比来表示，即

$$\delta = \frac{\text{空载转速} - \text{满载转速}}{\text{额定转速}} \times 100\% \tag{4.1}$$

（3）最高转速。驱动器的速度调节是通过改变电源频率实现的，因此最高输出转速是决定驱动器调整范围与衡量最高速性能的重要指标。交流伺服驱动器的最高转速通常为额定转速的 2 倍左右（即最大输出频率为电机额定频率的 2 倍）。

（4）速度（频率）响应。速度响应是衡量驱动器对指令的跟随性能与灵敏度的重要指标，通常以给定正弦波速度指令时系统输出速度的相位滞后不超过 90°、幅值不小于 50% 时的最大正弦波输入频率值来表示。一般交流伺服驱动器的速度响应在 400 ~ 600 Hz 以上。先进的交流伺服驱动器其速度响应可达 1 600 Hz 以上。

（5）调速效率。调速效率是衡量驱动器经济性的技术指标，以驱动器输出功率与输入容量之比表示。

$$\eta = \frac{\text{输出功率}}{\text{输入容量}} \times 100\% \tag{4.2}$$

4.3 进给伺服驱动系统的设计与计算

数控机床进给伺服驱动系统的设计主要包括伺服电机的选型、伺服驱动器的选型，以及主回路配套件的选型与电路设计。

4.3.1 交流伺服电机的选择

交流伺服电机的性能直接影响进给系统的动、静态工作能力。为实现数控机床的高效、高精的运动控制效果，伺服电机应满足以下基本要求。

① 从最低速到最高速，电机都能平稳运转，转矩波动要小，尤其在低速如 0.1 r/min 或更低速时，仍有平稳的速度而无爬行现象。

② 有较大、较长时间的过载能力，以满足系统低速性能的要求。

③ 有较小的转动惯量和较大的堵转转矩，并有尽可能小的时间常数和启动电压，满足快速响应的要求。

④ 能频繁启动、制动。

根据以上要求，数控机床进给伺服驱动系统一般采用高速、中小惯量的永磁同步伺服电机。

电机的选择包括确定电机类型、安装形式、输出转矩、最大转速与加减速能力等，分别涉及电机的基本造型、进给驱动系统的稳态设计和进给驱动系统的动态设计等 3 方面的内容。

1. 电机的基本选择

（1）电机类型的选择。

根据性能的不同，伺服电机有高性能型与经济型之分。两者所使用的磁性材料等存在不同，因此在加减速能力、高速与低速输出特性、调速范围、控制精度与价格等方面都存在较大差别，在选择时应根据实际需要，综合考虑后确定。

根据用途的不同，伺服电机分为用于普通驱动的中惯量伺服电机和用于高速驱动的小惯量伺服电机两类，前者的驱动能力强，而后者可以达到较高的转速。

伺服电机与传动轴的安装一般为端面法兰连接，输出轴的形式有锥轴带键、直轴（平轴）、直轴带键，还可以根据需要选择带内置式制动器的电机类型。

（2）电机转速的选择。

伺服电机的调速范围与调速性能一般都能满足绝大多数进给伺服驱动系统的控制要求，因此，通常只需要确定伺服电机的最高转速。伺服电机的最高转速取决于执行元件的快移速度、丝杠螺距与传动系统的减速比。当进给传动系统设计完成后，便可以直接计算出伺服电机的最高转速。

数控机床工作台快速移动时，电机转速应严格控制在电机的额定转速之内，即：

$$n_{\max}=\frac{v_{\max}\times i}{P_{\mathrm{h}}}\times 10^{3}\leqslant n_{\mathrm{N}}\ (\mathrm{r/min}) \tag{4.2}$$

式中　n_{N}——伺服电机的额定转速（r/min）；

$v_{\max}$——工作台快速进给速度（m/min）；

i——系统传动比，$i=\dfrac{n_{电机}}{n_{丝杠}}$；

P_{h}——丝杠螺距（mm）。

（3）电机其他参数的选择。

① 防护等级。

防护等级是指电机防止外部异物进入的能力。防护等级有统一的标准。防护等级标准中 IP 后的第一位数字为防止固体异物进入的能力，如 2 代表可以防止直径 12 mm、长度 80 mm 以上的固体物进入；4 代表可以防止直径 1 mm 以上的固体物进入等。IP 后的第二位数字为防止水溅的能力，如 3 代表可以防止 60° 方向的水淋；4 代表可以防止任何方向的水淋等。

伺服电机的防护等级一般可达到 IP65 ~ IP68，这些电机对固体异物完全密封，并可以防止水/油性液体的喷雾/喷溅（IP65/67），或油/腐蚀性液体的喷束与短时浸没（IP67/68）。

② 绝缘等级。

电机的绝缘等级是指电机绕组绝缘材料可以耐受高温的能力，绝缘等级同样有统一的标准（IEC60034-1），感应电机常用的绝缘等级有 A、E、B、F、H 等，其可以耐受的最高温度分别为 105 °C、120 °C、130 °C、155 ° C 与 180 °C。

③ 安装形式。

电机的安装形式是指电机与设备的连接方式，电机一般由端面法兰或地脚螺钉与设备进行连接，有“立式安装”与“卧式安装”两种基本形式。在国际标准（IEC60034-1）中，立式法兰安装的代号为 V1（向下）与 V3（向上），立式地脚安装的代号为 V5（向下）与 V6（向上），卧式法兰安装的代号为 B5，卧式地脚安装的代号为 B3 等。

2. 进给伺服驱动系统的稳态设计

进给伺服驱动系统的稳态设计是根据机床工作过程中的负载情况确定电机的连续输出转矩。通常，系统的稳态设计可通过力学关系进行精确的计算，计算方法如下。

对于输出特性很“硬”的电机，电机的连续输出转矩几乎与静态输出转矩 M_S 相等，这样，可直接通过所计算的负载转矩 M_L，并考虑 10%～20% 保险富裕量来确定电机静态输出转矩 M_S。对于输出特性较“软”的电机，要计算在对应切削速度下的电机输出转矩，并应大于负载转矩 M_L，或直接选择高速时的转矩 M_f 大于负载转矩 M_L。对于频繁启动、制动的数控机床，为避免电机过热，必须保证一个周期内电机负载转矩的均方根值不超过电机连续额定转矩。在选择的过程中，如果其中一个条件不满足则应采取适当的措施，如变更电机系列或提高电机容量等。

电机负载转矩 M_L 的计算公式：

$$M_L = M_V + \sum M_R \pm M_G \text{（N·m）} \tag{4.3}$$

式中 M_V——切削加工力折算到电机上的转矩（N·m）；

$\sum M_R$——摩擦阻力折算到电机上的转矩（N·m）；

M_G——运动部件重力折算到电机上的转矩（N·m）。

（1）切削加工力折算到电机上的转矩 M_V。

切削加工力转矩决定于加工时在运动方向上产生的轴向抗力，它与工件材料、刀具形状与材质、进给速度、切削速度、冷却润滑等因素有关，要详细计算是十分困难的。通常有两种方法：一是由机床设计者确定一个最大切削进给力指标 F_f，在此基础上计算出切削加工力转矩；二是由机床设计者首先确定机床主轴电机功率，在所计算的最大切削力的基础上求得切削加工力转矩。

设最大切削进给力为 F_f，则切削力折算到电机的转矩：

$$M_V = \frac{F_f \times P_h}{2\pi \times i \times \eta_G \times \eta_{SM}} \text{（N·m）} \tag{4.4}$$

式中 F_f——切削进给力（N）；

η_G——机械传动装置效率，在电机与丝杠直接连接时，i 与 η_G 均为 1；

η_{SM}——滚珠丝杠螺母副的传动效率，计算公式：

$$\eta_{SM}=\frac{\tan\theta}{\tan(\theta+\rho)} \tag{4.5}$$

式中　θ——螺旋角（°），$\theta=\arctan\dfrac{P_h}{\pi d_0}$，其中 d_0 为丝杠公称直径；

ρ——与螺旋线断面形状有关的摩擦角。

在滚珠丝杠参数未确定时，可以按照 $\eta_{SM}\approx0.9\sim0.95$ 取值。

（2）摩擦转矩 $\sum M_R$。

进给系统的摩擦转矩通常包括导轨摩擦力产生的摩擦转矩 M_{RF}、滚珠丝杠预紧力产生的摩擦力转矩 M_{SPF}、防护罩摩擦转矩 M_{Abd}、支承轴摩擦转矩 M_{RSL}，以及机械传动装置的摩擦阻力产生的转矩等。其中，机械传动装置的摩擦阻力一般以传动效率的形式进行等效，其余摩擦转矩可以分别通过计算得到。即系统的总摩擦转矩：

$$\sum M_R=\frac{M_{SPF}+M_{RF}+M_{Abd}+M_{RSL}}{i\eta_G}\ \text{（N·m）} \tag{4.6}$$

采用电机与丝杠直接传动时，导轨摩擦力折算到电机的摩擦转矩 M_{RF} 的计算公式：

$$M_{RF}=\mu_F\frac{P_h}{2\pi\eta_{SM}}[(m_W+m_T)g\cos\alpha+F_e+F_p+F_{FU}]\ \text{（N·m）} \tag{4.7}$$

式中　F_e——切削力在垂直方向的分力（N）；

F_p——切削力在径向方向的分力（N）；

F_{FU}——滚动导轨的预载荷（预紧力）（N），仅用于滚动导轨，其他形式导轨此项为 0；

m_W——工件质量（kg）；

m_T——工作台质量（kg）；

α——倾斜角度（对于水平安装轴 $\alpha=0°$，垂直安装轴 $\alpha=90°$，其他情况决定于机床结构布局）；

μ_F——与导轨形式有关的导轨摩擦系数，常见导轨的摩擦系数如表 4.1 所示。

表 4.1　常用导轨的摩擦系数表

导轨类型	摩擦系数 μ_F	导轨类型	摩擦系数 μ_F
铸铁与铸铁	0.18	圆柱滚珠滚动导轨	0.005～0.01
铸铁与环氧树脂	0.1	球滚珠滚动导轨	0.002～0.003
铸铁与聚四氟乙烯	0.06		

① 滚珠丝杠预紧力产生的摩擦力转矩 M_{SPF}。

为了提高传动系统的定位精度，丝杠安装时要进行预紧。丝杠的预紧一是消除滚珠丝杠的间隙，另外可提高其刚性，以降低承受轴向载荷时的弹性变形。但丝杠的预紧增加了传动系统的摩擦阻力。滚珠丝杠预紧力产生的摩擦力转矩 M_{SPF} 的计算公式：

$$M_{SPF}=k\frac{F_{aSP}P_h}{2\pi\eta_{SM}}\ (N\cdot m) \quad (4.8)$$

式中 F_{aSP}——滚珠丝杠副的预紧力；

k——滚珠丝杠副的预紧扭矩系数，$k=0.05\tan\theta^{-\frac{1}{2}}$，$\theta$为螺旋升角。

② 防护罩摩擦转矩 M_{Abd}。

数控机床的导轨一般都安装有波纹管、金属螺旋罩、多级伸缩防护罩等防护装置，最常用的是多级伸缩防护罩。多级伸缩防护罩的摩擦阻力与宽度有关。根据国外生产厂家提供的数据，1 m 宽度防护罩所产生的阻力如表 4.2 所示，其他宽度的防护罩可以根据比例进行换算。

表 4.2 多级伸缩防护罩产生的阻力

宽度范围/m	摩擦阻力 F_{Abd}/（N/m）	宽度范围/m	摩擦阻力 F_{Abd}/（N/m）
0 ~ 1	180	2 ~ 3	250
1 ~ 2	220		

防护罩产生的阻力折算到电机的摩擦转矩 M_{Abd} 的计算公式：

$$M_{Abd}=\frac{P_h}{2\pi\times\eta_{SM}}\times F_{Abd} \quad (4.9)$$

式中 F_{Abd}——多级伸缩防护罩产生的阻力（N/m）。

③ 丝杠支承轴承摩擦转矩 M_{RSL}。

丝杠支承轴承摩擦转矩通常很小，在一般情况下可以忽略，但在轴承进行预紧（且为双端支承）时，需要考虑由此引起的摩擦转矩。丝杠支承轴承摩擦转矩可以从轴承生产厂家的样本中查得。根据 INA 公司提供的数据，丝杠支承轴承所产生的摩擦转矩 M_{RSL} 的近似计算公式：

$$M_{RSL}=\mu_{SL}\times\frac{1}{2}d_{ML}F_{ZU}\ (N\cdot m) \quad (4.10)$$

式中 μ_{SL}——支承轴承摩擦系数，一般为 0.003 ~ 0.005；

d_{ML}——支承轴承平均直径（m）;

F_{ZU}——支承轴承预紧力（N）。

（3）运动部件重力转矩 M_G

运动部件重力转矩 M_G 只存在于垂直轴或倾斜轴（$\alpha \neq 0$），对于水平安装的轴无须考虑。运动部件重力转矩 M_G 的计算公式：

$$M_G = \frac{P_h}{2\pi \times i\eta_{SM} \times \mu_G}(m_W + m_r)g\sin\alpha \ (\mathrm{N \cdot m}) \tag{4.11}$$

根据国外推荐，对于理想的进给系统，摩擦转矩与电机的静态转矩之间应满足如下关系：

$$\sum M_R \leqslant 0.3M_S \tag{4.12}$$

由此可知，可通过 $\sum M_R$ 估算电机的静态转矩 M_S，从而选择电机。

对于垂直或倾斜轴，运动部件重力转矩将产生电机的连续热损耗，因此必须保证：

$$M_G \leqslant 0.7M_S \tag{4.13}$$

3. 进给伺服驱动系统的动态设计

数控机床对进给伺服系统的动态性能要求有加减速快、瞬态响应过程平稳、抗扰动能力强、系统稳定性好等。要满足良好的动态特性，应对系统进行合理的动态设计，如电机有足够大的加减速能力，机械传动装置有足够大的刚性，控制系统的响应延时足够小和机械传动系统的死区足够小等。

由于系统的动态设计需要构建系统框图，确定各部分的数学模型和建立传递函数等，分析与计算过程较为复杂；而且由于系统具有非线性环节，要对其进行准确的分析较为困难。在总体设计时通常只对系统的惯量匹配和加减速能力进行简单的计算，动态参数的调整在机床调试阶段利用数控装置软件自动完成。

（1）系统的惯量比。

系统的惯量匹配是充分发挥机械及伺服系统最佳效能的前提，伺服系统参数的调整也跟系统的惯量比有很大的关系。如果负载惯量和电机惯量不匹配，会导致电机惯量和负载惯量之间动量传递时发生较大的冲击。这在要求高速、高精度的系统上表现得尤为突出，若负载电机惯量比过大，伺服参数调整越趋边缘化，也越难调整，振动抑制能力也越差，控制变得不稳定。

若机械传动系统的设计是合理的，在进给伺服系统的机械传动部件采用直接连接或少量齿轮、同步皮带连接的场合下，负载惯量与电机惯量一般应满足如下匹配关系：

$$J_M \geqslant J_L / 3 \tag{4.14}$$

式中 J_L——折算到电机上的负载惯量（$kg \cdot m^2$）；

J_M——电机转子惯量（$kg \cdot m^2$）。

在滚珠丝杠的运动系统中，系统总惯量 J_{Ges} 包括旋转运动部件与直线运动部件折算到电机上的两部分惯量。旋转运动部件有电机、滚珠丝杠、轴承、联轴器或齿轮、同步带轮等；直线运动部件有工作台、工件等。

滚珠丝杠、齿轮等旋转运动部件的惯量计算公式：

$$J_c = \frac{\pi\gamma}{32} \times D^4 L \ (kg \cdot m^2) \tag{4.15}$$

式中 γ——材料的密度（kg/m^3）；

D——圆柱体的直径（m）；

L——圆柱体的长度（m）。

工作台等直线运动部件的惯量计算公式：

$$J_z = m\left(\frac{P_h}{2\pi}\right)^2 (kg \cdot m^2) \tag{4.16}$$

式中 m——直线移动物体的质量（kg）。

（2）电机加减速能力。

电机除连续运转区域外，还有短时间内的运转特性，如电机的加减速过程，电机输出的最大转矩将影响系统的加减速时间常数。电机即使容量相同，最大转矩也会有所不同。若系统要求的加减时间常数为 t_a，而初选的电机在最大转矩下，从 0 到最大转速 n_m 的加速时间为 t_H，为保证系统良好的加减速动态性能，应满足如下条件：

$$t_H \leqslant t_a \tag{4.17}$$

式中 t_a——进给传动系统要求的加减时间（s）；

t_H——进给传动系统能实现的加减时间（s）。

设电机空载启动时的转矩平衡方程：

$$M_M = M_L + M_B \tag{4.18}$$

式中　M_M——电机输出的最大转矩（N·m）；

M_L——静态负载转矩（N·m），包括摩擦转矩 $\sum M_R$ 和运动部件重力转矩 M_G；

M_B——电机加减速转矩（N·m）。

当进给伺服系统采用线性加减速时，机床的快移速度为 v_m（m/min），可得线性加速度：

$$a = \frac{v_m}{60t_H} = \frac{M_B}{J_{Ges}} \tag{4.19}$$

由此可得，系统从 0 到最大转速 v_m 的加速时间：

$$t_H = J_{Ges}\frac{2\pi n_m}{60M_B}\ (\mathrm{s}) \tag{4.20}$$

式中　J_{Ges}——系统总惯量（kg·m²）；

n_m——机床快进时的电机转速（r/min）。

此时，系统可实现的最大加速度：

$$a_m = \frac{v_m}{60t_H}\ (\mathrm{m/s^2}) \tag{4.21}$$

不同的机床对最大加速度 a_m 有不同的要求。加速度 a_m 的选择可参考表 4.3 的推荐值。设计时应保证机床所需的最大加速度值小于所选择电机能实现的最大加速度值。

表 4.3　机床推荐的加速度值

机床类型	推荐加速度 a_m 值 /（m/s²）	机床类型	推荐加速度 a_m 值 /（m/s²）
大型龙门、落地式机床	0.2～1	丝杠传动的高速加工机床	5～15
中型车床与铣床、加工中心	0.5～2	直线电机传动的高速机床	10～40
小型车床与铣床、加工中心	1～5	铣床、加工中上的回转轴	5～50

表 4.4 的推荐值为机床的一般要求，由于设计的需要，在同一机床上的不同坐标轴也可以使用不同的数据。如对于立式机床的垂直轴 Z、卧式机床的垂直轴 Y，由于重力的作用，其加速度的选择可以比推荐值略低。

4.3.2 交流伺服驱动器的选择

交流伺服驱动器的选择主要有两个方面的内容，一是类型的选择，二是型号的选择。

通用型伺服驱动器是一种独立的控制器件，它对数控装置无特殊要求，数控装置不需要位置调节器。通用型伺服驱动器具有使用方便、控制容易、对数控装置的要求低等特点，在经济型数控机床上得到广泛的应用。其缺点是无法通过数控装置方便地监控驱动器的工作状态和进行参数设置与优化。通用型伺服器组成的控制系统性能与专用型伺服相比仍存在一定的差距。

通用型伺服驱动器可接收的脉冲指令类型有脉冲方向信号、正反转脉冲信号或相位差为 90° 的差分脉冲信号等。在先进的通用型伺服驱动器上，也开始采用了网络总线控制技术。为了保证其通用性，驱动器中所使用的总线与通信协议必须是通用与开放的。此类驱动器通常不提供标准操作面板，其参数设置和调试需要通过通信接口进行。

专用型伺服驱动是指那些必须与指定的数控装置配套使用的交流伺服驱动器。此类驱动与数控装置之间多采用专用内部总线连接。控制系统一般使用专门的伺服总线与通信协议，对外部无开放性，驱动器不可以独立使用。通过总线的通信，驱动器的数据设定与操作、状态监控、调试与优化等都可直接在数控装置的数据输入与显示单元上完成。

专用型伺服驱动器由于是生产厂家针对某一种电机研制的专用控制器，在伺服电机的说明书中往往给出了与之相适应的驱动器型号。因此，驱动器应根据所选择的伺服电机规格进行选择。需要注意的是，有时一种驱动器可以控制几种不同的伺服电机。这样每个驱动器必须根据被控电机进行适当的调整。

驱动器的规格多数是以允许连续输出的额定电流来表示。选择驱动器时原则上不需要考虑电机的电压（生产厂家已经配套设计），一般来说，所选择的驱动器的额定电流值应比伺服电机的额定电流值大，因为驱动器的电力电子器件相比电机定子绕组要容易损坏得多。

从驱动器输入容量与伺服电机的输出功率来考虑，一般的选择原则是：0.75 kW 以下的电机，需要按照电机功率的 3 倍左右选择驱动器的输入容量；1 ~ 2 kW 以下的电机，需要按照电机功率的 2.5 倍左右选择驱动器的输入容量；3 ~ 15 kW 以下的电机，需要按照电机功率的 2 倍左右选择驱动器的输入容量。

4.3.3　进给伺服驱动系统主回路附件的选择

进给伺服驱动系统除伺服电机与驱动器外，还包括用于驱动器电源输入端与直流母线的组件。如电源输入端组件有电流电抗器、电源滤波器，直流母线上的组件有直流电抗器、制动电阻等，如图 4.4 所示。这些配套件可以根据实际需要或厂家推荐进行选配。

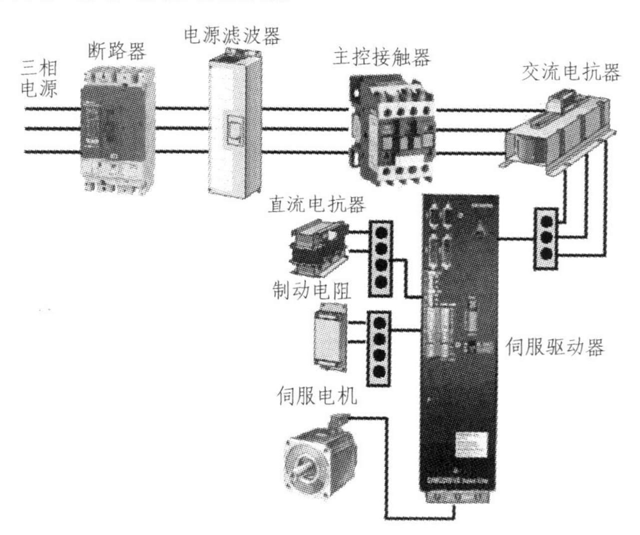

图 4.4　交流伺服驱动系统主回路的组成

1. 交流电抗器

交流电抗器的作用是消除电网中的电流尖峰脉冲与谐波干扰。交流伺服驱动器一般都采用电压控制型逆变方式。这种逆变方式首先需要将交流电压经整流、滤波转变成直流电，而大容量的电容充放电将导致输入端出现尖峰脉冲，对电网产生谐波干扰，影响其他设备的正常运行。另一方面，如果电网本身存在尖峰脉冲与谐波干扰，同样也会给驱动器上的整流元件与滤波电容带来冲击，造成元器件的损坏。通过交流电抗器可以有效地消除尖峰脉冲的干扰。但是，由于交流伺服驱动器的容量通常较小（驱动电机一般在 15 kW 以下），在实际使用时，如果驱动器主回路安装了伺服变压器，出于节省成本、缩小体积等方面的考虑，也可以不使用交流电抗器。

交流电抗器的选用应根据所在国对电网谐波干扰指标的要求，通过计算后决定。指标包括在不同电网电压下对产生谐波的设备容量限制要求、谐波电流限制要求等。其标准在不同的国家与地区稍有不同。但对于如下情况，应考虑使用交流电抗器。

（1）驱动器主回路未安装伺服变压器。

（2）在驱动器的主电源上并联有容量较大的晶闸管变流设备或功率因数补偿设备。

（3）驱动器供电电源的三相不平衡度可能超过 3%。

（4）驱动器供电电源对下属的用电设备有其他特殊的谐波指标要求。

当交流电抗器用于谐波抑制时，如果电抗器感抗所产生的压降能够达到供电电压（相电压）的 3%，就可以使谐波电流分量降低到原来的 44%，因此，一般情况下，驱动器配套的交流电抗器的电感量按照所产生的压降为供电电压的 2%～4% 进行选择，即电抗器的电感量：

$$L=(0.02\sim 0.04)\frac{U_1}{\sqrt{3}}\times\frac{1}{2\pi fI} \quad (4.22)$$

式中 U_1——电源线电压（V）；

I——驱动器的输入电流（A）；

L——电抗器电感（H）。

当驱动器的输入容量 S（kV·A）为已知时，根据三相交流容量计算公式 $S=\sqrt{3}U_1I$，可得：

$$L=\frac{(0.02\sim 0.04)}{2\pi f}\times\frac{U_1^2}{S}\ (\mathrm{mH}) \quad (4.23)$$

对于常用的三相 200 V/50 Hz 供电的驱动器，上式可以简化为：

$$L=(2.5\sim 5)\frac{1}{S}\ (\mathrm{mH}) \quad (4.24)$$

电抗器也可以由驱动器生产家配套提供，但其规格较少，因此，电感量可能与计算值有较大的差异。

2. 电磁滤波器

交流伺服驱动器由于采用了 PWM 调制方式，在电流、电压中包含了很多高次谐波成分，这些高次谐波中有部分已经在射频范围，即驱动器在工作时将向外部发射无线电干扰信号。同时，来自电网的无线干扰信号也可能引起驱动器内部电磁敏感部分的误动作，因此，在环境要求高的场合，需要通过电磁滤波器来消除这些干扰。

由于驱动器所产生的电磁干扰一般在 10 MHz 以下的频段，电磁滤波器除可以与驱动器配套使用外，也可以直接将电源进线通过在环形磁芯（也称零相电抗器）上同方向绕制若干匝（一般为 3 ~ 4 匝）后制成小电感，以抑制共模干扰。驱动器的输出侧（电机）也可以进行同样的处理，如图 4.5 所示。

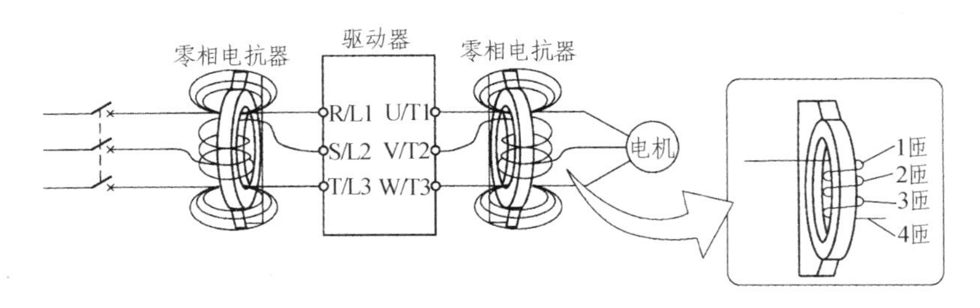

图 4.5　电磁滤波器的安装

3. 直流电抗器

直流电抗器安装于交流伺服驱动器和直流母线滤波电容器之前，可以起到限制电容器充电电流峰值、降低电流脉动、改善驱动器功率因数等作用。而且，在加入了直流母线电抗器后，驱动器对电源容量要求可以相应降低 20% ~ 30%，因此，在大功率的驱动器上，一般需要加入直流电抗器。

直流电抗器的电感量计算方法与交流电抗器的类似，由于三相整流、电容平波后的直流电压为输入电压的 1.35 倍，因此，电感量也可以按照同容量交流电抗器的 1.35 倍左右进行选择，即：

$$L=\frac{(0.027\sim0.054)}{2\pi f}\times\frac{U_1^2}{S}\ (\mathrm{mH}) \tag{4.25}$$

4. 制动电阻

交流伺服驱动器在制动时，电机侧的机械能将通过续流二极管返回到直流母线上，引起直流母线电压的升高，为此需要在驱动器上安装用于消耗制动能量（也称再生能量）的制动单元与电阻。

一般小功率（400 W 以下）的驱动器无内置式制动电阻，在频繁制动或制动能量较大时，可能导致驱动器的直流母线“过电压”报警，这时需要增加外置式制动电阻。中等功率的驱动器（0.5 ~ 5.5 kW），一般配置有标准的“内置式”制动电阻，可以满足常规的控制要求，但在频繁制动或制动能量较大（如有重力作用的垂直轴）时，仍需再增加外置式制动电阻。大功率（6 kW 以上）的驱动器，通常不安装内置式制动电阻，必须使用外置式制动电阻。

制动电阻的选择有一定的要求，阻值过大将达不到所需的制动效果，阻值过小则容易造成制动开关管的损坏。为此，应尽可能选择驱动器生产厂家所配套提供的制动电阻。

4.3.4 进给传动系统的精度验算

在开环和半闭环进给伺服驱动系统中，由传动链的传动误差（如丝杠的螺距误差）、传动系统的动力参数（如弹性、刚性、摩擦、间隙）等引起的定位误差都不包括在位置控制环内，会影响伺服驱动系统的控制精度。因此，在进给传动系统和伺服驱动系统设计时，应进行系统定位精度的验算，以满足机床的设计要求。其中丝杠的螺距误差通常由数控装置进行误差补偿，在此不用考虑。另外，X、Y、Z 三个进给轴中，由于加工中心或铣床的 X 轴和车床的 Z 轴的行程最大，工作状况最差，所以，设计时重点要验证最长轴的进给传动系统的定位精度。下面以丝杠与电机直联式进给传动系统为例，介绍各种定位误差的计算方法。

1. 传动系统弹性变形引起的定位误差

传动系统的总弹性变形量主要由丝杠的拉压变形量、螺母与滚道的接触变形量和轴承的轴向变形量，以及螺母和轴承的支承座变形量等几部分组成。为了获得良好的定位精度，传动系统弹性变形引起的定位误差应小于机床规定的定位精度。

设传动系统的综合轴向刚度为 K_C（N/μm），则传动系统的总弹性变形：

$$\delta = \frac{F_a}{K_C} \text{ (μm)} \tag{4.26}$$

式中 F_a——传动系统所承受的轴向负载（N）。

（1）传动系统的综合轴向刚度 K_C。

丝杠与电机直联式传动系统的综合抗拉刚度 K_C 主要考虑滚珠丝杠的轴向拉压刚性 K_S、螺母的轴向刚度 K_N 和轴承的轴向刚度 K_B，以及螺母和轴承安装座的刚度 K_H 等综合影响，并且与丝杠的支承方式有关。K_C 的计算方法如下：

① 一端固定，一端自由。

当轴承未预紧时：

$$K_C = \frac{1}{\dfrac{1}{K_S}+\dfrac{1}{K_B}+\dfrac{1}{K_N}+\dfrac{1}{K_H}}\ (\text{N}/\mu\text{m}) \tag{4.27}$$

当轴承有预紧时：

$$K_C = \frac{1}{\dfrac{1}{K_S}+\dfrac{1}{2K_B}+\dfrac{1}{K_N}+\dfrac{1}{K_H}}\ (\text{N}/\mu\text{m}) \tag{4.28}$$

② 两端固定。

当轴承未预紧时：

$$K_C = \frac{1}{\dfrac{1}{4K_S}+\dfrac{1}{2K_B}+\dfrac{1}{K_N}+\dfrac{1}{K_H}}\ (\text{N}/\mu\text{m}) \tag{4.29}$$

当轴承有预紧时：

$$K_C = \frac{1}{\dfrac{1}{4K_S}+\dfrac{1}{4K_B}+\dfrac{1}{K_N}+\dfrac{1}{K_H}}\ (\text{N}/\mu\text{m}) \tag{4.30}$$

（2）丝杠的轴向拉压刚度 K_S。

滚珠丝杠的轴向拉压刚度 K_S 的计算也与丝杠的支承方式有关，计算方法如下：

① 一端固定，一端自由（轴方向）时，滚珠丝杠的轴向拉压刚性 K_S：

$$K_S = \frac{AE}{x}\times 10^{-3}\ (\text{N}/\mu\text{m}) \tag{4.31}$$

式中　A——滚珠丝杠截面面积，$A=(\pi d_r)/4\ \text{mm}^2$，其中 d_r 为丝杠小径；

E——弹性模量，$2.1\times 10^5\ \text{N/mm}^2$；

x——受力点到支承点的距离（mm）。

② 两端固定（轴方向）时，滚珠丝杠的轴向拉压刚性 K_S：

$$K_S = \frac{AEL}{x(L-x)}\times 10^{-3}\ (\text{N}/\mu\text{m}) \tag{4.32}$$

式中　L——滚珠丝杠的支承跨距（mm）。

（3）螺母的轴向刚度 K_N。

标准滚珠丝杠副螺母的轴向刚度 K_N 可查阅滚珠丝杠副使用样本。

（4）轴承的轴向刚度 K_B。

标准支承轴承的轴向刚度 K_B 可查阅支承轴承使用样本。角接触球轴承的轴向刚度可按下式计算：

$$K_B = 23.6[z^2 D_b \sin^5 \alpha]^{1/3} F_{ZU}^{1/3} \tag{4.33}$$

式中 z——滚动体个数；

D_b——滚动体直径（mm）；

α——接触角；

F_{ZU}——轴承组预紧力。

（5）螺母与轴承安装座的刚度 K_H。

螺母与轴承安装座的刚度很难准确计算，它包括支承座、中间套筒、螺栓等零件的刚度及零件间相互的接触刚度。在机械设计时，注意加强安装座的刚性，在此可忽略计算。

2. 传动系统刚性变化引起的定位误差

在传动过程中，移动部件的位置变化，引起传动系统的刚度发生变化，将会导致系统产生定位误差。为了获得良好的定位精度，要求系统满足由传动系统刚性变化引起的定位误差小于 $\left(\frac{1}{3} \sim \frac{1}{5}\right)$ 机床规定的定位精度。

传动系统刚性变化引起的定位误差 δ_S：

$$\delta_S = F_\mu \left(\frac{1}{K_{C\min}} - \frac{1}{K_{C\max}} \right) \tag{4.34}$$

式中 $K_{C\min}$——传动系统的最小综合轴向刚度（N/μm）；

$K_{C\max}$——传动系统的最大综合轴向刚度（N/μm）；

F_μ——进给导轨的静摩擦力（N）；

ε——机床要求的定位精度（μm）。

3. 死区误差

死区误差是指传动系统启动或反向时，产生的输入位置指令与实际位置量的差值。机床产生死区误差的原因主要有机械传动系统的间隙，克服导轨摩擦力，以及系统中的电气、液压元件的响应滞后。若死区误差小于系统的脉冲当量值，则可实现单脉冲进给。否则，在启动或反向时，系统需要补偿相应的脉冲量。因此，在开环控制和半闭环控制的伺服系统中，为保证运动精度的要求，死区误差应控制在一定范围内，最好小于等于系统的脉冲当量。

（1）机械传动系统间隙的死区误差 δ_C

由机械传动系统间隙引起的死区误差 δ_C 的计算公式：

$$\delta_C = \frac{P_h}{2\pi}\sum_{i=1}^{n}\frac{\delta_i}{i_i}\times 10^3 \ (\mu m) \tag{4.35}$$

式中　δ_i——第 i 个传动副的间隙量（rad）；

i——第 i 个传动副至丝杠的传动比。

② 摩擦力引起的死区误差 δ_f。

由摩擦力引起的死区误差主要是在驱动力的作用下，传动机构为克服静摩擦力而产生的弹性变形，而产生的定位误差。由静摩擦力引起的摩擦死区误差 δ_f 的计算公式：

$$\delta_f = 2\frac{F_\mu}{K_O} \ (\mu m) \tag{4.36}$$

式中　F_μ——沿工作台进给方向的静摩擦力（N）；

K_O——传动系统折算到工作台上的综合刚度（N/μm）。

由电气系统和执行元件的启动死区所引起的工作台死区误差与上述两项相比很小，常被忽略。

4.4　典型交流伺服驱动器

4.4.1　武汉华中数控交流伺服驱动器

武汉华中数控公司的交流伺服驱动器有 HSV-18D、HSV-16D、HSV-180AD、HSV-180UD、HSV-160U 等多个系列。其中 HSV-16，HSV-160 系列为三相 AC 200 V 电源驱动器，HSV-18、HSV-180 系列为三相 AC 380 V 高压驱动器。其中 HSV-180AD 和 HSV-180UD 系列高压驱动器，以高精、高速、宽范围及全数字控制成为驱动器的主流产品。

1. HSV-180AD 系列驱动器

（1）HSV-180AD 系列驱动器的规格及主要参数。

HSV-180AD 系列驱动器是继 HSV-18D 系列后推出的新一代高压进给驱

动产品，采用三相 AC 380 V 电源直接供电，直流母线电压为 DC 530 V，可用于对转速和功率要求较高的场合。驱动器有很宽的功率选择范围，调速范围达 1∶10 000，速度频率响应大于 300 Hz；速度波动率小于 ±0.1%（负载 0%～100%）。HSV-180AD 系列驱动器的主要规格及技术参数如表 4.4 所示。HSV-180AD 系列驱动器适配电机的类型见表 3.1。

表 4.4　HSV-180AD 系列交流伺服驱动器的主要规格及技术参数

驱动器型号 HSV-180AD-	035	050	075	100	150	200	300	400
连续电流/A	12.5	16	23.5	32	47	64.3	94	128
短时最大电流/A	22	28	42	56	84	110	168	224
输入交流电抗器/mH	1.4	0.93	0.7	0.47	0.28	0.17	0.095	0.056
内置制动电阻/Ω	70 Ω/500 W 最大允许 10 倍的过载（1 s 连续）					无		
最大制动电流/A	25	25	40	50	75	100	100	150
适配伺服电机功率/kW	3.7	5.5	7.5	11	15	30	37	51

（2）HSV-180AD 系列驱动器的主要端子及功能。

HSV-180AD 系列驱动器具有位置控制（脉冲量接口）、外部速度控制（模拟量接口）、转矩控制（模拟量接口）和 JOG 控制，以及内部速度控制 5 种控制方式。驱动器可通过操作面板或通信方式，进行工作方式、内部参数的修改，以适应不同环境和要求。驱动器的外形及接口如图 4.6 所示。主要端子的功能如下：

① XT1：驱动器主回路电源输入端子。HSV-180AD-25、50、75、100、150 驱动器的 XT1 端子中，L1、L12、L3 电源（三相 380 V AC/ 50 Hz）输入端；PE 接地端；220A、220B 保留端子。

② XT2：驱动器输出电源端子。其中 HSV-180AD-25、50、75、100、150 驱动器的 XT1 端子中，P、BK 外接制动电阻端子。若仅使用内置制动电阻，则 P、BK 端悬空；若使用外接制动电阻，则 P、BK 端接外接制动电阻。HSV-180AD-200、300、450 驱动器的电源输入和输出端子集中在 XT2 上，XT1 上有 220A、220B 两个保留端子。

③ XS1：串行接口。此接口与上位机串行接口连接，以实现串行通信。

④ XS2：第二码盘（位置反馈）接口。

⑤ XS3：第一光电编码器接口，含电机过热检测输入端子。HSV-180AD

驱动器支持的电机编码器类型有：复合增量式光电编码器（线数：1 024 P/I、2 048 P/I、2 500 P/I、6 000 P/I）和 EnDat2.1/2.2、BISS、HiperFACE、TAMAGAWA 等协议的绝对式编码器。

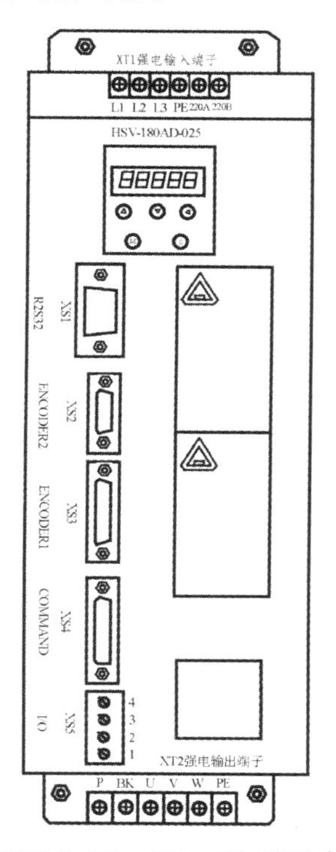

图 4.6　HSV-180AD-35、55、75 系列交流伺服驱动器

⑥ XS4：指令信号 I/O 接口。用于连接数控装置的进给轴指令信号 I/O 控制接口。各端子的功能如表 4.5 所示。

表 4.5　XS4 端子的功能

信号名称	端子号	端子记号	功　能
脉冲指令	14/15	CP+/CP－	由运动参数 PA-22 设定脉冲输入方式：① 指令脉冲+符号方式；② CCW/CW 指令脉冲方式；③ 两相指令脉冲方式。
	16/17	DIR+/DIR－	
电机编码器/伺服编码器输出信号	32/33	A+/A－	第一光电编码器 A 相输出
	18/34	B+/B－	第一光电编码器 B 相输出
	35/36	Z+/Z－	第一光电编码器 Z 相输出
	21、22	Z-OUT	Z 脉冲集电极开路输出
	31	ZPLS-OUT	Z 脉冲集电极开路输出
	23、24	GNDDM	数字信号地

续表 4.5

信号名称	端子号	端子记号	功　能
模拟指令输入信号	12/13	AN+/AN-	模拟输入指令正、负端
	27、28	GNDAM	模拟输入信号地
开关量输入信号	1	EN	伺服使能开关量输入：ON——允许驱动单元工作；OFF——停止工作，电机处于自由状态。
	2	ALM_RST	报警清除：ON——清除系统报警；OFF——保持系统报警。
	3	CLEE	位置偏差计数器清零：ON——位置控制时，位置偏差计数器清零；OFF——位置偏差计数器保持原数据。
	4	INH	位置指令脉冲禁止输入：ON——指令脉冲输入禁止；OFF——指令脉冲输入有效。
	5	L-CCW	反向超程输入：ON——当开关为 ON 时，电机逆时针方向不能移动；OFF——当开关为 OFF 时，电机逆时针方向可移动； 注：用于机械超程，可通过设置参数 STA-9 允许此功能。
	6	L-CW	正向超程输入：ON——当开关为 ON 时，电机顺时针方向不能移动；OFF——当开关为 OFF 时，电机顺时针方向可移动； 注：用于机械超程，可通过设置参数 STA-8 允许此功能。
	25/26	PIN.7/PIN.8	保留
开关量输出信号	7	GET	定位完成输出 在位置控制方式下，定位完成输出 ON，否则输出 OFF。
	8	READY	伺服准备好输出：ON——控制电源和主电源正常，驱动器没有报警，输入使能信号之后，伺服准备好输出 ON；OFF——主电源未合或驱动器有报警或没有使能信号，伺服准备好输出 OFF。
	9	ALM	伺服报警输出：ON——伺服驱动器有报警，伺服报警输出 ON；OFF——伺服驱动器无报警，伺服报警输出 OFF。
	29/30	POU.5/ POU.6	保留

⑦ XS5：输入/输出端子。各端子的功能如表 4.6 所示。

（3）HSV-180AD 系列驱动器的连接。

HSV-180AD 驱动器有双编码器接口，可连接光栅尺和绝对式编程器等位置检测装置，构成全闭环控制系统。HSV-180AD 驱动器构成的半闭环位置控制系统的连接如图 4.7 所示。

三相 AC 380 V 供电电源经断路器、交流接触器 MC、滤波器和交流电抗器连接至驱动器 XT1 的 L1、L2、L3 端子。交流接触器可在顺序控制时，用于切断驱动器的电源，但不能用作驱动器的启动。可将驱动器 XS5 接口上的

表 4.6　XS5 端子的功能

信号名称	端子号	端子记号	功　能
继电器输出信号	1/2	MC1/MC2	故障连锁输出：继电器常开输出，伺服故障时继电器断开
开关量输出信号	3	COM	开关量输入/输出信号公共端连接端子：如果使用抱闸功能，COM 信号必须与 XS4 端子开关量输入/输出外部 DC 24 V 电源的地信号连在一起，否则伺服驱动器不能正常工作。
	4	BREAK	抱闸输出：驱动器输入使能信号之后，驱动器没有报警，BREAK 输出 ON，否则输出 OFF。

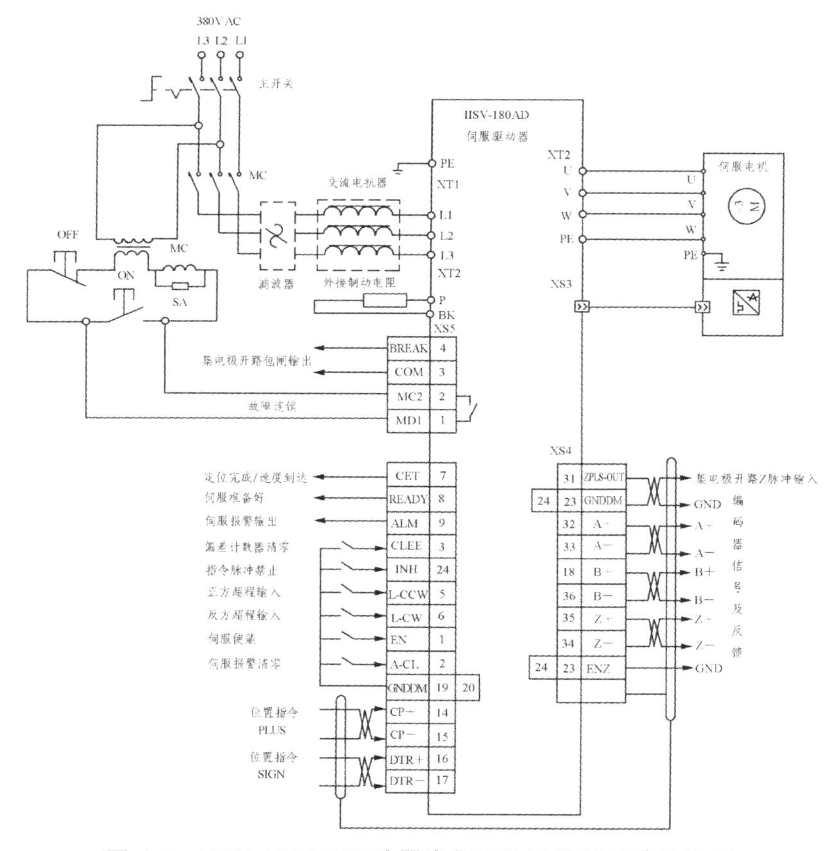

图 4.7　HSV-180AD 驱动器半闭环位置控制系统的连接

故障联锁端子（MC1、MC2）接入交流接触器的控制回路。故障联锁端子（MC1、MC2）为驱动器内部继电器常开输出端子，当驱动器工作正常时继电器闭合，驱动器出现故障时继电器断开，此时，交流接触器可切断驱动器的电源。当强制切断驱动器电源时，驱动器会产生报警，同时，再生制动不动作，电机只能自由滑行停止。XT2 端子连接伺服电机三相绕组 U、V、W 端子，PE 接地端。若使用内置制动电阻时，XT2 端子上 P、BK 端子悬空；使用外置制动电阻时，断开 P、BK 端子，按图中所示连接。HSV-180AD-200，300，450 驱动器必须外接单相交流 AC 220 V 控制电源，且上电过程必须是先上 AC 220 V 控制电源，再上 AC 380 V 强电电源。

驱动器的 XS4 接口连接数控装置的进给轴指令信号输入/输出接口，图中所示轴信号为脉冲指令信号。XS3 接口连接电机编码器接口，对于全闭环系统，XS2 接口连接第二码盘（位置反馈）接口，从而形成驱动器的半闭环或全闭环控制系统。

2. HSV-180UD 系列总线式全数字交流伺服驱动器

HSV-180UD 系列驱动器是新一代总线式高压进给驱动产品。驱动器在 HSV-180AD 技术的基础上，采用了完全自主知识产权的网络协议——NCUC-bus 协议，通过现场总线 NCUC-bus 网络接口实现数控装置与各个驱动器的高速通信，丰富了系统与驱动器通信的信息量，提升了数控系统性能。驱动器具有高分辨率绝对编码器接口，位置反馈分辨率最高可达 23 位。HSV-180UD 系列驱动器的主要规格及主要参数与 HSV-180D 系列驱动器相同，接口及端子功能有些差异。

（1）HSV-180UD 系列驱动器的主要端子及功能。

HSV-180UD 系列驱动器的接口如图 4.8 所示。其中 XT1、XT2、XS5、XS6 接口及各端子的功能与 HSV-180AD 系列驱动器的相同，有区别的接口及端子功能如下：

① XS2：故障联锁输出接口，为上位机提供开关量信号。

② XS3、XS4：网络通信接口，用于与上位机进行数据交换。XS3 为 IN 接口，XS4 为 OUT 接口。接口各端子的记号与功能如表 4.7 所示。

表 4.7 XS3、XS4 各端子的功能

端子号	端子记号	信号名称	端子号	端子记号	信号名称
3/4	TXD+/TXD−	总线差分数据发送	5/6	RXD+/RXD−	总线差分数据接收

③ XS5：第一编码器接口。

④ XS6：第二编码器接口。

HSV-180UD 系列驱动器有双码盘接口，可连接光栅尺和绝对编码器等位置检测装置，构成全闭环或半闭环位置控制系统。其中，驱动器的 XS3、XS4

网络通信接口分别连接至上位机的网络通信接口，实现数据交换。XS5 接口连接电机编码器，XS6 接口连接工作台位置编码器接口，构成全闭环控制系统。

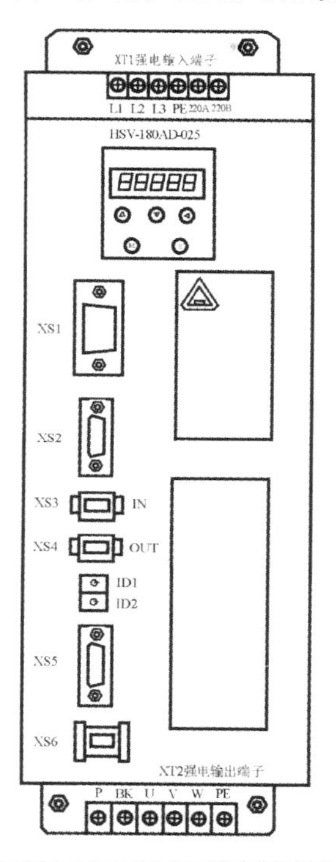

图 4.8　HSV-180UD 系列交流伺服驱动器

4.4.2　广州数控交流伺服驱动器

广州数控公司的交流伺服驱动器有 DA98E、DAT、DAH、GD、GE、GH 等多个系列。其中 GE、GH 系列驱动器是近年来开发的总线式驱动器，以高精、高速及全数字控制成为驱动器的主流产品。

1. GE2000 系列驱动器

（1）GE2000 系列驱动器的规格及主要参数

GE2000 系列驱动器采用三相 AC 220 V 电源供电，支持 GSK-Link 以太网总线通信方式。数控装置可与多个驱动器进行总线通信。驱动器的调整范围达 1∶5 000，速度频率响大于 200 Hz，速度波动率小于 ± 0.03%（负载 0 ~ 100%）。GE2000 系列驱动器的主要规格及技术参数如表 4.8 所示，与之适配电机的类型参见表 3.2。

表 4.8 GE2000 系列交流伺服驱动器的主要规格及技术参数表

驱动器型号 GE2000	GE2030T	GE2050T	GE2075T	GE2100T
输出功率/kW	0.5 ~ 1.3	1.5 ~ 2.3	3.0 ~ 6.3	3.0 ~ 6.3
适配电机额定电流/A	$4.5 < I \leq 6$	$7.5 < I \leq 10$	$10 < I \leq 15$	$15 < I \leq 29$
制动电阻	内置（外接制动电阻选配）		外接	外接
电机编码器	SJT 系列 2500、5000 线增量式编码器，多摩川、丹纳赫 17 位绝对式编码器			

（2）GE2000 系列驱动器的主要端子及功能。

GE2000 系列驱动器具有位置控制、速度控制、试运行方式、JOG 控制、编码器调零和电机测试等多种控制方式。可通过操作面板进行方式选择和内部参数修改，以适应不同环境和要求。GE 系列驱动器的外形及接口如图 4.9 所示。主要端子的功能如下：

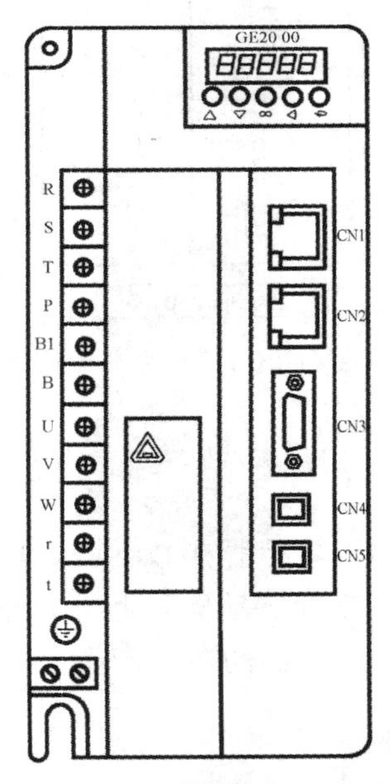

图 4.9 GE2000 系列交流伺服驱动器

① R、S、T：驱动器主回路电源输入端子。

② r、t：驱动器控制板开关电源输入端子。

③ U、V、W：驱动器输出电源端子。用于连接伺服电机三相绕组 U、V、W 端子。

④ PE：保护接地端子。用于连接电源地线和电机地线。

⑤ P、B1、B：外接制动电阻端子。

⑥ CN1、CN2：总线通信接口。用于数控装置与驱动器，或驱动器间通信的端口。各针脚的记号与功能如表 4.9 所示。

表 4.9　CN1、CN2 各端子的功能

端子号	端子记号	信号名称	端子号	端子记号	信号名称
CN1-4/5	BRX-/BRX+	总线差分数据接收	CN2-4/5	ARX+/ARX-	总线差分数据接收
CN1-6/7	BTX+/BTX-	总线差分数据发送	CN2-6/7	ATX-/ATX+	总线差分数据发送

⑦ CN3：电机编码器接口。可配置增量式编码器、17 位绝对式编码器（多摩川和丹纳赫两种协议）。

⑧ CN5：电机抱闸继电器控制接口。此处抱闸输出信号已处理，不分正负。

（3）GE2000 系列驱动器的连接。

GE2000 系列驱动器与驱动器、驱动器与数控装置之间通过总线连接构成系统。总线连接由数控装置的 CN2 接口经第一个驱动器（*X* 轴）的 CN1 接口开始，至最后一个驱动器（*Z* 轴）的 CN2 接口结束，最后返回至数控装置的 CN1 接口，形成总线控制系统。

GE2000 系列驱动器半闭环控制系统的连接如图 4.10 所示。三相 AC 380 V

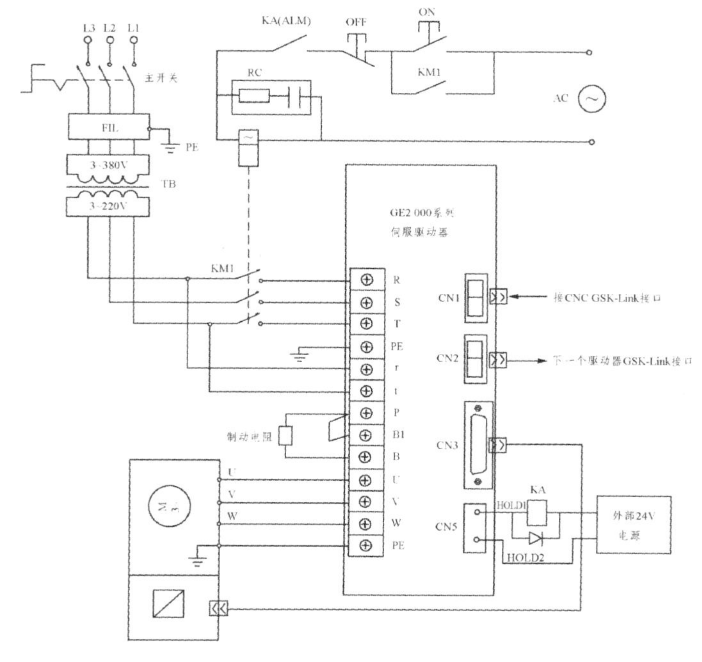

图 4.10　GE2000 驱动器半闭环位置控制系统的连接

供电电源经断路器、电磁接触器、电源滤波器和三相变压器连接至驱动器 R、S、T 端子。当伺服电机功率≥1 kW 时，必须采用三相隔离变压器供电。若使用内置制动电阻时，短接端子 B1 和端子 B。使用外置制动电阻时，断开 B1 和 B 端子，按图中所示连接。L、V、W 端子连接伺服电机电源端。

驱动器的 CN1 接口连接数控装置的总线通信接口，进行数据传输。CN3 接口连接电机编码器接口，实现半闭环控制。CN5 接口连接继电器 KA2，通过 KA2 执行电机抱闸控制。

2. GH2000/3000 系列驱动器

（1）GH 系列驱动器的规格及主要参数。

GH 系列驱动器是继 GE2000 系列后推出的总线式高精高速驱动器。驱动器支持 GSK-Link 以太网总线通信，能自动识别电机 SJT（A4）型号与参数。驱动器有三相 AC 380 V 和三相 AC 220 V 2 种供电电源，驱动器的调整范围达 1∶6 000；速度频率响大于 200 Hz；最小速度控制达 ± 0.1 r/min。GH 系列驱动器的主要规格及技术参数如表 4.10 所示。GH 系列驱动器适配电机的类型见表 3.2。

表 4.10 GH 系列交流伺服驱动器的主要规格及技术参数表

驱动器型号 GH2000/3000	GH2030	GH2050	GH2075	GH2100	GH3048	GH3050	GH30750	GH3100
输出功率/kW	0.8 ~ 1.2	1.2 ~ 3.0	3.0 ~ 6.3	6.3 ~ 11	3.0 ~ 6.3	3.0 ~ 6.3	6.3 ~ 11	11 ~ 15
适配电机额定电流/A	4 < I ≤ 6	7 < I ≤ 10	10 < I ≤ 15	15 < I ≤ 29	4 < I ≤ 6	7 < I ≤ 10	10 < I ≤ 15	15 < I ≤ 29
电源类型	三相 AC 220 V				三相 AC 380 V			
制动电阻	内置		外接（无内置）		内置	外接（无内置）		
编码器类型	多摩川 17 位绝对式							

（2）GH 系列驱动器的主要端子及功能

GH 系列驱动器的接口如图 4.11 所示，驱动器的接口与 GE 系列驱动器有区别的接口及端子功能如下：

① BUS1/BUS2：总线通信接口。用于数控装置与驱动器，或驱动器间通信的端口。

② CN1：电机编码器接口。可与伺服电机绝对式编码器连接。

③ HOLD：电机抱闸继电器控制接口。与 GET 系列驱动器的 CN5 相同。

GH 系列驱动器与数控装置之间通过总线连接构成系统，最大连接节点数 254 个。GSK-Link 总线采用双环的拓扑结构，若从左至右依次为 *X*/*Y*/*Z* 轴，

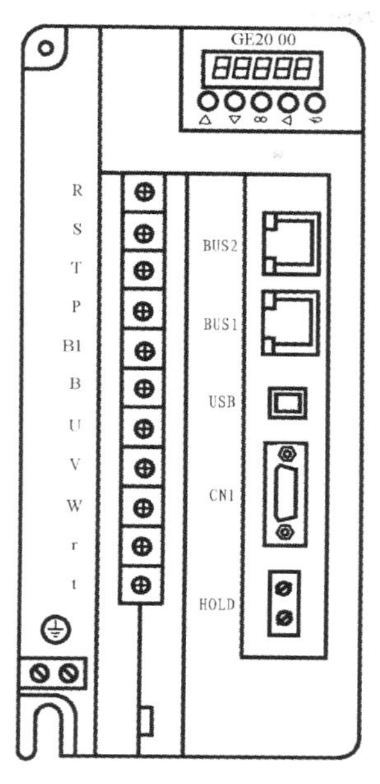

图 4.11　GH 系列交流伺服驱动器

总线连接由数控装置的 CN2 接口经 *X* 轴的 BUS1 接口开始，至 *Z* 轴的 BUS2 接口结束，或由数控装置的 CN2 接口经 *Z* 轴 BUS1 接口开始，至 *X* 轴的 BUS2 接口结束。若要增加 I/O 模块，其连接方式与驱动器的接法一样，但 I/O 模块必须放置在环路的开始或最后，不可连接在驱动器与驱动器之间。

GH2000 系列驱动器电流为三相 AC 220 V，因此，电源供电电路需安装三相隔离变压器。GH3000 系列驱动器或当电网噪声较大、三相电源电压不平衡度大于 3% 时，建议电源输入端串入电抗器。驱动器使用内置制动电阻时，要短接 B1 和 B 端子；使用外置制动电阻时，应断开 B1 和 B 端子。

4.4.3　西门子交流伺服驱动器

德国西门子公司的交流伺服驱动单元有 SIMODRIVE 611、Sinamics S120 等系列。SIMODRIVE 611 系列驱动单元根据控制信号的不同，有模拟伺服 SIMODRIVE 611A、数字伺服 SIMODRIVE 611D 和通用型伺服 SIMODRIVE 611U 3 种类型，可实现多轴以及组合驱动的经济型驱动方案。Sinamics S120 系列驱动单元是西门子公司的新一代驱动器，系统采用最新的先进硬件技术、软件技术及通信技术，能实现可靠性、精度、动态特性更高的进给伺服驱动控制。本节主要介绍 Sinamics S120 系列驱动单元和 SIMODRIVE 611Ue 系列驱动单元。

1. Sinamics S120 系列驱动单元

Sinamics S120 系列驱动单元是集 *V/F* 控制、矢量控制、伺服控制为一体的多轴驱动系统，基于模块化的设计。各模块间（包括控制模块、电源模块、电机模块、传感器模块和电机编码器等）通过高速驱动接口 DRIVE-CLiQ 连接。所有 Sinamics S120 组件均有一个电子式型号铭牌，该铭牌包含相应部件的所有重要技术参数。通过 DRIVE-CLiQ 通信接口，实现即插即用。与 802D sl 配套使用的 Sinamics S120 系列驱动单元包括书本型和单轴 AC/AC 模块式两种。

（1）Sinamics S120 书本型驱动单元。

书本型驱动单元由电源模块和电机模块组成，如图 4.12 所示。802D sl pro 和 plus 系统采用此类型驱动器。

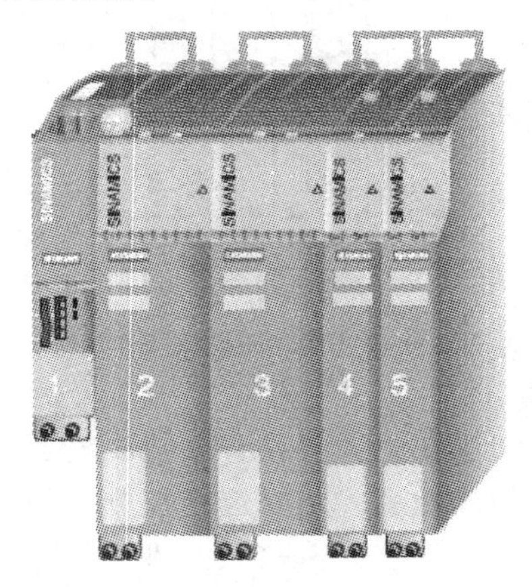

图 4.12 Sinamics S120 书本型驱动器

1—控制单元；2—电源模块；3—单轴异步电机模块；
4—双轴同步电机模块；5—单轴同步电机模块

① 电源模块。

电源模块将三相 AC 380 V 供电电源经整流、滤波转换为 DC 600 V，为电机模块供电。电源模块有非调节型 ALM 和调节型 SLM 两种类型。调节型和非调节型电源模块均采用反馈制动方式，因此，外电源电路必须配备电抗器。电源模块的主要规格及技术参数如表 4.11 所示。

调节型电源模块配有升压变频器的自控整流/再生单元，可产生一个增高的可调直流电压，这样就可使电机模块不受电网波动影响。调节型电源模块的接口如图 4.13（a）所示，主要端子及功能如下：

X200、X201、X202：3 个 DRIVE-CLiQ 接口，分别与数控装置和电机模块的 DRIVE-CLiQ 接口连接，实现相互间的通信；

表 4.11　调节型（非调节型）电源模块的主要规格及技术参数

电源模块型号 6SL3130-	调节型					非调节型	
	7TE21-6AA1	7TE23-6AA1	7TE25-5AA1	7TE28-0AA0	7TE31-2AA0	6AE15-0AA0	6AE21-0AA0
额定馈入/再生功率 *P* 额定/kW	16	36	55	80	120	5	10
最大馈入/再生功率 *P* 最大/kW	35	70	91	131	175	10	20
额定输入电流/A	26	58	88	128	192	12	24
最大输入电流/A	59	117	152	195	292	-	-
最大电流需要量（DC 24 V 时）/A	1.1	1.5	1.9	2.0	2.5	1.0	1.3

X24：外部 DC 24 V 端子；

X21：主电源开关的前置触点接线端子。前置触点应在主电源开关断开前至少 10 ms 断开；

+/M：1 个电子装置电源接口，通过集成 DC 24 V 母排连接；

DCP/DCN：1 个直流链路接口，通过集成直流链路母排连接；

X1：三相电源输入端子。

非调节型电源模块为电机提供的是非调节的直流电压，其母线电压与进线的交流电压有关。非调节型电源模块的接口如图 4.13（b）所示，电源模

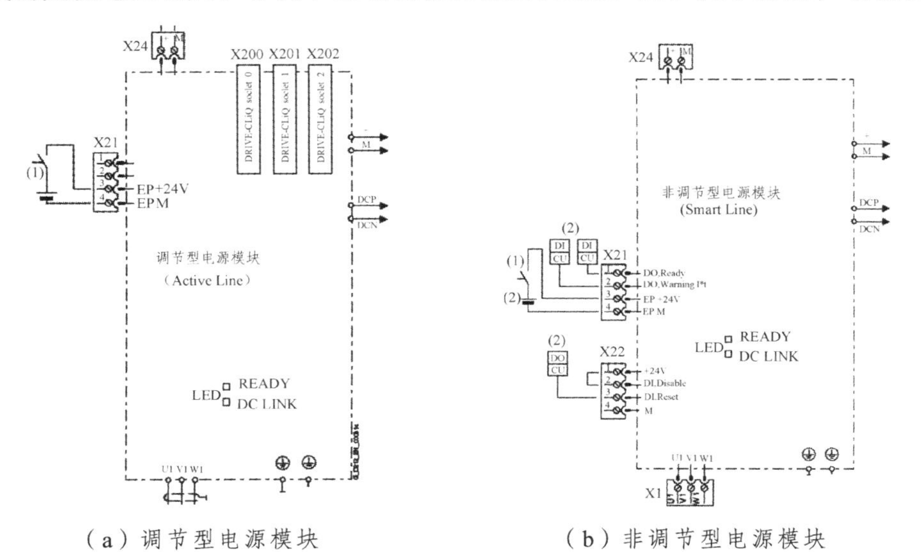

（a）调节型电源模块　　（b）非调节型电源模块

图 4.13　SINAMICS S120 驱动单元电源模块

注：（1）前置触点应在主电源开关断开前至少 10 ms 断开；

（2）DI、DO 来自控制单元的控制。

块上无 DRIVE-CLiQ 接口。与调节型电源模块不同的是 X21 接口除了连接主电源开关的前置触点外，还输出准备和报警两路数字信号；X22 接口为数控装置的复位信号输入端子。

② 电机模块。

电机模块接收来自直流链路的电力，经转换输出可调交流电压，驱动电机运转。Sinamics S120 系列驱动单元既可驱动交流异步电机(如 IPH7、1PH4、1PM6 和 1PM4) 构成数控机床的主轴驱动系统，也可驱动交流同步电机 (如 1FT7、1FK7) 构成数控机床的进给伺服驱动系统。根据驱动的电机数量有单轴和双轴型电机模块。电机模块的主要规格及技术参数如表 4.12 所示。与 Sinamics S120 系列驱动单元的电机模块适配的交流同步电机 1FT7、1FK7 的型号参见表 3.3、3.4。

表 4.12 单轴 (双轴) 型电机模块的主要规格及技术参数

电机模块型号 6SL3120-	1TE13[1]	2TE13[1]	TE15	2TE15	1TE21	2TE21	1TE21	2TE21	1TE23	1TE24	1TE26	1TE28	1TE31	1TE32
	− 0AA0		− 0AA0		− 0AA1		− 8AA0		−0AA0	−5AA0	−0AA0	−5AA0	−3AA0	−0AA0
额定输出电流 /A	3	2X3	5	2X5	9	2X9	18	2X18	30	45	60	85	132	200
最大输出电流 /A	6	2X6	10	2X10	18	2X18	36	2X36	56	85	113	141	210	282
额定功率 /kW[2]	1.6	2X1.6	2.7	2X2.7	4.8	2X4.8	9.7	2X9.7	16.0	24	32	46	71	107
最大电流需要量 (24 V DC 时) /A	0.8	0.8	0.8	1	0.85	1	0.85	1	0.9	1.2	1.2	1.5	1.5	1.5

注：1) 1TE□□为单轴型；2TE□□为双轴型；
2) 直流链路电压 600 V 时的额定功率。

双轴型电机模块的接口如图 4.14 所示，主要端子及功能如下：

X200、X201、X202、X203：4 个 DRIVE-CLiQ 接口，分别与数控装置和电源模块的 DRIVE-CLiQ 接口连接，实现相互间的通信；

X21、X22：电机 1、2 的温度传感器输入端子和安全停机输入端子；

+/M：2 个电子装置电源接口，通过集成 DC 24 V 母排连接；

DCP/DCN：1 个直流链路接口，通过集成直流链路母排连接；

BR+/BR-：安全电机制动控制器；

X1、X2：电机 1、2 的电源输出接口。

③ Sinamics S120 书本型驱动单元的连接。

SINAMICS S120 书本型驱动单元的连接包括电源模块、电机模块、交流

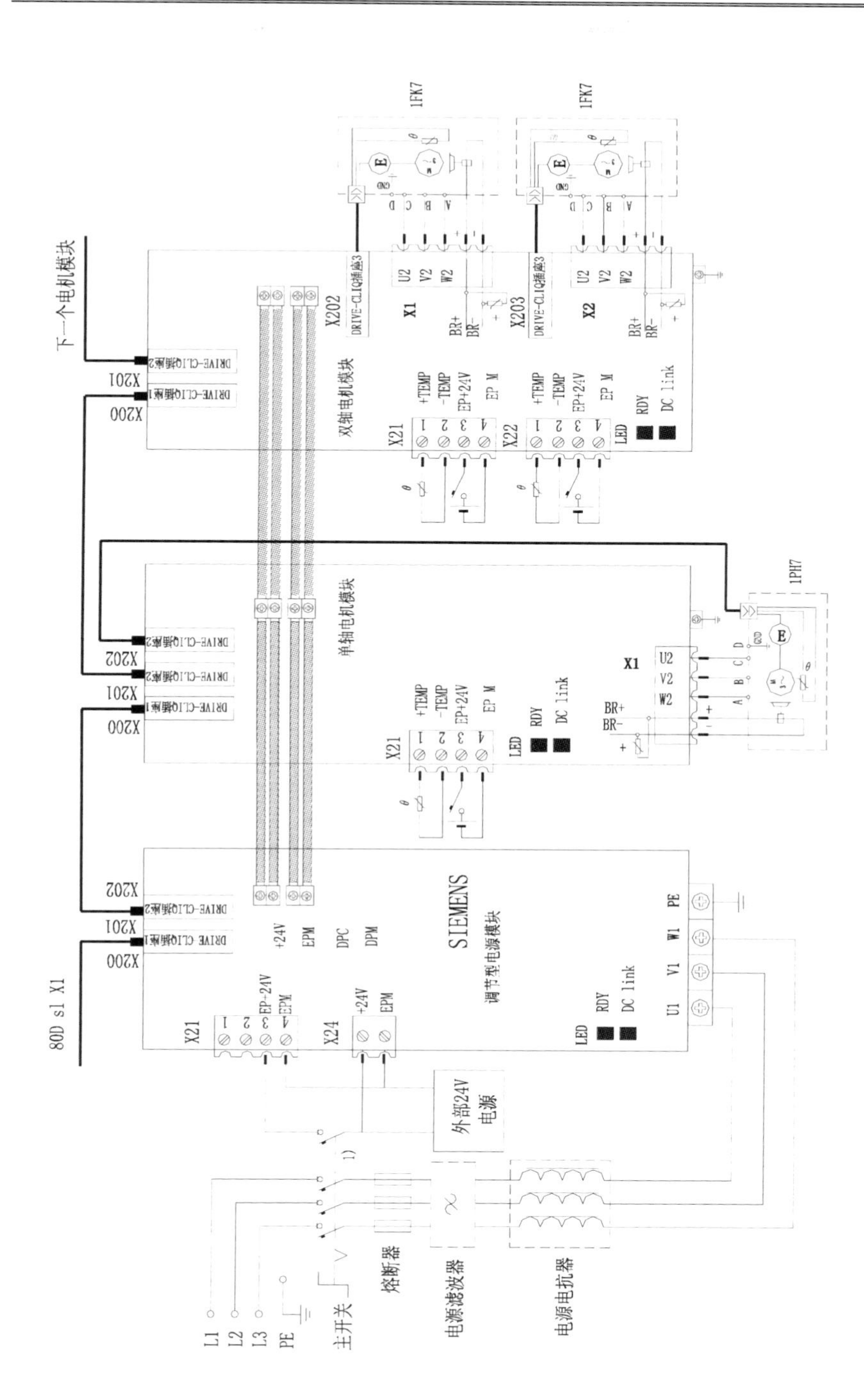

图 4.14　Sinamics S120 系列驱动单元构成的（调节型电源模块）主轴和进给伺服驱动系统

主轴电机和交流伺服电机的相互连接。采用调节型电源模块时，系统的连接如图 4.14 所示。三相 AC 380 V 供电电源经电源开关、熔断器、交流电抗器和电源滤波器连接至电源模块的 U1、V1、W1 端子。电源开关可选择带前置触点的主电源开关，前置触点接至电源模块的 X21 接口的 3、4 端子。或通过 PLC 控制，确保前置触点在主电源开关断开前至少 10 ms 断开。各模块的 +/M（电子装置电源接口）通过集成 DC 24 V 母排相互连接；各模块的 DCP/DCN（直流链路接口）通过集成直流链路母排相互连接。电机模块 X1、X2 分别连接伺服电机 1、2 的电源线。电机 1、2 的温度检测信号分别连接至电机模块的 X21 和 X22 接口的 1、2 端子。802D sl 的 X1 接口通过 DRIVE-CliQ 电缆连接至调整型电源模块的 X200 接口，电源模块的 X201 接口通过 DRIVE-CLiQ 电缆连接至第一个电机模块的 X200 接口，再由第一个电机模块的 X201 接口与下一个电机模块的 X200 接口连接。按此规律连接所有的电机模块，实现模块间的相互通信。

若采用非调节型电源模块时，电源模块上无 DRIVE-CLiQ 接口，因此，802D s1 的 X1 接口通过 DRIVE-CLiQ 电缆直接连接至第一个电机模块的 X200 接口，由第一个电机模块的 X201 接口与下一个电机模块的 X200 接口连接，按此规律连接所有的电机模块。

Sinamics S120 系列驱动单元的编码器信息只能通过 DRIVE-CLiQ 电缆传输至电机模块，如果电机没有 DRIVE-CLiQ 接口，或除了电机编码器之外还需要其他的外部编码器（如系统构成全闭环时，需连接直接测量系统）时，需使用外置编码器接口模块 SMC10、SMC20 或 SMC30。SMC10 与 2 级和多级旋转变压器配套使用，SMC20 与 sin/cos 1 Vpp 正弦波增量式编码器和 EnDat 信号绝对值编码器配套使用，SMC30 与 TTL 方波编码器配套使用。外置编码器接口模块 SMC20 或 SMC30 又与 DRIVE-CLiQ 接口的集线器 DMC20 连接，DMC20 模块再连接数控装置的 X2，将直接测量信号传输至数控系统。

（2）Sinamics S120 模块式驱动器，

Sinamics S120 模块式驱动器是将电源模块和电机模块集成为一体的紧凑型结构，用于紧凑型单轴伺服电机的驱动。它由一个功率模块 PM340 和控制单元适配器 CUA31 组成，如图 4.15 所示。模块式驱动器不需要独立的 DC 24 V 供电，工作电压分三相 AC 380 ~ AC 480 V 和单相 AC 200 ~ AC 240 V，功率范围为 0.12 ~ 90 kW。802D sl value 系统采用此类型驱动器。

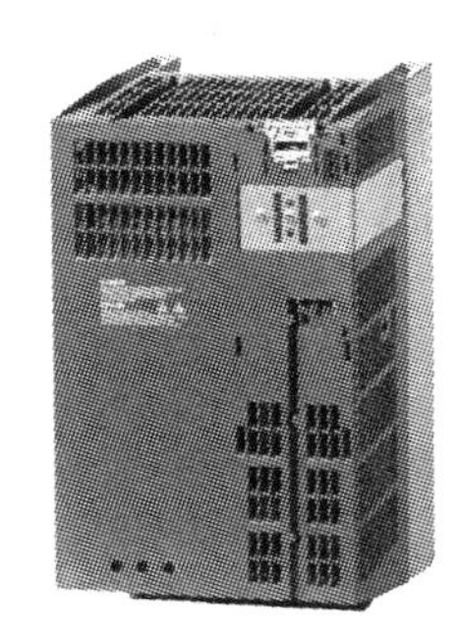

(a) 功率模块 PM340（C 型）

(b) 控制单元适配器 CUA31

图 4.15　Sinamics S120 模块式驱动器

① 功率模块 PM340。

功率模块 PM340 外形尺寸有 A、B、C、D、E、F 多种，除结构尺寸 A 外，所有的功率模块集成有电源滤波器。功率模块 PM340 的主要规格及技术参数如表 4.13、4.14 所示。

表 4.13　功率模块 PM340 的主要规格及技术参数

功率模块型号 63L3210-		1SE11-3UA0	1SE11-7UA0	1SE12-2UA0	1SE13-1UA0	1SE14-1UA0	1SE16-0UA0	1SE17-7UA0	1SE21-0UA0	1SE21-8AA0	1SE22-5UA0
带电源滤波器的型号 63L3210-		1SE11-3AA0	1SE11-7AA0	1SE12-2UA0	1SE13-1AA0	1SE14-1AA0	1SE16-0AA0	1SE17-7AA0	1SE21-0AA0	1SE21-8UA0	1SE22-5AA0
额定输出电流/A		1.3	1.7	2.2	3.1	4.1	5.9	7.7	10.2	18	25
最大输出电流/A		2.6	3.4	4.4	6.2	8.2	11，8	15.4	20，4	26.4	38
额定功率（基于 In）/kW		0.37	0.55	0.75	1.1	1.5	2.2	3.0	4.0	7.5	11
电压范围/V		AC 380 ~ AC 480 V									
额定输入电流 1)/A	带电源电抗器	1.4	1.8	2.3	3.2	4.3	6.1	8.0	10.4	18.7	26
	不带电源电抗器	1.7	2.2	2.6	3.9	4.8	6.7	8.9	12.4	23.1	32.6
结构尺寸		A 型	A 型	A 型	A 型	A 型	B 型	B 型	B 型	C 型	C 型

注：1）输入电源取决于电机负载和电源阻抗。负载带额定功率（基于 In）、电源阻抗和 U_k = 1% 相符时，输入电流生效。

表 4.14 功率模块 PM340 的主要规格及技术参数

功率模块型号 63L3210-	1SE23-2UA0	1SE23-8UA0	1SE24-5UA0	1SE26-0UA0	1SE27-5UA0	1SE31-0UA0	1SE31-1UA0	1SE31-5UA0	1SE31-8UA0
带电源滤波器的型号 63L3210-	1SE23-2AA0	1SE23-8AA0	1SE24-5AA0	1SE26-0AA0	1SE27-5AA0	1SE31-0AA0	1SE31-1AA0	1SE31-5AA0	1SE31-8AA0
额定输出电流 I/A	32	38	45	60	75	90	110	145	178
最大输出电流/A	52	64	76	90	124	150	180	220	290
额定功率（基于 In）/kW	15	18.5	22	30	37	45	55	75	90
电压范围/V	AC 380～480								
额定输入电流[1]/A 带电源电抗器	33	40	47	63	78	94	115	151	186
额定输入电流[1]/A 不带电源电抗器	39	46	53	72	88	105	129	168	204
结构尺寸	C 型	D 型	D 型	D 型	E 型	E 型	F 型	F 型	F 型
质量，约/kg	6.5 6.5	15.9 19.3	15.9 19.3	15.9 19.3	19.8 27.1	19.8 27.1	50.7 66.7	50.7 66.7	50.7 66.7

注：1）输入电源取决于电机负载和电源阻抗。负载带额定功率（基于 In）、电源阻抗和 $U_k = 1\%$ 相符时，输入电流生效。

功率模块 PM340 通过 PM-IF 接口与控制单元适配器 CUA31 连接。模块上的 U1、V1、W1 端子用于连接电抗器，U2、V2、W2 端子用于连接伺服电机。DCP 端子为直流母线正极，R1 端子用于制动电阻的正极连接，R2 端子用于制动电阻的负极连接。

② 控制单元适配器 CUA31。

控制单元适配器 CUA31 由 DC 24 V 电源供电。适配器接口如图 4.16 所示，有 3 个 DRIVE-CLiQ 接口、功率模块接口、PM-IF、EP 端子/温度传感器接口和 DC 24 V 电源接口。适配器通过 DRIVE-CLiQ 接口 X200 与 802D sl 的 X1 连接，DRIVE-CLiQ 接口 X201 与下一个电机模块的 X200 接口连接，形成多轴控制系统。PM-IF 接口用于连接功率模块 PM340。Sinamics S120 模块式驱动器的连接如图 4.17 所示，频繁启停的轴和垂直轴应使用制动电阻。

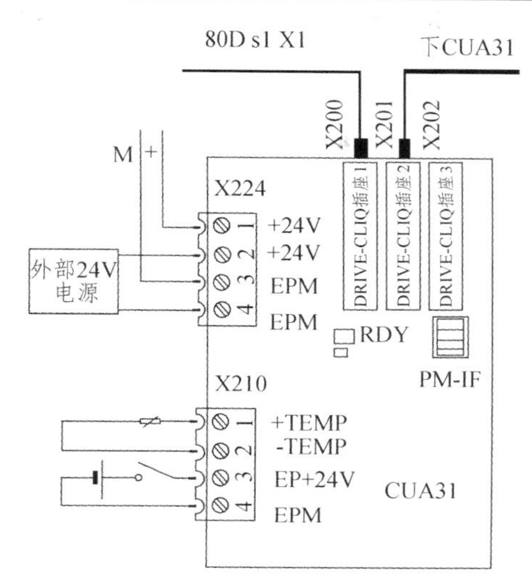

图 4.16　控制单元适配器 CUA31

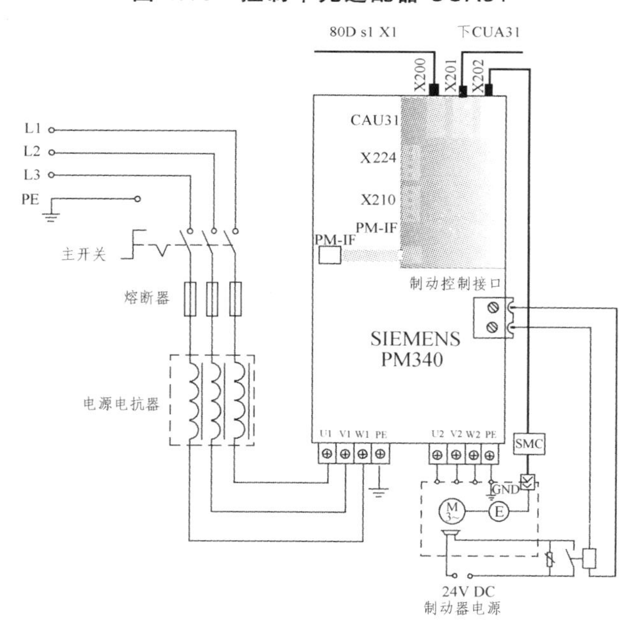

图 4.17　Sinamics S120 模块式驱动系统的连接

2. SimoDrive 611Ue 系列伺服单元

SimoDrive 611Ue 系列伺服单元是 SimoDrive 611U 伺服驱动单元的另一种形式，与 SimoDrive 611U 的区别在于使用不同的控制板模块。其控制板模块上带有 PROFIBUS 接口，可与 SINVERIK 802D/802D base line 数控装置连接，实现总线式通信。

SimoDrive 611Ue 系列伺服单元为模块化结构，如图 4.18 所示。它由电源模块、功率模块和控制模块等组成，各模块间接口采用标准化设计。

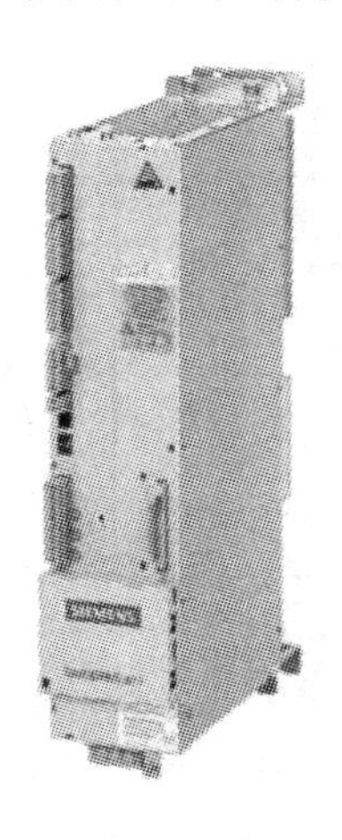

（a）电源模块

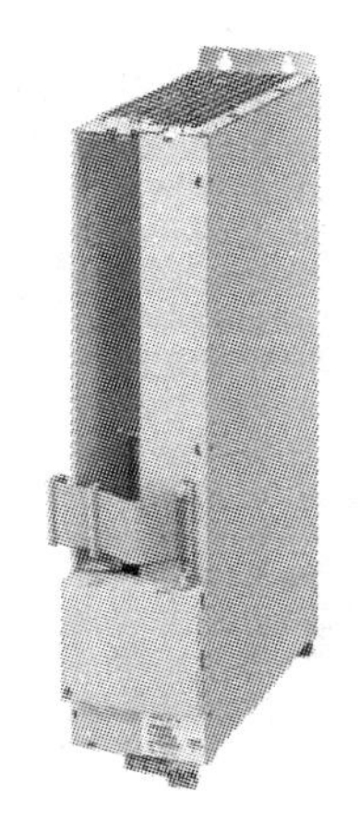

（b）功率模块

（c）控制模块

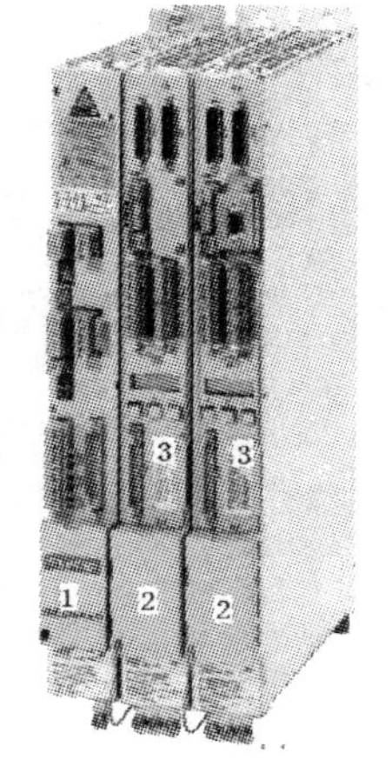

（d）SimoDrive 611Ue 系列伺服单元整体图

图 4.18 SimoDrive 611Ue 系列伺服单元

（1）电源模块

电源模块将三相 AC 400 V、415 V、480 V 供电电源经整流、滤波转换为 DC 600 V，为电机模块供电。电流模块有非调节型模块（UI 模块）和调节型模块（再生反馈）两种类型。非调节型模块输出功率较低，最大功率为10 kW。调节型模块可允许各驱动轴在恒定直流连接电压下工作。电源模块的主要规格及参数如表4.15所示。

表4.15 电源模块的主要规格及技术参数

电源模块型号 6S1146-（内部散热）	1AB01-0BA1	1AA01-0AA1	1AA00-0CA1	1BA01-0BA1	1BA02-0CA1	1BA01-0DA1	1BB00-0EA1	1BB00-0FA1
非稳压：额定直流链路功率（S1）/kW	5	10	28	—	—	—	—	—
稳压：额定直流链路功率（S1）/kW	—	—	—	16	36	55	80	120

电源模块各主要端子及功能如下：

① X111：伺服就绪信号。一般T73.1接外部DC 24 V，T72接PLC的输入点，电源模块自检测正常后，常开端子T72和T73.1闭合，信号输出至PLC，表示电源模块已就绪。

② X121：模块温度报警信号和使能信号。一般T51接外部DC 24 V，T52接PLC的输入点，当温度模块过载超温时，常开端子T51和T52闭合，信号输出至PLC，表示电源模块超温报警。

T64：控制使能输入。此信号同时对所有连接的模块有效，此信号取消时，所有轴的速度给定电压为零，轴以最大的加速度停车。

T63：脉冲使能输入。此信号同时对所有连接的模块有效，此信号取消时，所有轴的电源取消，轴以自由运动的形式停车。

T9/T19：T9是DC 24 V输出电压，T19是DC 24 V参考地。

③ X141：电源模块工作正常输出信号端口。此端口可作为电压检测端子，以便进行电源模块诊断。各端子的电源类型为：

T7：P24，+ DC 24 V；T10：N24，– DC 24 VC；T45：P15，+15V DC；
T15：M，0V；T44：N15，– DC 15 V；R：Reset，模块的报警复位信号。

④ X161：电源模块设定操作和标准操作选择端口。

T112：调试或标准方式。此信号一般用在传输线的调试中，通常连接至系统的24 V。

T48：主回路继电器。此信号断开时，主控制回路电源主继电器断开。

⑤ X171：NS1/NS2，主继电器闭合使能。当此信号为高电平时，主继电器才能得电。此信号常用作主继电器闭合的连锁条件。

⑥ X172：AS1/AS2，主继电器状态。此信号反映主继电器的闭合状态，主继电器闭合为高电平。

⑦ X181：供外部使用的供电电源端口。包括直流电源 600 V（P600、M600）以及三相交流电源 380 V（U1、V1 W1）。

⑧ X351：设备总线，与后面模块连接，用于模块间的通信。

（2）控制模块。

控制模块接收数控装置的控制信号，及位置检测装置的反馈信号，主要实现运动系统的速度环和电流环的闭环控制。

控制模块主要端子及功能如下：

① X411、X412：电机编码器接口。如果电机接在驱动器功率模块的 A1 接口，其编码器反馈接至 X411。如果电机接在驱动器功率模块的 A2 接口，其编码器反馈接至 X412。

② X423：PROFIBUS 总线接口。用于连接 802D 上 PROFIBUS 总线接口，接受控制信号，并反馈信息。

③ X431：外部电源供电和脉冲使能接口。如果要使用控制模块上的 I/O，则需要通过 P24 接入 DC 24 V，M24 接入 0 V，给输出点提供电源。

T663：控制模块脉冲使能输入端子，T9 为 DC 24 V 输出电压。使用时一般将 T663 与 T9 短接。T19 是 DC 24 V 参考地。

④ X441：T75/ T15，输出 0 ~ 10 V 电压，用于给定变频器的模拟主轴速度控制信号。

⑤ X453、X454：T65 控制器使能。T9 是 DC 24 V 输出电压，使用时将其短接。I0.A、I0.B、I1.A、I1.B、Q0.A、Q0.B、Q1.A、Q1.B 可利用软件定义其输入/输出功能，如定义 Q0.A、Q1.A 分别控制变频器的正、反转。

⑥ X471：RS232 接口。控制模块与计算机的通信接口。

⑦ X472：主轴编码器反馈输入接口。

⑧ X351：设备总线。用于电源模块及其他模块间通信。

（3）功率模块。

功率模块为伺服电机提供频率和电压可变的交流电源。功率模块有单轴模块或双轴模块两种类型。在双轴模块上，A1 为电机 1 电源接口，A2 为电机 2 电源接口。功率模块上有显示与控制面板，通过面板上的 +、-、P 按键可调节和设定伺服驱动器的参数。在设定过程中，可通过位于控制模块上的 6 位 LCD 显示器观察参数及其设定值。其中内部散热式功率模块适配的交流同步电机如表 4.16 所示。

表 4.16　内部散热式功率模块 6SN1123–适配电机

功率模块型号 6SN1123-内部散热	-1AA0[1]	-1AB0[1]	-1AA0	-1AB0	-1AA0	-1AB0	-1AA0	-1AB0	-1AA0	-1AA0	-1AA0	-1AA0	-1AA0	-1AA0
	-0HA1		-0AA1		-0BA1		-0CA1		-0DA1	-0LA1	-0EA1	-0FA1	-0JA1	-0KA1
模块宽度/mm	50		50		50		50	100	100	150	150	300	300	300
适配电机额定电流/A 1FT6/1FK7/1FK6	3	2X3	5	2X5	9	2X9	18	2X18	28	42	56	70	100	140

注：1）-1AA0 为单轴型，-1AB0 为双轴型。

（4）SimoDrive 611Ue 系列伺服单元的连接。

SimoDrive 611Ue 系列伺服单元的连接包括电源模块、功率模块和控制模块；以及与外部的连接。如图 4.19 所示，在电源模块的输入端一般应安装电

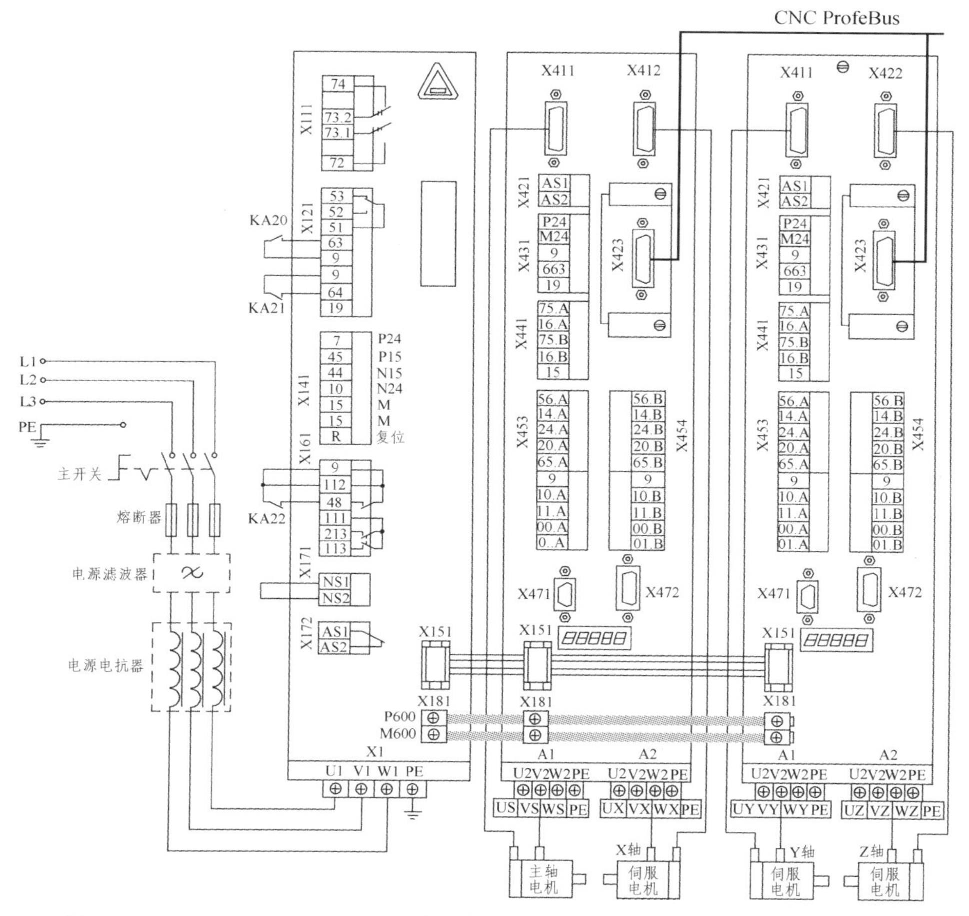

图 4.19　SimoDrive 611Ue 系列驱动单元构成的主轴和进给伺服驱动系统

抗器和电源滤波器。电源模块的 T72、T52 端子连接至 PLC 输入点。T72 表示驱动器模块就绪状态，T52 表示驱动器过热或过载状态。T48、T63、T64 通过 PLC 输出控制继电器分别与 T9 闭合，完成上下电时序的控制。短接 NS1 和 NS2，使主继电器闭合使能。将 X351 与后面模块的 X351 连接，用于模块间的通信。P600、M600 与后面模块的 P600、M600 连接，由电源模块提供给功率模块的直流电压。

图中系统选用的是两个双轴功率模块，模块 1 用于主轴和 *X* 进给轴的驱动，模块 2 用于 *Y* 进给轴和 *Z* 进给轴的驱动。功率模块上的 A1、A2 分别连接两个伺服电机，电机 1、电机 2 的编码器分别反馈至各自所在的功率模块的 X411 或 X412 端子。

控制模块上，除了接编码器反馈信号外，还需将 T663 和 T9 短接，使模块的脉冲使能闭合。X423 PROFIBUS 接口用于串行连接 PCU 或 PP72/48 上的 PROFIBUS 接口，实现与数控装置的通信。

4.4.4 发那科交流伺服驱动器

日本发那科公司的交流伺服驱动器有伺服单元 SVU 和伺服模块 SVM 两种类型。伺服单元 SVU 的输入电源为三相 AC 200 V（50 Hz），电机的再生能量通过伺服单元的再生放电制动电阻消耗，实现能耗制动。伺服模块 SVM 的输入电源为 DC 300 V，由专门电源模块提供所需电源。电机的再生能量通过系统电源模块反馈至电网，实现再生制动。其中伺服单元 SVU 有α系列、β系列和βi 系列，伺服模块 SVM 有α系列和αi 系列。

αi、βi 系列驱动器是新一代交流伺服驱动器，应用了高速、快响应的矢量控制技术 HRV，具备纳米控制功能。伺服控制信息通过 FANUC 串行伺服总线 FSSB（光缆）传输，传递效率高、速度快、可靠性高。其中αi 系列驱动器配套αi 系列伺服电机主要用于轮廓控制精度较高的中等规格数控机床。βi 系列驱动器配套βi 伺服电机主要用于点位直线控制的高性能价格比的小型数控机床，以及大型加工中心数控机床的附加伺服轴，如加工中心的刀库、机械手，以及回转工作台的控制。

1. βi 系列 SVU 伺服单元

βi 系列伺服单元是一种可靠性高、性价比高，用于小型数控机床进给轴驱动的伺服驱动器。βi 系列伺服单元有不带主轴驱动器的伺服单元βiSV 和带主轴驱动器的一体型伺服放大器βiSVSP 两种类型。

（1）βiSV 伺服单元。

βiSV 伺服单元仅用于进给轴的驱动，有单轴型和双轴型两种类型，各类型的主要技术参数如表 4.17 所示。βiSV 伺服单元适配的βi 系列电机类型见表 3.5。

表 4.17 βi 系列 SVM 伺服单元的主要规格及技术参数

驱动器型号 βiSVM-	20	40	80	20/20	
额定输出电流/A	6.5	13	19	L[1]	M[1]
				6.5	6.5
最大输出电流/A	20	40	80	L	M
				20	20

注：1）L 为第一驱动轴；M 为第二驱动轴。

① βiSV 伺服单元的外形及端子功能

βiSV 伺服单元的外形及接口如图 4.20 所示，其主要端子及功能如下：

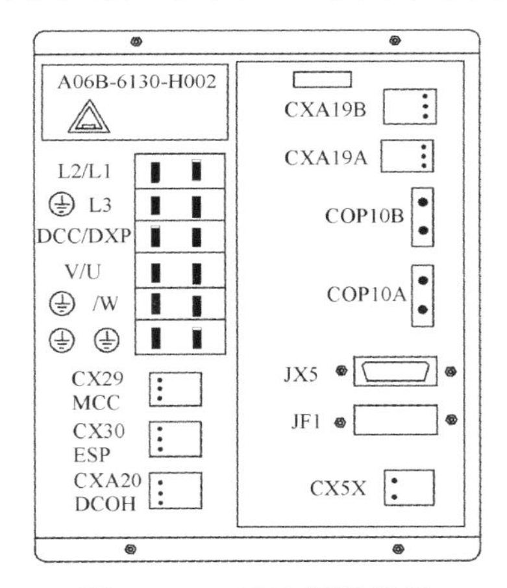

图 4.20 βiSV 伺服单元

L1、L2、L3：主电源输入接口，三相交流 200 V（50/60 Hz）；

U、V、W：伺服电机的电源线接口；

CX29：主电源电磁接触器控制信号接口；

CX30：急停信号（*ESP）接口；

CXA20：DC 制动电阻过热信号接口；

DCC、DCP：外接 DC 制动电阻接口；

CXA19A：DC 24 V 控制电路电源输入接口，连接外部 24 V 稳压电源；

CXA19B：DC 24 V 控制电路电源输出接口，连接下一个伺服单元的 CXA19A 接口；

COP10A：伺服串行总线（FSSB）接口，通过光缆连接下一个伺服单元的 COP10B 接口；

COP10B：伺服串行总线（FSSB）接口，通过光缆连接 CNC 系统的 COP10A 接口；

JX5：伺服检测板信号接口；

JF1：伺服电机内装编码器信号接口；

CX5X：伺服电机编程器为绝对编码器的电池接口。

② βiSV 伺服单元的连接。

βiSV 20 伺服单元的连接如图 4.21 所示。三相交流 200 V 电源经电源滤波器和交流电抗器接入 CZ4 接口，CZ5 接口连接至伺服电机电源线。数控装置与第一级驱动器之间或第一级驱动器和第二级驱动器之间采用串行伺服总线 FSSB（光缆）通信，信号总是从 COP10A 到 COP10B。CX29 接口为驱动器内部继电器一对常开端子，通常用于控制三相 AC 220 V 电源主回路。在系统得电自检的过程中，正确后通过光缆传输信号使驱动器内部继电器常开触点闭合，即 CX29 两脚导通，此时，外部三相 220 V 电压进入驱动器，相应的伺服电机得电。放电电阻接入 CZ6 与 CX20 的两个接口，若不接放电电阻须将 CZ6 及 CX20 短接，否则，驱动器报警信号触发，不能正常工作，建议必须连接放电电阻。另外，伺服电机编码器反馈信号接入 JF1 接口，实现进给系统的闭环控制。

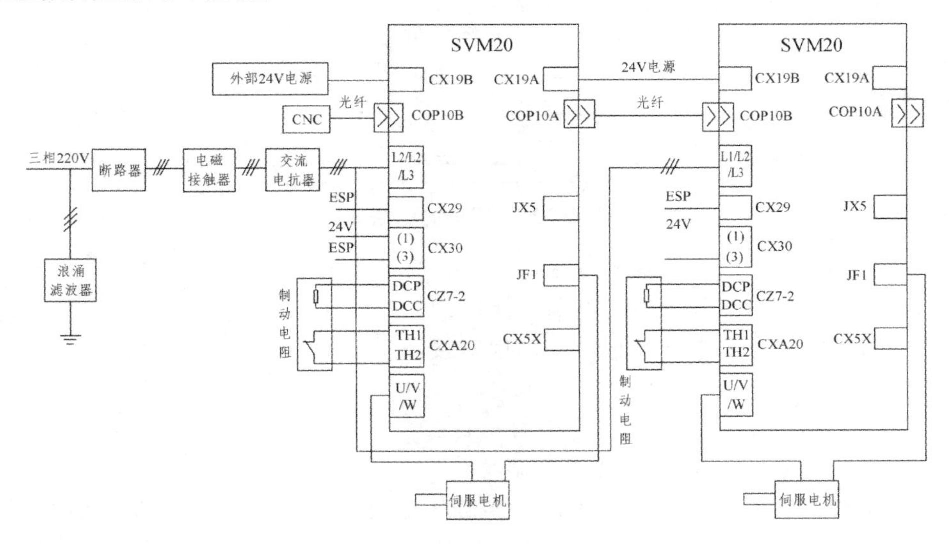

图 4.21 βiSV 20 伺服驱动系统的连接

（2）βiSVSP 伺服单元。

βiSVSP 伺服单元是带主轴驱动器的一体型驱动器。主轴采用串行通信方式，进给伺服采用光缆通信方式。伺服单元根据所驱动的进给轴的轴数有两轴和三轴两种类型，各类型的主要技术参数如表 4.18、4.19 所示。

表 4.18　βi 系列 SVSP 伺服单元两轴型的主要规格及技术参数

驱动器型号 β iSVPM -	20/20-7.5			20/20-11			40/40-15		
额定输出电流/A	L	M	SP	L	M	SP	L	M	SP
	6.5	6.5	7.5	6.5	6.5	11	13	13	15
最大输出电流/A	L	M	SP	L	M	SP	L	M	SP
	20	20	20	20	20	20	40	40	40

表 4.19　βi 系列 SVSP 伺服单元三轴型的主要规格及技术参数

驱动器型号 βiSVPM -	20/20/40-7.5				20/20/40-11				40/40/40-15				40/40/80-15			
额定输出电流/A	L	M	N	SP	L	M	N	SP	L	M	N	SP	L	M	N	SP
	6.5	6.5	13	7.5	6.5	6.5	13	11	13	13	13	15	13	13	19	15
最大输出电流/A	L	M	N	SP	L	M	N	SP	L	M	N	SP	L	M	N	SP
	20	20	40	20	20	20	40	20	40	40	40	40	40	40	80	40

① βiSVSP 伺服单元的外形及端子功能。

βiSVSP 伺服单元的外形及接口如图 4.22 所示。各接口的功能与βiSV 伺服单元基本相同，部分接口的标记有区别。主要端子及功能如下：

STATUS1：状态显示 LED 主轴；

STATUS2：状态显示 LED 伺服；

CX3：主电源交流接触器控制信号接口；

CX4：急停信号（*ESP）接口；

CXA2C：DC 24 V 控制电路电源输入接口，连接外部 24V 稳压电源；

COP10B：伺服串行总线（FSSB）接口，通过光缆连接数控装置的 COP10A 接口；

CX5X：伺服电机绝对编码器的电池接口；

JF1、JF2、JF3：伺服电机内装编码器信号接口；

JX6：断电后备模块；

JY1：负载表、速度表、模拟倍率；

JA7B：主轴串行通信输入接口，连接数控装置的 JA7A 接口；

JA7A：主轴串行通信输出接口，连接下一个主轴的 JA7B 接口；

JYA2：连接主轴电机的速度传感器接口（主轴电机内装脉冲发生器和电机过热信号）；

JYA3：连接主轴电机的位置编码器接口，外部旋转一次信号；

JYA4：（未使用）；

TB3：DC 链路的端子；

TB1：主电源输入接口，三相交流 200 V（50/60 Hz）；

CZ2L、CZ2M、CZ2N：伺服电机 L 轴/ M 轴/ N 轴/的电源线接口；

TB2：主轴电机的电源线接口。

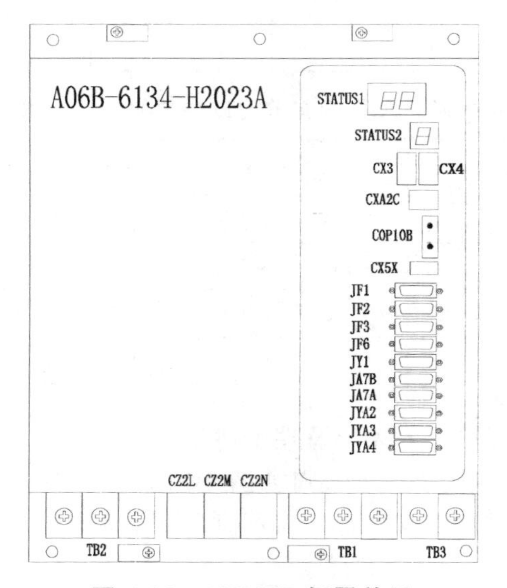

图 4.22 βiSVSP 伺服单元

② βiSVSP 伺服单元的连接。

βiSVSP 三轴型伺服单元的连接如图 4.23 所示。三相交流 200 ~ 240 V 电源经电源滤波器和电抗器接入 TB1 端子，CZ2L、CZ2M、CZ2N 分别连接至 3 个伺服电机的电源线。数控装置与伺服单元之间采用光缆通信，光缆从数控装置的 COP10A 接口连接至伺服单元的 COP10B 接口。CX3 接口为驱动器内部继电器一对常开端子，通常用于控制三相 AC 220 V 电源主回路。伺服电机编码器反馈信号分别接入 JF1、JF2、JF3 接口。

βiSVSP 伺服单元的主轴采用串行通信与数控装置、第二主轴模块的连接。连接顺序是数控装置的串行主轴 JA7A 接口连接βiSVSP 伺服单元的 JA7B

接口，βiSVSP 伺服单元的串行主轴接口 JA7A 可与下一个主轴控制单元 JA7B 接口连接。主轴电机的速度反馈接至 JYA2 接口，编码器反馈信号连接至 JYA3 接口。主轴电机的电源线接 TB2 端子，TB3 为备用（主回路直流侧端子），一般不要连接线。如果将 TB1 和 TB2 接反，测量 TB3 电压正常（约直流 300 V），但系统会出现 401 报警。

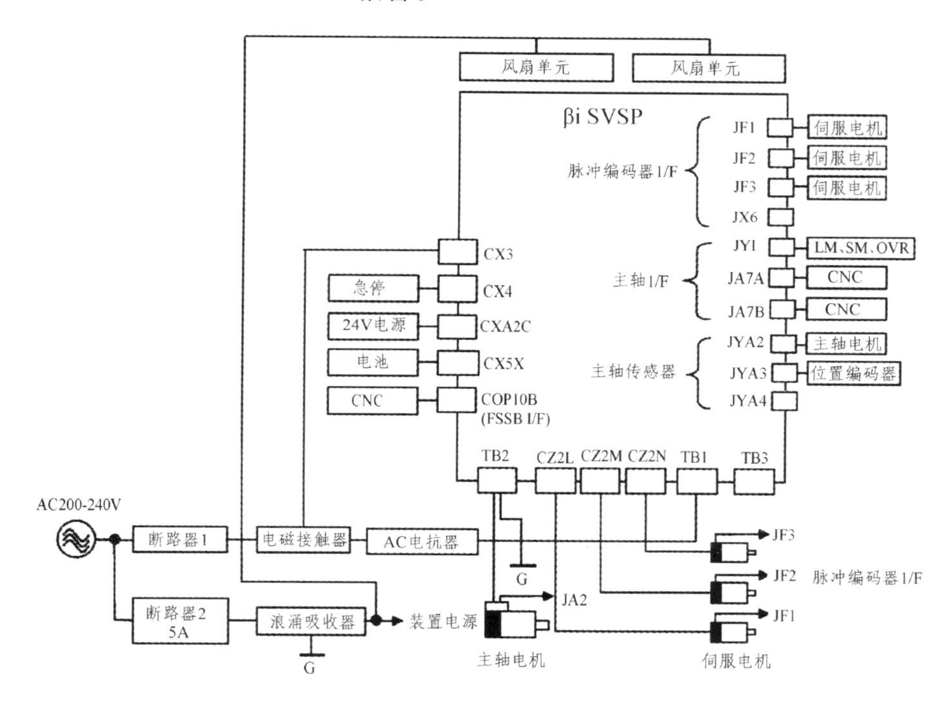

图 4.23　βiSVSP 伺服单元驱动系统的连接

2. αi 系列 SVM 伺服模块

αi 系列 SVM 伺服模块是高性能驱动系统，主轴驱动与进给伺服驱动共用电源模块，组成主轴与进给一体化控制的系统。SVM 伺服模块由电源模块（PS）、主轴模块（SP）、进给模块（SV）组成。

（1）电源模块。

电源模块将三相交流供电电源经整流、滤波转换为直流 300 V，为主轴和伺服模块提供直流电源。αi 系列的电源模块有电源再生型（PSM）、电阻再生型（PSMR），输入电压有 AC 200 V 和 AC 400 V 两种。三相 AC 200 V 的 PSM、PSMR 电源模块的主要规格及技术参数如表 4.20 所示。

表 4.20　αi 系列电源模块（200 V）的主要规格及技术参数

电源模块型号	PSM-							PSMR-	
	5.5i	11i	15i	26i	30i	37i	55i	3.3i	5.5i
电源设备容量/kV·A	9	17	22	37	44	53	79	5	12
额定输出功率/kW	5.5	11	15	26	30	37	55	3	7.5
最大输出功率/kW	11	24	34	48	64	84	125	12	20
短时最大输出功率/kW	20	38	51	73	85	106	192	—	—

三相 AC 200 V 的 PSM 型电源模块的接口如图 4.26 所示，主要端子及功能如下：

TB1：连接主轴和伺服模块的直流输入端，提供直流电源（DC 300 V）；

CX1A、CX1B：CX1A 为控制回路 AC 200 V 供电电源输入接口，CX1B 为 AC 200 V 输出接口；

CXA2A：DC 24 V 电源、急停信号（*ESP）、XMIF 报警信息输入接口，连接上一个模块的 CXA2B；

JX1B：模块间的连接接口，实现模块间的通信；

CX3：MCC 接口，连接主电源接触器的触点，用于控制输入电源模块的三相交流电源的通断；

CX4：急停信号（*ESP），连接机床的急停信号；

L1、L2、L3：三相交流电源输入接口，连接三相交流 200 V 输入电源。

（2）SVM 伺服模块。

αi 系列伺服模块有单轴型、两轴型和三轴型驱动模块。电源类型有三相 AC 200 V 和三相 AC 400 V 两种。其中三相 AC 200 V 电源的 SVM 类型有单轴、两轴和三轴类型，三相 AC 400 V 电源的 SVM-HV 类型有单轴和两轴类型。SVM 伺服模块的主要规格及技术参数如表 4.21、4.22 所示，与之适配的 αi 系列电机类型见表 3.6。

SVM2 两轴型伺服模块的接口如图 4.24 所示，主要端子及功能如下：

TB1：连接电源模块的直流电源输出端；

BATTERY：伺服电机绝对编码器的电池盒；

CX5X：绝对编码器的电池接口；

CXA2A：DC 24 V 电源、急停信号（*ESP）、XMIF 报警信息输入接口，连接上一个模块的 CXA2B；

CXA2B：DC 24 V 电源、急停信号（*ESP）、XMIF 报警信息输出接口，连接下一个模块的 CXA2A；

表 4.21　αi 系列 SVM1 单轴型、SVM3 三轴型伺服模块的主要规格及技术参数

伺服模块型号 SVM1（200V）-	20i	40i	80i	160i	360i	4/4/4i			20/20/20i			20/20/40i		
						L	M	N	L	M	N	L	M	N
额定输出电流/A	6.5	13	19	45	115	1.5	1.5	1.5	6.5	6.5	6.5	6.5	6.5	13
最大输出电流/A	20	40	80	160	360	4	4	4	20	20	20	20	20	40

表 4.22　αi 系列 SVM2 两轴型伺服模块的主要规格及技术参数

伺服模块型号 SVM2（200 V）-	4/4 i		20/20 i		20/40 i		40/40 i		40/80 i		80/80 i		80/160 i		160/160 i	
	L	M	L	M	L	M	L	M	L	M	L	M	L	M	L	M
额定输出电流/A	1.5	1.5	6.5	6.5	6.5	13	13	13	13	19	19	19	19	39	39	39
最大输出电流/A	4	4	20	20	20	40	40	40	40	80	80	80	80	160	160	160

COP10A：伺服串行总线（FSSB）接口，通过光缆连接下一个伺服模块的 COP10B；

COP10B：伺服串行总线（FSSB）接口，通过光缆连接 CNC 系统的 COP10A；

JX5：伺服检测板信号接口；

JF1、JF2：伺服电机内装编码器信号接口；

CZ2L、CZ2M：伺服电机 L 轴/M 轴的电源线接口。

（3）αi 系列伺服系统的连接。

αi 系列伺服系统的连接如图 4.24 所示。三相 AC 200 V 电源经断路器后分成 3 个支路：一是为控制回路供电的两相电源，连接至电源模块的 CX1A 接口；二是三相动力电源，经主接触器和交流电抗器连接至电源模块的 L1、L2、L3 接口；三是主轴风扇的供电电源。电源模块的 CX3 为主接触器控制接口，当电源模块自检正常后，内部继电器常开触点闭合，主接触器闭合，电源模块动力电输入。CX4 为急停按键输入。数控装置与伺服模块通过光缆串行连接，光缆串行通信的连接原则总是从 COP10A 接口至 COP10B 接口。伺服电机的位置编码器连接至伺服模块的 JF1（第一伺服电机编码器反馈）或 JF2（第二伺服电机编码器反馈）接口，若采用绝对编码器，其 DC 6 V 电池接口应连接至 CX5X 接口。

主轴模块采用串行通信实现与数控装置、第二主轴模块的连接。连接顺序是数控装置的 JA7A 接口连接主轴模块的 JA7B 接口，再由主轴模块的 JA7A 接口连接至第二主轴模块的 JA7B 接口。主轴电机的速度信号和过热信号反馈至主轴模块的 JYA2 接口，位置信号和高分辨率位置信号反馈至主轴模块的 JYA3 接口，实现主轴系统的闭环控制。

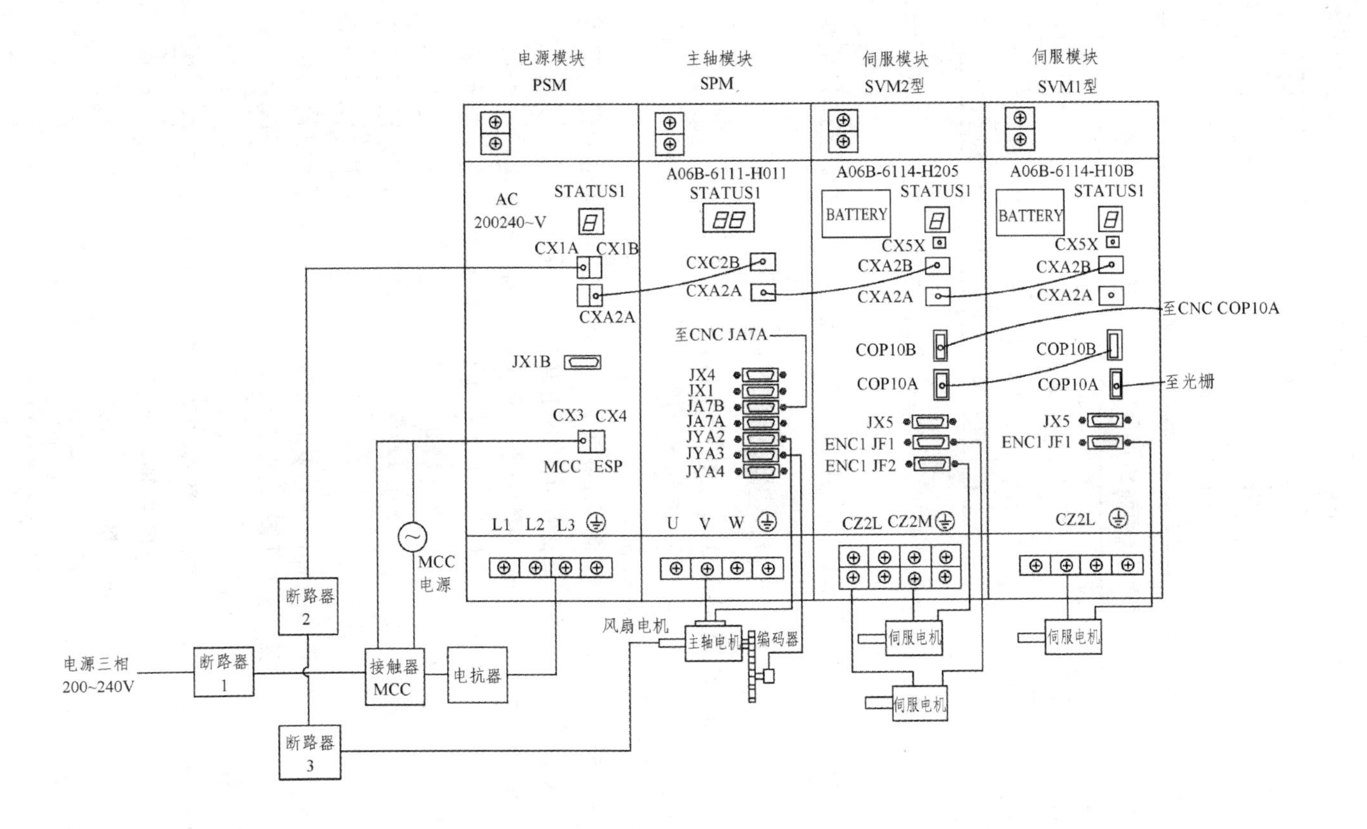

图 4.24　αi 系列驱动单元构成的主轴驱动和进给伺服驱动系统

第 5 章　数控机床主轴驱动系统

5.1　概　述

数控机床的主轴单元通常有带传动结构、联轴器结构和电主轴直接驱动的 3 种类型。由电机通过中间机械传动装置（带传动或联轴器）驱动的主轴单元，能实现的最高转速在 20 000 r/min 左右，是经济型机床广泛采用的主轴类型。电主轴直接驱动的主轴单元其主轴转速可达几万～几十万转/分，是高端数控机床广泛采用的主轴类型。

主轴驱动系统的功能是根据数控装置发出的指令信号，为数控机床的主轴提供足够大的切削力矩和宽范围的速度，以完成切削任务，其动力占整要的 70%～80% 是决定机床高速化和高精度的关键部分。随着生产力的不断提高，机床结构的改进，加工范围的扩大，数控机床对主轴驱动系统提出了更高的性能要求。

5.1.1　主轴驱动系统的性能要求

为保证数控机床的整体工作水平，数控机床对主轴驱动系统有如下主要性能要求：

（1）输出功率。数控机床的主轴负载性质近似于“恒功率”，即当机床的主轴转速高时，输出转矩较小；主轴转速低时，输出转矩大。为此，要求主轴驱动装置也要具有“恒功率”的性质。可是，当主轴电机工作在额定功率、额定转速时，按照一般电机的原理，不可能在电机为额定功率下进行恒功率的宽范围调速。因此，往往在主轴的机械部分需增加一或二挡机械变速挡，以提高低速的转矩，扩大恒功率的调速范围；或者降低额定输出功率，扩大恒功率调速范围。

（2）调速范围。为保证数控机床适用于各种不同的刀具、加工材质，适应于各种不同的加工工艺，要求主轴驱动装置具有较宽的调速范围。一般应达到 1∶100，甚至达到 1∶1000 以上。

（3）速度精度。如果主轴的速降过大,则加工的表面粗糙度就会受影响。一般要求主轴驱动系统的静差度小于 5%，甚至小于 1%。

（4）位置控制能力。为满足加工中心的自动换刀、刚性攻丝、螺纹切削，以及车削中心的某些特殊加工工艺能力，要求主轴具有位置控制能力，即 C 轴功能和定向功能（准停功能）。

（5）其他要求。电机温升低、振动和噪声小、可靠性高、寿命长、易维护，体积小、质量轻。

5.1.2 主轴驱动系统的类型

主轴驱动系统由主轴驱动器、主轴电机和检测装置组成。早年的数控机床多采用直流主轴驱动系统，但由于直流电机的换向限制，恒功率调速范围小。20 世纪 70 年代末，直流主轴驱动系统逐渐被交流主轴驱动系统替代。交流主轴驱动系统的分类可按主轴电机类型、主轴控制方式，以及主轴控制信号的类型等划分。

1. 按主轴电机的类型分类

根据主轴电机的类型不同,交流主轴驱动系统可分为交流异步驱动系统、交流同步驱动系统，以及电主轴驱动系统。

（1）交流异步驱动系统。

交流异步驱动系统常采用感应异步电机。由于主轴系统不需要很高的动态特性，感应异步电机以结构简单、价格便宜、性能可靠，配上矢量控制完全能满足主轴性能要求，而广泛应用于数控机床的主轴驱动系统。

（2）交流同步驱动系统。

与采用矢量控制的交流异步电机相比，永磁同步电机的转子温度低，容易达到极小的低限速度，特别适合强力切削加工。同时其转矩密度高，转动惯量小，动态响应特性好，适合高生产率运行，为机床进行最优切削创造了条件。不过，永磁同步电机的容量不允许做得太大，而且成本很高，因此，在主轴驱动系统中的使用受到了限制。

（3）电主轴驱动系统。

电主轴为一台高速电机，既可使用异步感应电机，也可使用永磁同步电机。电主轴的驱动一般使用矢量控制的变频技术，通常内置脉冲编码器，实现相位和进给的联动控制，主要用于高速切削机床。

2. 按控制方式分类

根据控制方式不同，交流主轴驱动系统可分为变频主轴驱动系统和主轴伺服驱动系统两种。

（1）变频主轴驱动系统。

变频主轴驱动系统由变频驱动器配套交流异步电机组成。通常又有以下 3 种结构：

一是普通感应式电机配简易型变频驱动器。这种系统主轴电机只有工作在约 500 r/min 以上时才能有较好的转矩输出，否则，特别是数控车床很容易出现堵转的情况，一般应采用两挡齿轮或带传动变速，但主轴仍只能工作在中、高速范围。另外，因受普通电机的最高速限制，主轴的转速范围也受到很大的限制。这种驱动方式一般适用于低速和高速要求不高的机床，如数控钻床。

二是普通感应式电机配通用型变频驱动器。这种系统一般采用 *v/f* 控制和无速度反馈矢量控制。*v/f* 控制型变频器由于低频转矩不够、速度稳定性不好、调速范围小，因此逐步被矢量控制替代。矢量控制又可分为无速度反馈和有速度反馈两种方式。矢量控制型变频器的优点有控制特性好、能适应要求高速响应的场合、调速范围大、可进行转矩控制等。此系统的低速特性有所改善，再配合两级齿轮变速，基本上可以满足车床低速（100 ~ 200 r/min）小加工余量的加工，但同样受电机最高转速的限制。目前，这种驱动方式主要应用于经济型数控机床主轴系统。

三是专用变频电机配通用型变频器。这种系统一般采用有速度反馈矢量控制，控制精度高，低速甚至零速时都可输出较大的转矩，有些还具有定向甚至分度进给的功能。而且专用变频电机可同时支持 *v/f* 控制、*v/f*+PG（编码器）控制、无 PG 控制矢量控制和有 PG 控制矢量控制，系统构成方式灵活。此系统再配合两级或一级齿轮变速，即可实现低速的车、铣强力切削，主要应用于中档数控机床主轴系统，若有定向功能还可以应用于要求精镗加工的数控镗铣床。

如图 5.1 所示为通用变频器（安川 CIMR-G5A45P51A）与专用变频电机构成的有速度反馈矢量控制系统。变频器的供电电源范围一般为 AC 230 ~ 400 V，采用模拟量控制形式，速度指令值由 0 ~ 10 V，0 ~ +20 mA 单极性模拟电压表示，由 13、17 脚输入；主轴方向由继电器 KA4、KA5 开关量控制。变频器传送到数控装置的状态信号包括主轴报警、主轴速度到达和主轴零速信号。主轴编码器的速度信号反馈至变频器的编码器接口，对于位置控制精度要求不高的情况，主轴电机或主轴大多采用 1 000 线的增量式编码器。

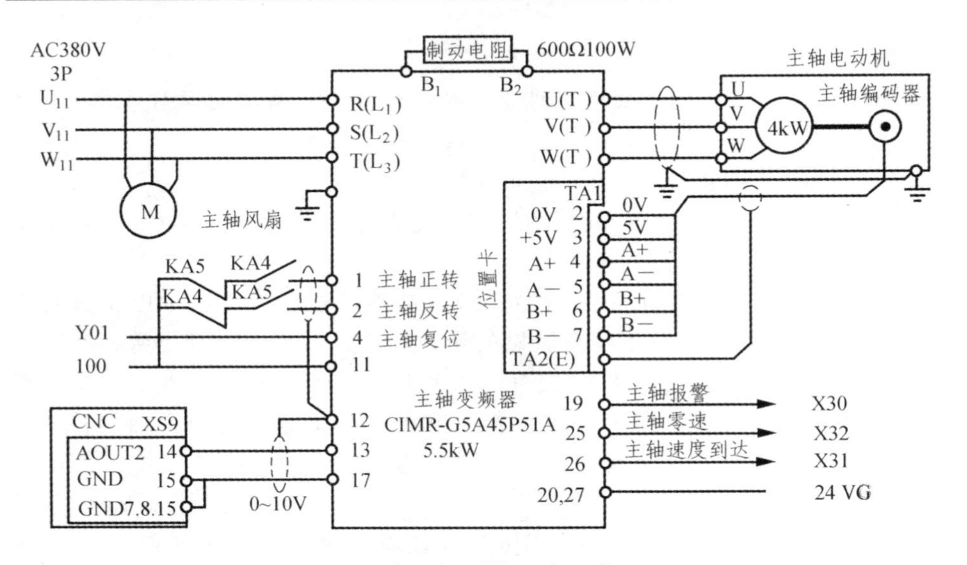

图 5.1 变频器主轴驱动系统

（2）主轴伺服驱动系统。

主轴伺服驱动系统由主轴伺服驱动器配套专门研制的主轴伺服电机组成。主轴伺服驱动器与变频驱动器都能实现 AC-DC-AC 转换，驱动交流异步电机。不过为了降低成本，变频器的过载能力通常只有 10%～20%，而主轴伺服驱动器的过载能力通常大于 50%。同时，主轴伺服电机按较宽的电流频率进行电磁设计，增大了有效调速范围。另外，主轴伺服电机内置编码器，可实现闭环位置控制。因此，主轴伺服驱动系统通常应用于主轴运动性能及精度要求较高的加工中心。

5.2 交流主轴伺服驱动器

根据速度信号的类型不同，交流主轴伺服驱动器可分为模拟量控制和串行数字控制两类。目前，大部分经济型机床均采用模拟量控制方式，其性价比较高。而串行主轴驱动器一般由各数控公司自行研制并生产。

1. 主轴伺服驱动器的结构及工作原理

主轴伺服驱动器不仅要满足很高的速度控制要求，还应具有位置控制能力，以实现主轴的定向准停和联动控制功能。因此，主轴伺服驱动器通常采用闭环矢量控制，使得其调速性能大大优于变频器。

为实现交流异步电机的宽范围调速控制和宽范围的恒功率负载特性输出，主轴伺服驱动器对交流异步电机采用了弱磁控制。在矢量变换系统中设置一个变磁链给定环节，产生如图 5.2 所示的变化磁链。在额定转速以上，磁链保持恒定，实现恒转矩调速。在额定转速以下，磁链按图中弱磁曲线变化，实现恒功率调速，从而增大调整范围。

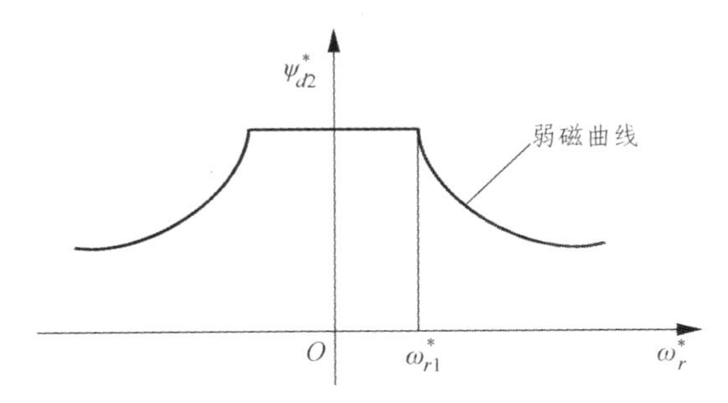

图 5.2　转子磁链变化曲线

通过上述磁链给定环节得到磁链指令值后，驱动器可采用直接或间接两种控制方式对实际磁链进行控制。直接控制如图 5.3 所示，通过获取实际磁链反馈值 Ψ_{d2}，以闭环方式对实际磁链进行直接控制。图中下标为 1 的表示定子物理量，下标为 2 的表示转子物理量。磁链计算模块是实现磁链闭环控制的关键环节，此模块根据 $3\phi/\alpha-\beta$ 变换环节给出的 $\alpha-\beta$ 坐标系下的定子电压和电流，计算出转子磁链的幅值 Ψ_{d2} 和位置角 θ。由此得到的转子磁链位置角 θ 可用作旋转变换的基准。转子磁链的幅值 Ψ_{d2} 可用作反馈值，将其与转子磁链的理论值相比较，即可实现转子磁链的闭环控制。

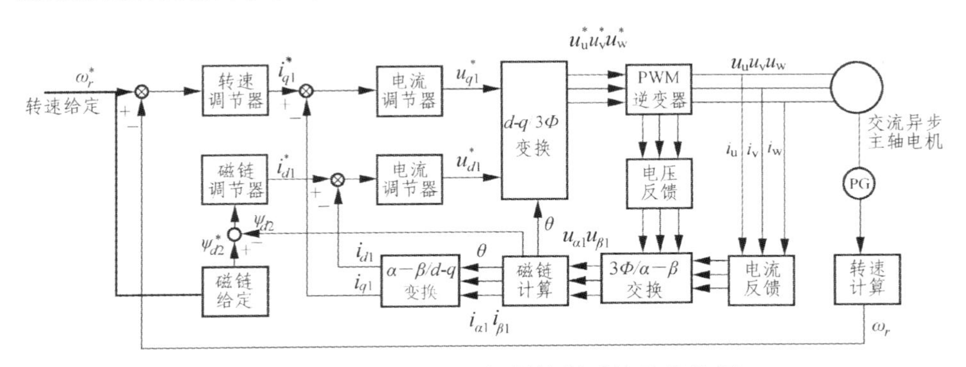

图 5.3　直接磁链闭环矢量控制系统的结构图

主轴伺服驱动除矢量控制技术外，继而发展出一种新型的高性能交流调速技术，即直接转矩驱动技术。它避免了烦琐的坐标变换，充分利用电压型逆变器的开关特点，通过不断切换电压状态调整定子磁链与转子磁链的夹角，从而对电机转矩进行直接控制，使异步电机的磁链和转矩同时按要求快速变化。

交流主轴伺服驱动系统的主回路如图 5.4 所示。主轴伺服驱动器将三相交流电整流为直流电，再通过控制功率开关管的开通和关断，在伺服电机的三相定子绕组中产生相位差 120° 的近似正弦波电流。该电流在伺服电机里形成旋转磁场，伺服电机转子受旋转磁场感应产生感应电流，旋转磁场与感应电流相互作用产生电磁转矩驱动伺服电机转子旋转。流过伺服电机绕组的电流频率越高，伺服电机的转速越快；流过伺服电机绕组的电流幅值越大，伺服电机输出的转矩越大。

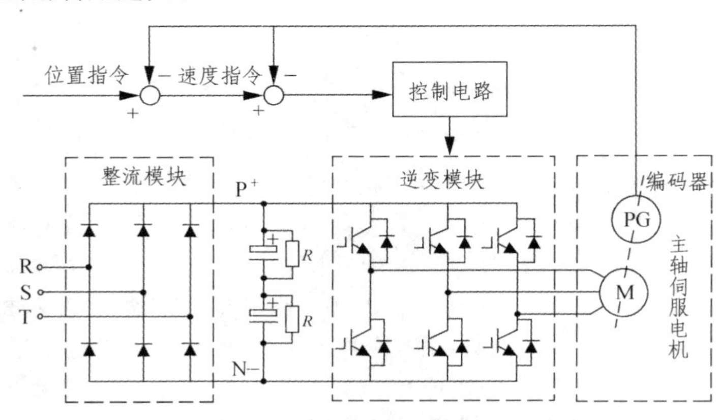

图 5.4　交流主轴伺服驱动系统的主回路

2. 交流主轴伺服驱动器的选择

交流主轴伺服驱动器的选择主要考虑两方面的内容，一是类型的选择，二是型号的选择。交流主轴驱动器的型号一般应根据所需要的主轴电机规格进行选择，因为驱动器一般都是生产厂家针对某一种电机生产的专用控制器。

当电机的转速低于额定转速时，输出功率低于额定功率，转速越低，输出功率越小。为了满足主轴低速时的功率要求，前面提到过可采用齿轮或带传动变速，但此时机械结构较复杂，成本也相应增加。在主轴与主轴电机直接连接的数控机床中，可通过两种方式来提高主轴低速时的功率要求，一是选择额定速度低的主轴电机或额定功率高一档的主轴电机，二是采用特种的绕组切换式主轴电机，从而提高主轴电机的低速特性。另外，国外主轴驱动器的额定电压一般是三相 AC 400 V，而我国工业电网是三相 AC 380 V，这会影响驱动器最大输出功率。由于电机的过载能力一般要高于驱动器，因此，为了保证电机的输出功率，在造型时一般选择驱动器的功率比电机的功率高一档的。具体实施时还应参考生产厂家的意见。

5.3　典型交流主轴伺服驱动器

5.3.1　武汉华中数控交流主轴伺服驱动器

武汉华中数控公司的交流主轴伺服驱动器有 HSV-180AS、HSV-160AS、HSV-18S、HSV-20S 等系列。其中 HSV-180AS 系列驱动器是继 HSV-18S、HSV-20S 系列驱动器之后推出的新一代高压伺服驱动器，成为交流主轴伺服驱动器的主导产品。

1. HSV-180AS 系列驱动器的规格及主要参数

HSV-180AS 系列驱动器采用三相 AC 380 V 电源直接供电，可实现主轴伺服电机的位置、速度和转矩闭环伺服控制。驱动器配备有通信接口、脉冲量输入接口、模拟量输入接口及小键盘调试数字显示器，使用灵活。驱动器有很宽的功率选择范围，恒转矩调速范围为 1 ~ 12 000 r/min，恒功率调速比达 1∶4。HSV-180AS 系列交流主轴驱动器的主要规格和技术参数如表 5.1 所示。

表 5.1　HSV-180AS 系列交流主轴伺服驱动器的主要规格及技术参数

驱动器型号 HSV-180AS-	035	050	075	100	150	200	300	450
连续电流/A	16.8	21.9	31.4	43.8	62.8	85.7	125	170
短时最大电流/A	22	28	42	56	84	110	168	224
最大制动电流/A	25	25	40	50	75	100	100	150
制动电阻推荐值/Ω	51	51	27	33	27	30	30	30
制动电阻功率/W	1 500	1 500	2 000	1 500	2 000	2 500	2 500	2 500
适配的主轴电机功率/kW	3、5.5	5.5、7.5	7.5、11	11、15	18.5、22	30、37	51	75

2. HSV-180AS 系列驱动器的主要端子及功能

HSV-180AS 系列驱动器具有位置控制（脉冲量接口）、外部速度控制（模拟量接口)、转矩控制(模拟量接口)和 JOG 控制，以及内部速度控制 5 种控制方式。驱动器支持电机编码器类型有：增量式光电编码器、正余弦增量式编码器和 EnDat 2.1/2.2 协议的绝对式编码器。HSV-180AS 系列驱动器的外形及接口如图 5.5 所示，主要端子的功能如下：

(1) XT1：驱动器主回路电源输入端子。HSV-180AS-25、50、75、100、150 驱动器的 XT1 端子中，L1、L12、L3 为主回路电源(三相 AC 380 V/50 Hz)输入端，PE 接地端；220A、220B 为保留端子。

(2) XT2：驱动器输出电源端子。HSV-180AS-25、50、75 驱动器的 XT2 端子中，P、BK 为外接制动电阻端子。若仅使用内置制动电阻，则 P、BK 端悬空；若使用外接制动电阻，则 P、BK 端接外接制动电阻。HSV-180AS-100，150，200，250，300，450 驱动器没有内置制动电阻，必须外接制动电阻。且多两个 AC 220 V 端子，是单向控制回路的电源。

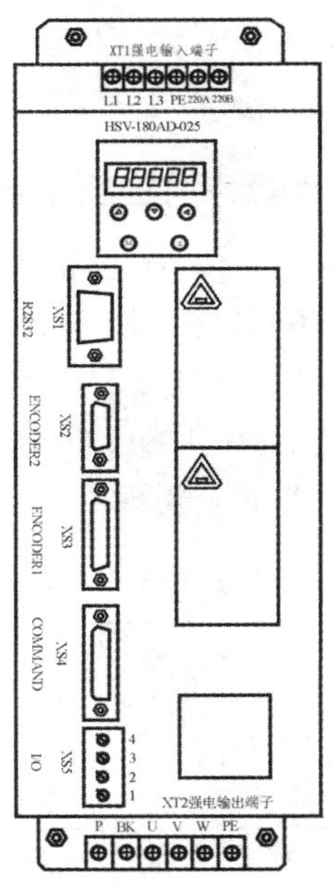

图 5.5 HSV-180AS-35、55、75 系列交流主轴驱动器

HSV-180AS-200、300、450 驱动器的电源输入和输出集中在 XT2 端子上，各端子的记号和功能与上述相同，而 XT1 端子上只有 220 A、220 B 两个保留端子。

(3) XS1：串行接口。此接口与上位机串口接口连接，以实现串口通信。

(4) XS2：主轴编码器输入接口。

（5）XS3：主轴电机编码器输入接口，含电机过热检测输入端子。HSV-180AS 驱动器支持增量式光电编码器（1 024 P/r、2 048 P/r、2 500 P/r 和正余弦增量式）和 ENDAT2.1/2.2 协议绝对编码器。

（6）XS4：指令信号 I/O 接口。连接数控装置的主轴指令信号 I/O 控制接口，各端子的功能如表 5.2 所示。

表 5.2　XS4 各端子的功能

<table>
<tr><th>信号名称</th><th>端子号</th><th>端子记号</th><th>功　能</th></tr>
<tr><td rowspan="2">脉冲指令</td><td>14/15</td><td>CP+/CP −</td><td rowspan="2">由运动参数 PA-22 设定脉冲输入方式：① 指令脉冲+符号方式；② CCW/CW 指令脉冲方式；③ 两相指令脉冲方式。</td></tr>
<tr><td>16/17</td><td>DIR+/DIR −</td></tr>
<tr><td rowspan="6">主轴电机编码器输出信号</td><td>32/33</td><td>A+/A −</td><td>编码器 A 相输出</td></tr>
<tr><td>18/36</td><td>B+/B −</td><td>编码器 B 相输出</td></tr>
<tr><td>35/34</td><td>Z+/Z −</td><td>编码器 Z 相输出</td></tr>
<tr><td>21、22</td><td>Z-OUT</td><td>Z 脉冲集电极开路输出</td></tr>
<tr><td>31</td><td>ZPLS-OUT</td><td>Z 脉冲集电极开路输出</td></tr>
<tr><td>23、24</td><td>GNDDM</td><td>数字信号地</td></tr>
<tr><td rowspan="3">模拟指令输入信号</td><td>12</td><td>AN+</td><td>外部模拟量指令输入</td></tr>
<tr><td>13</td><td>AN −</td><td>外部模拟量指令输入参考地端</td></tr>
<tr><td>27、28</td><td>GNDAM</td><td>模拟量输入信号地</td></tr>
<tr><td rowspan="8">开关量输入信号</td><td>1</td><td>EN</td><td>主轴使能输入：ON——允许驱动单元工作；OFF——停止工作，电机处于自由状态。</td></tr>
<tr><td>2</td><td>ALM_RST</td><td>报警清除：ON——清除系统报警；OFF——保持系统报警。</td></tr>
<tr><td>3</td><td>FWD</td><td>主轴正转输入：ON——主轴正转；OFF——主轴停止正转。</td></tr>
<tr><td>4</td><td>REW</td><td>主轴反转输入：ON——主轴反转；OFF——主轴停止反转。</td></tr>
<tr><td>5</td><td>INC_Sel1</td><td rowspan="2">分度增量定向角度倍率选择输入<table><tr><th>INC_Sel1</th><th>INC_Sel2</th><th>倍率</th></tr><tr><td>ON</td><td>ON</td><td>4</td></tr><tr><td>OFF</td><td>ON</td><td>3</td></tr><tr><td>ON</td><td>OFF</td><td>2</td></tr><tr><td>OFF</td><td>OFF</td><td>1</td></tr></table></td></tr>
<tr><td>6</td><td>INC_Sel2</td></tr>
<tr><td>25</td><td>OPN</td><td>主轴定向开始输入：ON——主轴定向开始；OFF——主轴定向取消。</td></tr>
<tr><td>26</td><td>Mode_SW</td><td>控制方式切换开关输入：当主轴在外部模拟速度方式下运行时，通过该开关可以将运行方式切换到 C 轴位置控制，由 STA-8 控制该方式是否有效。Mode_SW ON——主轴在位置方式下运行；Mode_SW OFF——主轴在外部速度方式下运行。</td></tr>
</table>

续表 5.2

信号名称	端子号	端子记号	功能
开关量输入信号	26	Mode_SW	分度增量定向输入：在定向模式中作为分度增量定向的控制，ON 一次，则定向位置沿定向方向增加一个角度，度的大小由 Pa-40 和分度增量定向角度倍率选择输入端子 INC_Sel1 和 INC_ Sel2 决定。
开关量输出信号	7	ZSP	零速到达输出：当实际速度值到达设定的零速范围（运动参数 PA-29）时，零速到达输出 ON。
	8	READY	主轴准备好输出：ON——驱动单元 AC 380 V 或 AC 220 V 控制电源强电主电源正常上电，同时驱动单元没有报警，主轴准备好输出 ON；OFF——驱动单元未正常上电或驱动单元使能后，驱动单元有报警，主轴准备好。
	9	ALM	主轴报警输出：ON——主轴驱动单元有报警，主轴报警输出 ON；OFF——主轴驱动单元无报警，主轴报警输出 OFF。
	29	GET	速度到达输出：当速度偏差到达或小于设定的速度偏差范围（运动参数 PA-11）时，速度到达输出 ON。
	30	ORN_FIN	主轴定向完成输出：在主轴定向时，当主轴实际位置与设定的主轴定向位置（运动参数 PA-39）偏差等于或小于设定的主轴定向完成范围（运动参数 PA-37）时，ORN_FIN ON，当 ORN OFF 时，ORN_FIN OFF。
	19、20	GNDAM	开关量输入/输出信号地

（7）XS5：输入/输出端子。各端子的功能如表 5.3 所示。

表 5.3 XS5 各端子的功能

信号名称	端子号	端子记号	功能
继电器输出信号	1	MC1	故障连锁输出端子：继电器常开输出，主轴驱动单元工作正常时继电器闭合，主轴驱动单元故障时继电器断开。
	2	MC2	
开关量输出信号	3/4	COM/ BREAK	保留

3. HSV-180AS 系列驱动器的连接

HSV-180AS 系列驱动器可实现主轴的位置控制，以及接收脉冲指令或模拟量指令实现主轴的外部速度控制。主轴伺服驱动系统具有定向功能，稳速精度高，可实现刚性攻丝。由其构成的外部脉冲量速度控制方式与位置控制方式互相切换的主轴驱动系统如图 5.6 所示。

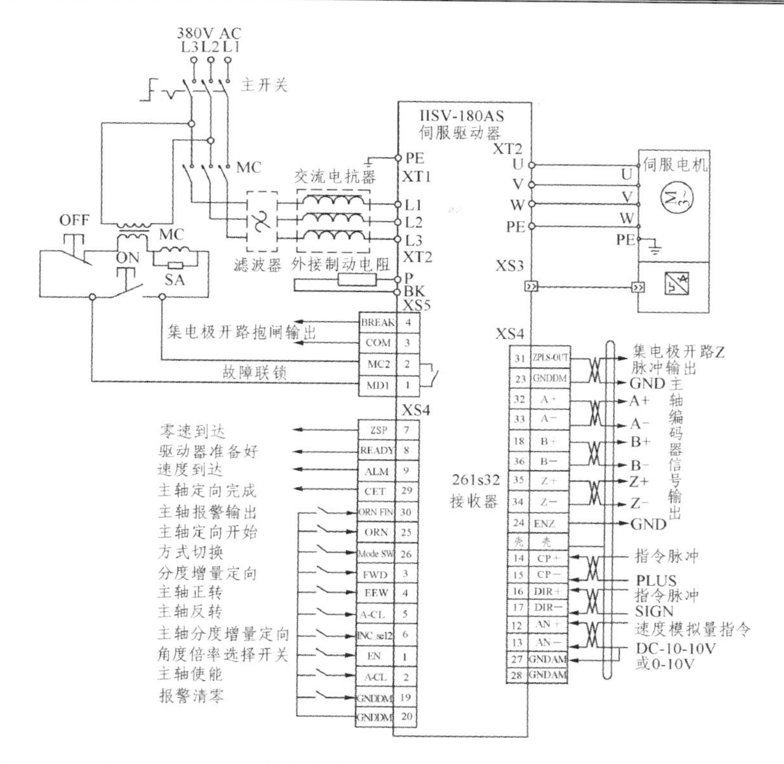

图 5.6　HSV-180AS 驱动器速度控制与位置控制可切换的主轴驱动系统

5.3.2　广州数控交流主轴伺服驱动器

广州数控公司的交流主轴伺服驱动器有 GS、DAT、DAP、DAY 等系列。GS 系列驱动器为新一代的高压伺服驱动器，电源类型有 AC 380 V、AC 440 V，是交流主轴伺服驱动器的主导产品。

1. GS 系列驱动器的规格及主要参数

GS 系列驱动器根据信号接口的不同，分为经济型与普及型两个系列。普及型伺服器具有 GSK-CAN 通信功能，数控装置通过 GSK-CAN 通信实现驱动器参数的管理，实时监视驱动器的位置、速度、电流、温度及 I/O 状态。驱动器的恒转矩调速范围为 1.5 ~ 1 500 r/min，恒功率调速比达 1 : 4，速度波动率小于（额定速度 × 0.1%）。GS 系列驱动器的主要规格及技术参数如表 5.4 所示。

表 5.4 GS 系列交流主轴伺服驱动器的主要规格及技术参数

驱动器型号	GS3048Y GS4048Y	GS3075Y GS4075Y	GS3100Y GS4100Y	GS3148Y GS4148Y	GS3150Y GS4150Y
输入电源	GS3□□□Y 系列电源为：三相 AC 380 V（0.85% ~ 1.1），50/60 Hz ± 1 Hz GS4□□□Y 系列电源为：三相 AC 440 V（0.85% ~ 1.1），50/60 Hz ± 1 Hz				
标配电机额定电流 I/A	$I \leqslant 10.5$	$10.5 < I \leqslant 15.5$	$15.5 < I \leqslant 21$	$21 < I \leqslant 31$	$31 < I \leqslant 58$
适配的主轴电机功率/kW	1.5、2.2、3.7	5.5	7.5	11	15、18.5

2. GS 系列驱动器的主要端子及功能

GS 系列驱动器具有位置控制（脉冲量接口）、外部速度控制（模拟量接口：- 10 ~ + 10 V 或 0 ~ + 10 V，由参数选择），以及内部速度控制等控制方式。其中 GS3048、50、75、100、148 和 GS4048、50、75、100 普及型的外形如图 5.7（a）所示，GS3150Y-C、GS4150Y-C 普及型的外形如图 5.7（b）所示。

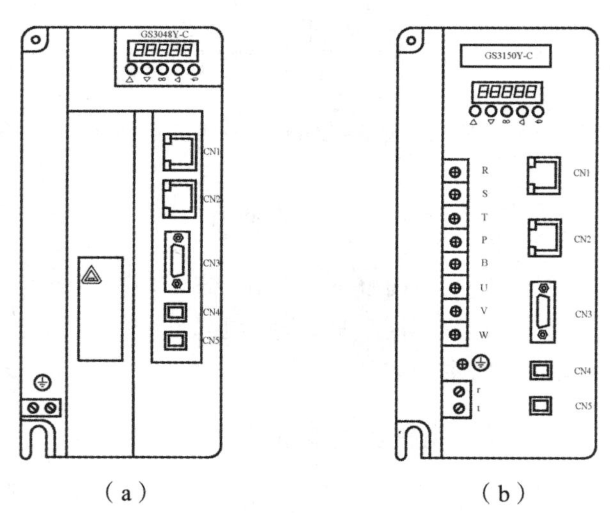

（a）　（b）

图 5.7 GS 系列交流主轴伺服驱动器

经济型驱动器没有 CN4、CN5 两个 GSK-CAN 通信接口，主要端子的功能如下：

（1）CN1：控制信号接口。连接数控装置的主轴指令信号输入/输出控制接口。各端子的功能如表 5.5 所示。

表 5.5　CN1 各端子的功能

类型	经济型		普及型		功　能
	记　号	端子号	记　号	端子号	
P、S[1)]	COM+	39	COM+	39，41	输入点公共端，连接外部直流电源 15～24 V 的输入端口
	COM−	24	COM−	14，38	连接外部直流 15～24 V 电源地
	SON	23	SON	13	伺服使能输入
	ALRS	36	ALRS	12	报警清除输入
S	VCMD+ VCMD−	44 14	VCMD+ VCMD−	24 25	模拟速度指令输入
	AGND	43	AGND	48	模拟地
	SFR	20	SFR	11	PA6 = 1，为 CCW 旋转启动输入；PA6 = 0，为驱动使能允许输入
	SRV	5	SRV	10	PA6 = 1，为 CW 旋转启动输入；PA6 = 0，无效
	ZSL	37	ZSL	34	零速箝位输入
	OSTA	8	OSTA	37	定向启动输入
S	SEC1	34	SEC1	8	用于内部速度选择功能时：速度选择 1
P	CLE		SEC1		用于位置控制时：位置偏差清零
S	SEC2	35	SEC2	7	用于内部速度选择功能时：速度选择 2
P	INH		INH		用于位置控制是：脉冲指令禁止
P	BREF	21	BREF	9	主轴夹紧联锁信号输入
P	PULS+/ PULS−	2/17	PULS+/ PULS−	6/5	位置指令脉冲输入：① 脉冲 + 方向；② CCW 脉冲 + CW 脉冲；③ A/B 相脉冲
	SIGN+/ SIGN−	1/16	SIGN+/ SIGN−	31/30	
P、S	GAIN	6	GAIN	36	速度环第二增益选择输入
S/P	PSTI	12	PSTI	35	速度/位置切换（当 PA4 = 5 时，功能有效）
P、S	ALM+/ ALM-	9/25	ALM+/ ALM−	23/22	报警输出
	SRDY	40	SRDY+/ SRDY−	17/16	伺服准备好输出
	PSTO+/ PSTO-	10/26	PSTO+/ PSTO−	19/18	控制式切换完成输出

续表 5.5

类型	经济型		普及型		功能
	记号	端子号	记号	端子号	
P、S	ZOUT+/ ZOUT−	13/29	ZOUT+/ ZOUT−	47/46	位置反馈 Z 脉冲信号集电极输出
	PAO+/ PAO−	19/4	PAO+/ PAO−	4/3	位置反馈信号输出
	PBO+/ PBO−	19/4	PAO+/ PAO−	4/3	
	PBO+/ PBO−	18/3	PBO+/ PBO	2/1	
	PZO+/ PZO−	31/32	PZO+/ PZO−	27/26	
S	ZSP	42	ZSP+/ ZSP−	21/20	零速信号输出
	COIN+/ COIN−	12/28	COIN+/ COIN−	45/46	定向完成输出
P、S	PSR	41	PSR+ PSR−	15 40	位置控制方式下作位置到达输出 速度控制方式下作速度到达输出

注：1）P——位置控制，S——速度控制。

（2）CN2：主轴电机编码器位置反馈信号接口。支持的编码器类型有：增量式光电编码器和兼容 BISS、多摩川协议的绝对式编码器。

（3）CN3：主轴编码器输入接口。经济型驱动器的主轴编码器类型为增量式编码器，接口是 9 芯插座。普及型驱动器的主轴编码器类型有：增量式编码器或绝对式编码器，接口是 20 芯高密插座。

（4）CN4 或 CN5：GSK-CAN 通信接口。用于普及型驱动器与数控装置的实时通信。

3. GS 系列驱动器的连接

GS 系列普及型驱动器具有 GSK-CAN 通信功能。通过 CN4 或 CN5 接口与 GSK988T 数控装置的 GSK-CAN 接口连接，实现与数控装置的实时通信。

GS 系列驱动器可接收脉冲量位置指令实现主轴的位置控制，接收模拟量速度指令实现外部速度控制。GS 系列普及型驱动器外部脉冲量位置控制的主轴驱动系统的连接如图 5.8 所示。

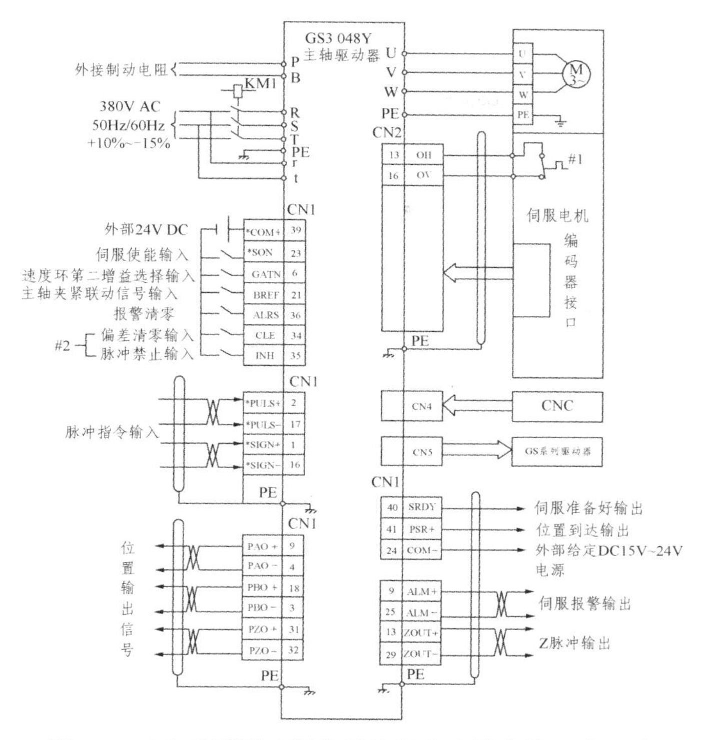

图5.8　GS系列驱动器位置控制方式的主轴驱动系统

注：#1—伺服电机内没有温控传感器的，OH不连接；#2—位置方式下，CN1-8为位置偏差清零信号（CLE），CN1-7为脉冲指令禁止信号（INH）。

5.3.3　西门子交流主轴驱动器

德国西门子公司的交流主轴驱动器有SIMODRIVE 611Ue、Sinamics S120等系列，在第四章“西门子典型交流伺服驱动器”中已做了详细介绍。SIMODRIVE 611Ue、Sinamics S120两个系列的伺服单元，既可驱动交流伺服电机构成位置、速度闭环控制的进给伺服驱动系统，也可驱动交流主轴伺服电机构成位置、速度闭环控制的主轴驱动系统。

1. Sinamics S120系列伺服单元

与Sinamics S120系列伺服单元适配构成主轴驱动系统的交流主轴伺服电机有用于带传动主轴的1PH7、1PH4系列实心轴电机和用于联轴器传动主轴的1PM6、1PM4系列空心轴电机。各交流主轴电机的特点及应用场合在第三章中已详细介绍。与Sinamics S120系统伺服单元适配的IPH7、1PH4、

1PM6、1PM4 系列电机的型号见表 3.11、3.12。

Sinamics S120 系列伺服单元构成的主轴驱动系统和进给驱动系统如图 4.16 所示。主轴驱动系统由 Sinamics S120 单轴型电机模块和 1PH7 交流主轴电机构成。因为电机的编码器信号只有通过 DRIVE-CLiQ 电缆传输至电机模块，为此选用配有 DRIVE-CLiQ 接口的 1PH7 电机，其编码器信号直接通过 DRIVE-CLiQ 电缆连接至电机模块的 X202 接口，实现主轴闭环控制系统。

2. Simodrive 611U

与 Simodrive 611U 系列伺服单元适配构成主轴驱动系统的交流主轴伺服电机有 1PH7 系列电机。与伺服单元适配的 IPH7 系列电机型号见表 3.11。Simodrive 611U 系列伺服单元构成的主轴驱动系统和进给驱动系统如图 4.21 所示。图中所示的驱动系统选用了两个双轴型功率模块，模块 1 用于主轴和 X 进给轴的驱动，模块 2 用于 Y 进给轴和 Z 进给轴的驱动。功率模块上的 A1、A2 分别连接两个伺服电机，电机 1、电机 2 的编码器信号分别反馈至各自所在的功率模块的 X411 或 X412 端子。

5.3.4 发那科交流主轴驱动器

日本发那科公司的交流主轴驱动器有βi 和αi 等系列，在第四章“发那科典型交流伺服驱动器”中已做了详细介绍。βi 系列驱动器中有带主轴控制的一体型驱动器 SVSP 伺服单元，由其构成的主轴驱动和进给轴驱动系统如图 4.25 所示，在此不再说明。αi 系列伺服驱动系统由电源模块（PS）、主轴模块（SP）、进给模块（SV）组成的模块式结构，本节重点介绍αi 系列主轴驱动模块及应用。

（1）αiSPM 主轴模块的主要规格及技术参数

αi 系列的主轴模块 SPM 有三相 AC 200 V 和三相 AC 400 V 两种电源类型。其中三相 AC 200 V 的αiSPM 主轴模块的主要规格及技术参数如表 5.6 所示。αiSPM 主轴模块适配电机的类型见表 3.14。

表 5.6 αi 系列主轴模块 SPM 的主要规格及技术参数

驱动器型号 SPM（200 V）-	2.2i	5.5i	11i	15i	22i	26i	30i	45i	55i
额定输出电流/A	13	27	48	63	95	111	133	198	250
控制方式	正弦 PWM 控制，采用 IGBT 功率元件。								
调速范围	速度比：1∶100								
速度变化率	≤0.1% 最大速度								

2. αiSPM 主轴模块的主要端子及功能

αi 系列主轴模块有两个编码器信号输入接口，用于连接电机编码器和主轴编码器。驱动系统可连接两个主轴模块，主轴模块通过串行通信接口与数控装置和第二主轴模块连接。αiSPM 主轴模块的接口如图 4.32 所示，主要端子的功能如下：

TB1：连接电源模块的直流母线（DC 300 V）；

STATUS：主轴模块状态指示；

CXA2A：DC 24 V 电源、急停信号（*ESP）、XMIF 报警信息输入接口，连接上一个模块的 CXA2B；

CXA2B：DC 24 V 电源、急停信号（*ESP）、XMIF 报警信息输入接口，连接下一个模块的 CXA2A；

JX4：主轴伺服状态检查接口，用于连接主轴模块状态检测电路板，可获得内部信号的状态（如脉冲发生器和位置编码器的信号）；

JX1：主轴负载表、速度表、模拟倍率接口；

JA7A：主轴串行通信输出接口，连接下一个主轴的 JA7B 接口；

JA7B：主轴串行通信输入接口，连接数控装置的 JA7A 接口；

JYA2：连接主轴电机速度传感器（主轴电机编码器和电机过热信号）；

JYA3：主轴位置编码器接口；

JYA4：磁感应开关和外部单独旋转信号接口，作为主轴位置一转信号接口；

U、V、W：三相电源输出端，连接主轴伺服电机。

3. αiSPM 主轴模块的连接

αiSPM 主轴模块与数控装置、电源模块、伺服模块的连接如图 4.26 所示。主轴模块串行通信的连接顺序是数控装置的 JA7A 接口连接第一主轴模块的 JA7B 接口，再由第一主轴模块的 JA7A 接口连接至第二主轴模块的 JA7B 接口。主轴模块有两个反馈信号接口，主轴电机编码器信号反馈至主轴模块的 JYA2 接口，主轴位置信号和高分辨率位置信号反馈至主轴模块的 JYA3 接口，实现主轴系统的闭环控制。

第 6 章　位置检测装置

6.1 概　述

在数控机床的位置和速度闭环控制系统中，运动部件的实际位置值和速度值的测量是由位置检测装置完成的。数控机床用于位置检测的装置常有旋转变压器、光电式编码器和光栅尺等。

6.1.1 位置检测装置的结构及性能要求

位置检测装置一般由检测元件（传感器）和信号处理电路组成。检测元件用于检测机床运动部件的实际位置值（线位移和角位移）、实际速度值和方向信号；信号处理电路将其转变为适配的电信号，并经过细分处理，反馈至控制系统的位置（或速度）控制单元。

位置检测装置的性能将直接影响运动控制系统的定位精度、速度稳定性、响应速度、抗干扰性能、功效及噪声等。因此，合理使用位置检测装置，是确保机床运动精度的重要条件。衡量位置检测装置性能的指标主要有检测精度和分辨率。

检测精度是指检测装置在一定长度或转角范围内测量累积误差的最大值。目前常见的直线位移检测精度在 ± 0.002 ~ 0.02 mm/m，角位移检测精度在 ± 0.4″ ~ 1″/360°；

分辨率是指检测装置所能测量的最小位移量。目前常见的直线位移分辨率为 1 μm，高精度系统分辨率可达 0.001 μm，角位移分辨率可达 0.01″/360°。

除此之外，数控机床对位置检测装置的要求还有可靠性高、抗干扰能力强、静态和动态响应速度快、使用维护方便，以及能适应数控机床运行环境，并且成本低等。

数控机床对位置检测装置的精度要求取决于机床的类型。一般中小型数控机床和高精度数控机床通常是以满足精度要求为主，因此，对位置检测装置的精度要求较高；而大型数控机床则通常是以满足速度要求为主，因此，对位置检测装置的精度要求略低些。

6.1.2　位置检测装置的分类

数控机床使用的位置检测装置类型很多，按信号的类型可分为数字式和模拟式，按检测量的基准可分为增量式和绝对式，按测量值的性质可分为直接测量和间接测量等。

1. 增量式和绝对式

增量式检测装置只测量运动部件位移的增量，并用脉冲的个数来表示单位位移（即最小设定单位）的数量。增量式检测装置比较简单，任何一个对中点都可作为测量起点。但移动距离是靠对测量信号累积后读出的，一旦累计有误，此后的测量结果将出错。增量式检测装置有脉冲编码器、旋转变压器、感应同步器、光栅、磁栅、激光干涉仪等。

绝对式检测装置测量运动部件在某一绝对坐标系中的绝对坐标位置值，并以二进制或十进制数码信号输出。绝对式检测装置不存在累积误差，但编码器的结构较复杂。绝对式检测装置有绝对式脉冲编码器、多圈式绝对编码器等。

2. 数字式和模拟式

数字式检测是将被测量单位量化后以脉冲或数字信号的形式表示。数字式检测装置有脉冲编码器、光栅等。模拟式检测是将被测量用连续变化量的形式表示，如电压的幅值变化、相位变化等。模拟式检测装置有测速发电机、旋转变压器、感应同步器和磁尺等。

3. 直接测量和间接测量

直接测量是将位置检测装置安装在执行部件上，直接测量执行部件的直线位移。这种检测装置可以构成闭环进给伺服系统。对直线位移进行直接测量的检测装置有直线光栅、直线感应同步器、磁栅、激光干涉仪等。

间接测量是将位置检测装置安装在执行部件前面的传动元件或驱动电机轴上，测量其角位移，经过转换以后才能得到执行部件的直线位移。这种检测装置可以构成半闭环伺服进给系统。间接测量使用可靠方便，无长度限制，但在检测信号中包含直线转变为旋转运动的传动链误差，从而影响测量精度，一般需对数控机床的传动链误差进行补偿，才能提高定位精度。对直线位移进行间接测量的检测装置有脉冲编码器、旋转变压器等。

6.2 旋转变压器

旋转变压器又称同步分解器，是利用变压器原理实现角位移测量的检测装置。旋转变压器的工作可靠性高，能在较恶劣的环境条件下使用，以及可以运行在更高的转速下，如在输出 12 bit 的信号下，允许电机的转速可达 60 000 r/min。而光学编码器，由于光电器件的频响一般在 300 kHz 左右，因此，在 12 bit 的信号下，允许电机的速度一般小于 15 000 r/min。

6.2.1 旋转变压器的结构

旋转变压器分为有刷和无刷两种。因无刷旋转变压器无电刷和滑环，具有结构简单、输出信号大、可靠性高以及不用维修等特点，得到广泛应用。无刷旋转变压器又有两种结构形式，一种称为环形变压器式无刷旋转变压器，另一种称为磁阻式旋转变压器。下面以环形变压器式无刷旋转变压器为例介绍旋转变压器的工作原理。

无刷旋转变压器的结构如图 6.1 所示，由分解器和变压器两部分组成。左边为分解器，右边为变压器。变压器的作用是将分解器转子绕组上的感应电动势传输出来，这样就省掉了电刷和滑环。变压器一次线圈 5 与分解器转

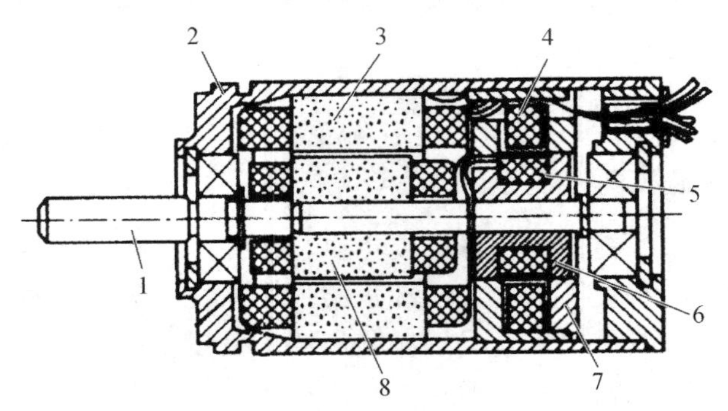

图 6.1 无刷旋转变压器的结构原理图

1—转子轴；2—壳体；3—分解器定子；4—变压器定子；5—变压器一次线圈；6—变压器转子线轴；7—变压器二次线圈；8—分解器转子

子线圈 8 相连，并绕在与分解器转子 8 固定在一起的线轴 6 上，与转子轴 1 同步运行。变压器二次线圈 7 绕在变压器的定子 4 的线轴上，分解器的定子线圈 3 外接励磁电压。这样，分解器转子绕组感应电动势由变压器的一次线圈 5 输入，再从变压器二次线圈 7 输出。采用这种结构避免了电刷与滑环之间的不良接触造成的影响，提高了旋转变压器的可靠性及使用寿命，但其体积、质量、成本均有所增加。

旋转变压器的励磁频率通常为 400 Hz、500 Hz、1 000 Hz、2 000 Hz、5 000 Hz 等。频率升高，旋转变压器的转子尺寸可以显著减小，转子的转动惯量可以大大降低，适用于速度变化很大或高精度的测量场合。

旋转变压器根据变压器的磁极对数不同可分为单极式和多极式。单极式旋转变压器的定子与转子上仅有一对磁极，多极式旋转变压定子与转子上有多对磁极。由于多极式旋转变压器增加了电气转角与机械转角的倍数，提高了检测精度，可以用于高精度绝对式检测系统。在数控机床上应用较多的是双极对旋转变压器。在实际使用时，还可把一个极对数少的和一个极对数多的两种旋转变压器做在一个机壳内，构成“精测”和“粗测”双通道检测装置，用于高精度检测系统和同步系统。

6.2.2　旋转变压器的工作原理

旋转变压器是根据电流互感原理工作的。旋转变压器结构的特殊设计与制造，保证了定子（二次线圈）与转子（一次线圈）之间的磁通分布呈正弦规律。当定子绕组通入交流励磁电流时，转子绕组中产生感应电动势，其输出电压的大小取决于定子与转子两个绕组轴线在空间的相对位置。两者平行时互感最大，转子绕组的感应电动势也最大；两者垂直时互感为零，转子绕组的感应电动势也为零。因此，当两者呈一定角度 θ 时，转子绕组中产生的互感电动势将按正弦规律变化，如图 6.2 所示。若变压器的变压比为 N，定子绕组输入电压为 $U_1 = U_m \sin \omega t$ ，则转子绕组感应电动势为：

$$U_2 = NU_m \sin \omega t \sin \theta \tag{6.1}$$

式中　U_m——定子绕组励磁电压的幅值；

θ——变压器转子偏转角。

常用的旋转变压器，其定子和转子绕组中各有互相垂直的两个绕组，如图 6.3 所示。定子上的两个绕组分别为正弦绕组（励磁电压 U_{1S}）和余弦绕组（励磁电压 U_{1C}）。转子上的两个绕组，一个输出电压 U_2，另一个接高阻抗 R，用来补偿转子对定子的电枢反应。此时，旋转变压器通过输出电压的相位或输出电压的幅值来测量位移量的大小，为此，其工作方法有鉴相方式和鉴幅方式两种。

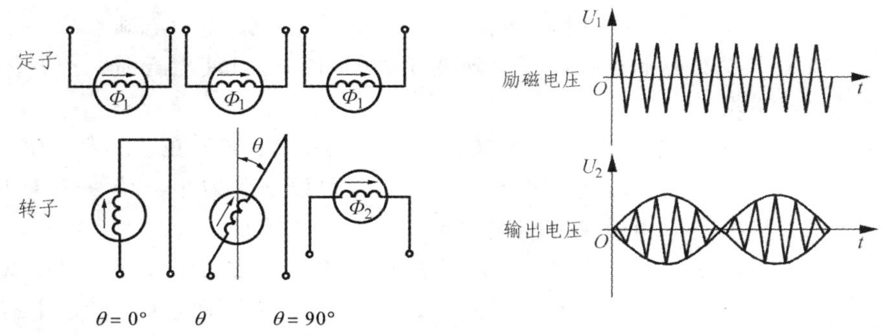

（a）定子与转子绕组间的相对位置　（b）定子励磁电压与转子感应电动势的变化波形

图 6.2　旋转变压器的工作原理图

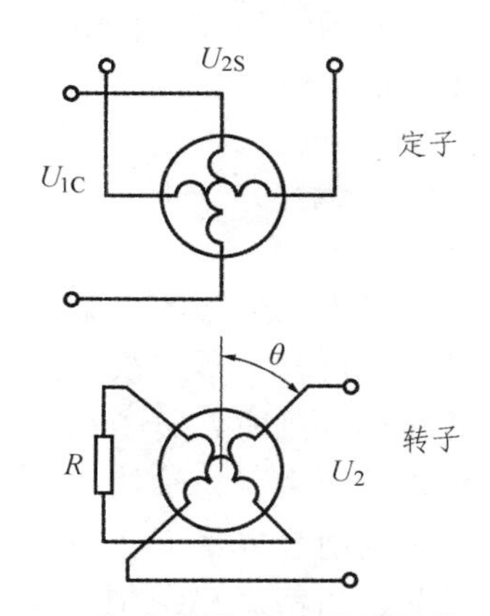

图 6.3　正余弦旋转变压器的结构示意图

1. 鉴相方式

在旋转变压器的两个定子绕组中，分别通入同幅、同频，但相位差 $\pi/2$ 的交流励磁电压 U_{1S} 和 U_{1C}，即：

$$\begin{aligned} U_{1S} &= U_m \sin \omega t \\ U_{1C} &= U_m(\sin \omega t + \pi/2) = U_m \cos \omega t \end{aligned} \tag{6.2}$$

当转子正转时，这两个励磁电压在转子绕组中产生的感应电压经叠加，得到转子的输出电压 U_2：

$$U_2 = kU_m \sin\omega t \sin\theta + kU_m \cos\omega t \cos\theta = kU_m \cos(\omega t - \theta) \tag{6.3}$$

式中　k——电磁耦合系统，$k < 1$；

θ——输出电压的相位角（即转子的偏转角）。

当转子反转时，输出电压 U_2 为：

$$U_2 = kU_m \cos(\omega t + \theta) \tag{6.4}$$

由此可见，转子输出电压的相位角 $\omega t + \theta$ 和 θ 有对应关系。若能检测出 $\omega t + \theta$，便可得到 θ 值（即被测轴角位移）。实际应用时，将定子余弦绕组励磁电压的相位 ωt 作为基准相位，通过与转子输出电压 U_2 的相位 $\omega t + \theta$ 的相比较，从而确定 θ 的大小。

2. 鉴幅方式

在旋转变压器的两个定子绕组中，分别通入同相、同频，但幅值分别按正弦和余弦规律变化的励磁电压 U_{1S} 和 U_{1C}，即：

$$\begin{aligned} U_{1S} &= U_{sm} \sin\omega t = U_m \sin\alpha \sin\omega t \\ U_{1C} &= U_{cm} \sin\omega t = U_m \cos\alpha \sin\omega t \end{aligned} \tag{6.5}$$

式中　α——励磁电压的相位角。

当转子正转时，这两个励磁电压在转子绕组中产生的感应电压经叠加，得到转子的输出电压 U_2：

$$\begin{aligned} U_2 &= kU_m \sin\alpha \sin\omega t \sin\theta + kU_m \cos\alpha \cos\omega t \cos\theta \\ &= kU_m \cos(\alpha - \theta) \sin\omega t \end{aligned} \tag{6.6}$$

当转子反转时，输出电压 U_2 为：

$$U_2 = kU_m \cos(\alpha + \theta) \sin\omega t \tag{6.7}$$

由此可见，若相位角 α 已知，测出输出电压的幅值 $kU_m \cos(\alpha - \theta)$ 便能求出 θ 值（即被测轴的角位移）。实际测量时，不断修改定子励磁电压的幅值（特效于修改 α 角），使它跟踪 θ 的变化，使 $kU_m \cos(\alpha - \theta) = 0$。当 $\alpha = \theta$ 时，转子的感应电压最大。通过计算定子励磁电压的幅值可计算出相位角 α，得出 θ 的大小。

将旋转变压器与数控机床的进给丝杠连接，便可测量丝杠的角位移，θ 值的变化范围是 0° ~ 360°。当 θ 值从 0°变化到 360° 时，仅能反映移动部件移动一个导程的距离。旋转变压器是增量式位置检测装置，需加上绝对位置计数器，累计所走的位移值。另外，在转子每转 1 周时，转子的输出电压将随旋转变压器的极数不止一次通过零点，因此，信号处理电路中设有相敏检波器，以于识别转换点和转动方向。

6.3 光电编码器

编码器是将角位移以码制形式输出的位置检测装置，是构成半闭环进给伺服系统最常用的位置检测装置。编码器根据其刻度方法及信号输出形式可分为增量式和绝对式，根据检测原理可分为光电式、磁电式和感应式等。由于光电式编码器在精度、分辨率、信号质量方面有突出的优点，因此，广泛应用于数控机床。

6.3.1 增量式光电编码器

1. 增量式光电编码器的结构及工作原理

增量式光电编码器利用光电转换原理将运动部件角位移的增量值以脉冲的形式输出，通过对脉冲计数来计算角位移值。增量式光电编码器的结构如图 6.4（a）所示，由光源 1、聚光镜 2、光栏板 3、光电码盘 4、光电元件 5 以及信号处理电路等组成。其中，光电码盘 4 是在一块玻璃圆盘上制成沿圆周等距的辐射状线纹（即循环码道和索引码道）。循环码道上每两条相邻线纹构成一个节距 P，用于产生位置信号。索引码道上仅有一条线纹，用于产生参考点信号。光栏板上有三组（A、$\bar{A}$）、（B、$\bar{B}$）和（Z、$\bar{Z}$）线纹，A、B 两组线纹彼此错开 1/4 节距。当光电码盘与轴同步旋转时，由于光电码盘上的条纹与光栏板上的条纹出现重合和错位，光电元件感受到变化的光能，从而产生近似于正弦波的电信号。可见，正弦波信号的数量反映了旋转的角位移，频率反映了旋转的速度。当光栏板上的条纹 A 与光电码盘上的条纹重合时，条纹 B 与光电码盘 4 的另一条纹错位 1/4 周期，因此 A、B 两通道输出的波形相位也相差 1/4 周期，用于辨别旋转方向，如图 6.4（b）所示。同时，同组条纹会产生一组差分信号（A、$\bar{A}$）和（B、$\bar{B}$），用于提高光电编码器的抗干扰能力。光电码盘输出的参考点信号，以一组差分信号（Z、$\bar{Z}$）输出，数控系统利用参考点信号实现回参考点控制、主轴的准停控制，以及数控车床车削螺纹时，作为车刀进刀点和退刀点的控制信号，保证车削螺纹不会乱牙。

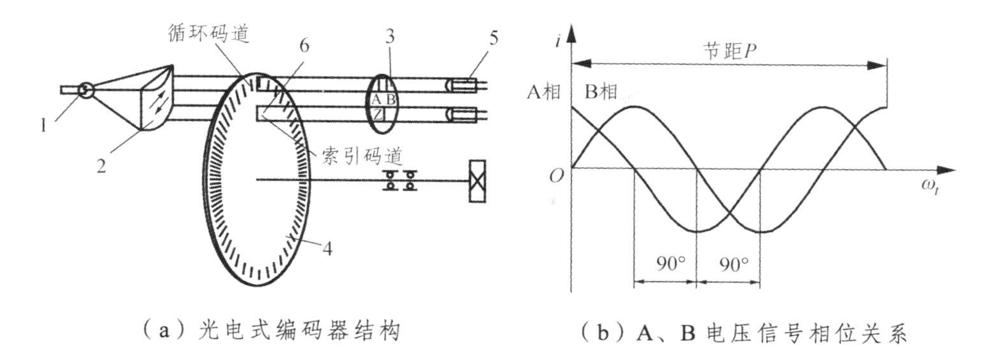

（a）光电式编码器结构　　（b）A、B 电压信号相位关系

图 6.4　光电式增量编码器

1—光源；2—聚集镜；3—光栏板；4—光电码盘；5—光电元件；6—参考标记

增量式编码器的测量精度与它所能分辨的最小分辨角有关（α = 条纹数/360°），因此，测量精度与光电码盘的条纹数（即每转产生的脉冲数）有关。按每转发出的脉冲数目来分，增量式编码器有多种类型。目前使用的高分辨率光电编码器的最小分辨角已达到 ± 2″，允许的转速可达 12 000 r/min。增量式编码器的选用要根据数控机床丝杠螺母副的螺距来确定。

2. 增量式编码器的信号处理

增量式编码器的输出信号类型通常有两种：TTL 信号和 1 Vpp sin/cos 模拟信号。其中 TTL 信号又有 3 种类型：脉冲指令+方向信号、CCW 指令 + CW 指令、A/B 相脉冲指令，信号的波形如图 6.5 所示。

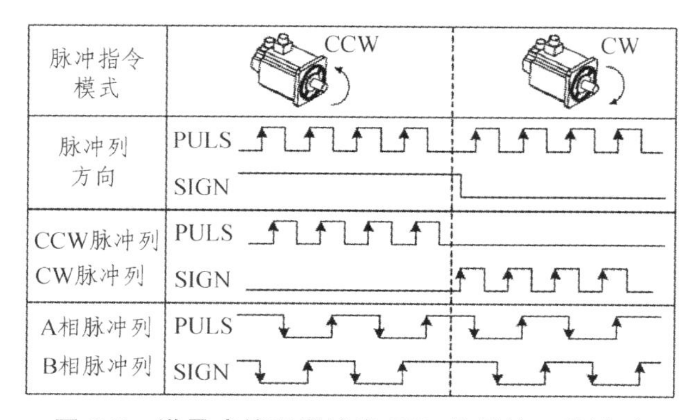

图 6.5　增量式编码器输出 TTL 信号的 3 种波形

增量式编码器的信号处理主要包括整形、鉴向、计算和细分。信号处理方法有硬件方法和软件方法。随着微处理器技术的发展，软件方法因其灵活、

集成度高而被广泛使用。根据输出波形的不同，信号处理电路的结构也不同。如图 6.6 所示的信号处理电路，可输出脉冲指令 + 方向信号。其原理是 A、$\bar{A}$、B、$\bar{B}$ 四路信号经差分传输进入数控装置变换为 A 相和 B 相信号，这两相信号进整形和单稳后变成窄脉冲 A_1 和 B_1。编码器正向旋转时，A 脉冲比 B 脉冲超前，B 脉冲和 A_1 窄脉冲进入与非门 C，A 脉冲和 B_1 窄脉冲进入与非门 D，则 C 门和 D 门分别输出高电平 C 和负脉冲 D。这两相信号能使 1、2 号“与非门”组成的 R-S 触发器置“0”（Q 端输出“0”，代表正方向），使与非门 3 输出正向计数脉冲。反向时，B 脉冲比 A 脉冲超前，B、A_1 和 A、B_1 信号同样进入 C、D 门，但由于其信号相位不同，使 C、D 门分别输出负脉冲和高电平，从而将 R-S 触发器置“1”（Q 端输出“1”，代表负方向），与非门 3 输出反向计数脉冲。不论正向或反向，与非门 3 都是计数脉冲输出门，而 R-S 触发器的 Q 端输出方向控制信号。

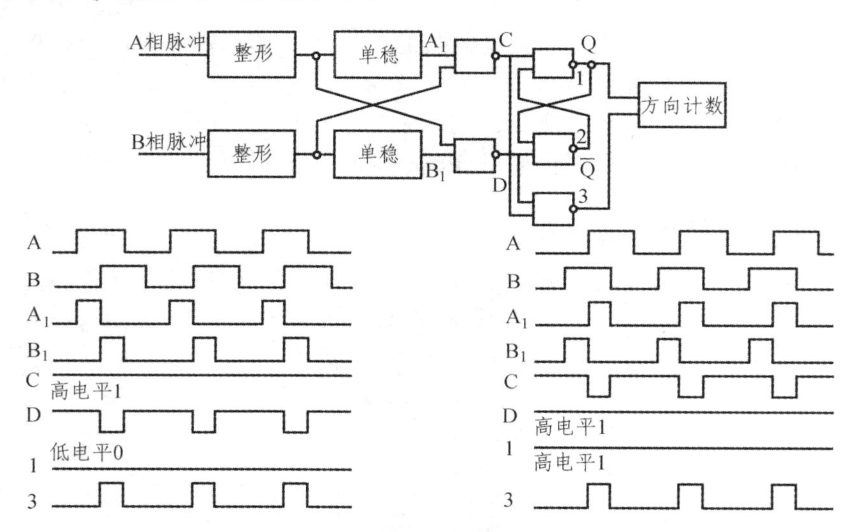

图 6.6 增量式编码器的信号转换与输出

为了进一步提高位置检测的精度，数控装置常通过硬件或软件的方式对编码器输出信号进行细分处理。细分处理是使编码器输出信号在一个周期内的重复频率提高。细分通常又被称为倍频，完成细分处理的电路被称为倍频器。如半闭环伺服系统配置 2 000 P/r 的增量式编码器，滚珠丝杠导程为 8 mm，此时，编码器的分辨率 $\alpha = 0.18°$，对应于工作台的直线分辨率为 0.004 mm。若对编码器输出信号进行 4 倍频细分处理，对应于工作台的直线分辨率可提高到 0.001mm。目前，增量式编码器的信号细分处理已达到了 20 倍频。常用的信号细分方法有光学细分法、机械细分法、电子细分法等。其中电子细分法具有精度高，易于实现测量和数据处理过程可自动化等优点，而得到广泛应用。常用的电子细分有硬件和软件两种。软件细分采用 DSP 和 FPGA 等高速数字处理器件，结合细分算法实现。软件细分的可靠性高和细分精度高，成本低，同时，由于控制器具有集成度高，互换性好，稳定性好，易于调整细分值等优点，因而得到广泛的应用。

增量式编码器确定运动部件当前位置的方法是由数控机床原点开始对走过的步距或细分电路的脉冲信号进行计数。因为位置信息通常不会保存在控制系统中，并且在断开电源的过程中不会记录机器的运动信号。因此，在每次电源断开之后，运动部件必须回到参考点。

6.3.2 绝对式光电编码器

绝对式光电编码器利用光电转换原理直接测量出运动部件角位移的绝对值，并以编码的形式表示出来，即每一个角度位置有唯一对应代码输出。采用绝对式编码器，即使电源切除，位置信息也不会丢失，其优点是数控机床无须回零操作，就能直接提供当前的位置实际值，没有累积误差。

绝对式编码器常用的编码方式有自然二进制码、格雷码和伪随机码等。绝对式编码器的光电码盘如图 6.7 所示，码盘上沿径向有若干同心码道，每条码道上由透光和不透光的扇形区相间组成，码道数就是二进制编码（或格雷码）的位数。在光电码盘的一侧是光源，另一侧是光电元件，对应透光区的光电元件经信号处理电路的转换输出电信号“1”，而不透光区的光电元件经信号处理电路的转换则输出电信号“0”，这样，对应各码道的电信号组合

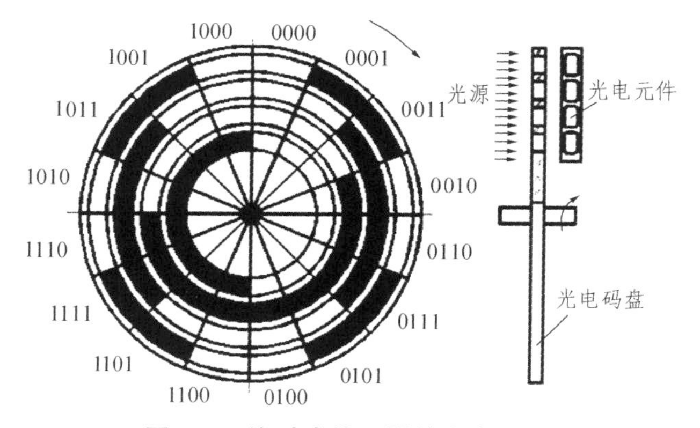

图 6.7 绝对式编码器的光电码盘

形成一组编码。这种编码器的分辨率与编码的位数有关，码道越多，编码位数越多，其分辨率越高。以 13 个码道编码器为例，每一圈就会有 $2^{13}=8\ 192$ 个步距被编码。

绝对式编码器的光电码盘有单圈和多圈两种类型。单圈编码器可将一圈（360°）分解成一定的步距数目，每个位置均分配有一个唯一的代码。在旋转 360° 之后，位置值会重复。多圈编码器除了输出一圈内的绝对位置信号外，还可输出转数信号。为了实现这个目的，多圈编码器被扫描的还有其他通过换挡齿轮与编码器轴耦合在一起的转数码盘，在对码道（若码盘有 13 个码道）进行分析时，还应对圈数码道（若转数码盘有 12 或 14 个码道，则圈数编码有 $2^{12}=4\ 096$ 或 $2^{14}=16\ 384$ 圈）进行编码，这样，输出信号位数可达 25 bit（或 27 bit），大大提高编码器的测量精度。

绝对式编码器的分辨率与编码的位数有关，码道越多，编码位数越多，其分辨率越高。但码盘尺寸又限制了编码器的使用范围。随着检测技术的不断发展，新的编码方式不断出现，如矩阵式编码、伪随机编码等，这些新的编码方式减少了码盘的码道数，简化了结构，提高了分辨率。

6.3.3 编码器的信号传输

位置检测装置信号传输方式有并行或串行两种。并行传输是每位数据采用一根数据线实现数据传送。并行传输的接口电路简单，传输速率高，但所需要的数据线较多，对于长距离的数据传输，信号容易产生畸变，且并行电缆的成本增高。因此，并行传输多用于短距离传输。串行传输是所有数据信息以编码的方式利用一根双绞线实现数据传送。串行传输布线少、成本低、传输距离远及数据安全可靠，适用于远距离和高精密传输的场合。

1. 并行传输

增量式编码器的数据输出多以并行传输为主，其输出信号通常有（A、$\overline{A}$）、（B、$\overline{B}$）和（Z、$\overline{Z}$）6 路信号，以及 U、V、W 3 路信号，U、V、W 信号用于电机矢量控制中电枢初始角度的计算。增量式编码器的并行传输连接方式如图 6.8 所示。

2. 串行传输

绝对式编码器的数据输出多以串行传输为主。目前广泛使用的串行总线通信协议主要有：海德汉的 EnDat 协议、宝马集团的 BISS 协议、斯特曼的 HIPERFACE 协议、日本多摩川协议等。其中，海德汉的全双工同步串行 EnDat2.2 数据接口是一种适用于编码器的双向数字接口，可传输增量式和绝对式编码器的位置值，也能传输或更新存储在编码器中的信息，或保存新的信息，具有效率高、速度快（时钟频率 16 MHz）等特点。

海德汉公司 EnDat2.2 数据接口如图 6.9 所示。由于采用串行数据传输方式，只需 4 条信号线，分别传送时钟信号及反相信号和数据信号及反相信号。

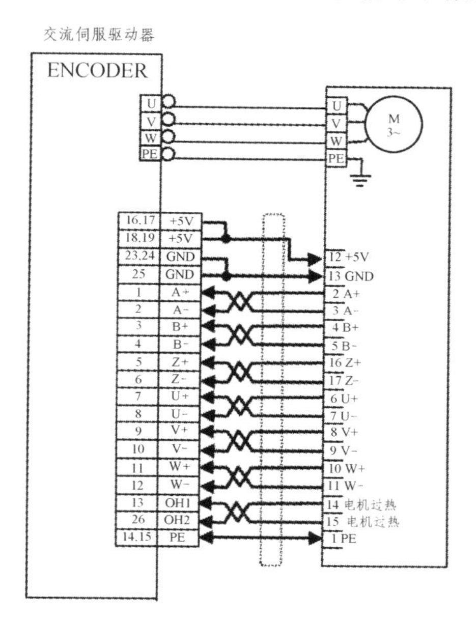

图 6.8　编码器数据的并行传输图

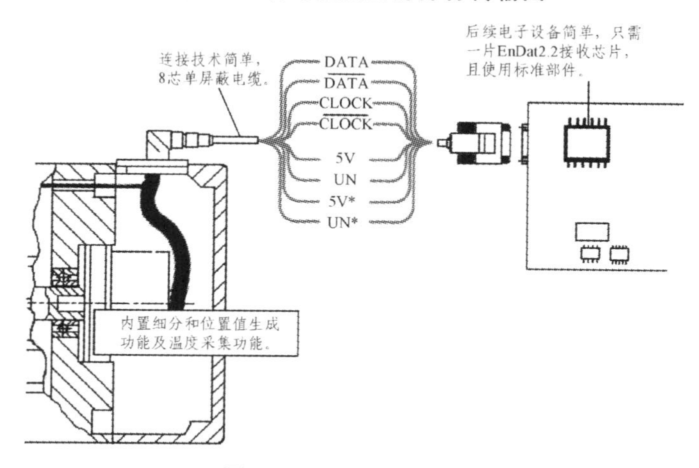

图 6.9　EnDat2.2 接口

EnDat2.2 接口的数据传输类型与方式有 14 种模式，如编码器传输位置值、编码器传输位置值和附加信息、选择存储区、编码器接收参数等。数据传输类型与方式由后续电子设备发至编码器的模式指令决定。其中，无附加信息的如图 6.10 所示。传输从时钟的第一个下降沿开始，测量值被保存位置值传输方式的数据结构，开始计算位置值。在两个时钟脉冲（2T）后，后续电子设备发送模式指令，此时编码器传输位置值。在计算出绝对位置值后，从起始位 S 开始，编码器向后续电子设备传输数据，后面的错误位 F1 和 F2 是为所有的监控功能和故障监控服务的群组信号。导致故障的原因保存在“运行状态”存储区，可以被后续电子设备查询。绝对位置值从最低位开始被传输，数据的长度由使用的编码器分辨决定。位置值数据的传输以循环冗余检测码（CRC）结束。

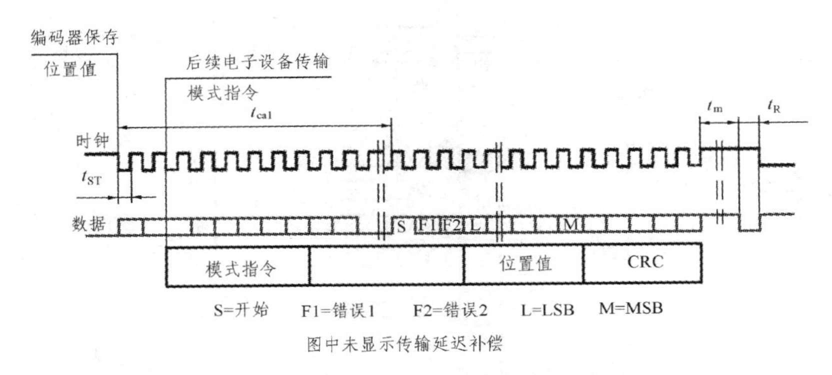

图 6.10　无附加信息的数据结构及时序示意图

带附加信息的位置值传输方式的数据格式如图 6.11 所示。位置值后带附加信息 1 和 2，附加信息包含诊断和测试值、增量式编码器、参考点回零后的绝对位置值、发送和接收参数、换向信号、加速度、限位信号等。附加信息的内容由存储区的选择地址决定。

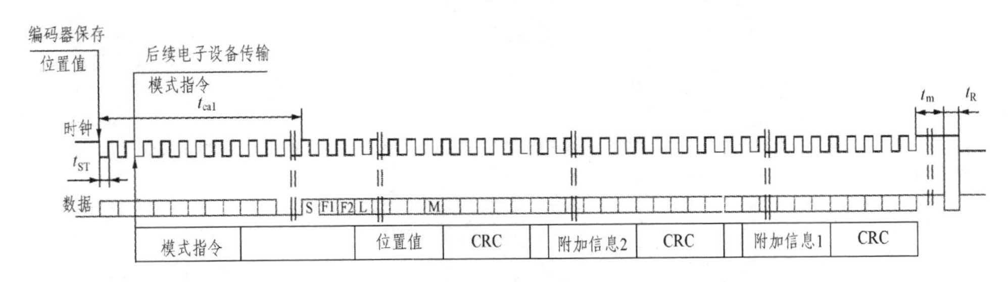

图 6.11　带附加信息的数据结构及时序示意图

6.4　光栅尺

光栅尺是利用光的透射、衍射现象制成的光电检测装置。它是构成进给伺服驱动系统闭环控制常用的检测装置之一。光栅尺由于利用光学原理进行检测工作，不需要励磁电压，因而信号处理电路比较简单。

6.4.1　光栅尺的分类

光栅尺的分类方法很多，根据测量对象分为直线光栅（测量直线位移）和圆光栅（测量角位移），根据光栅尺的用途和材质分为玻璃透射光栅和金属反射光栅，根据刻度方法及信号输出形式分为绝对式光栅和增量式光栅。

1. 玻璃透射光栅

玻璃透射光栅是在玻璃表面感光材料的涂层上或者在金属镀膜上制成的等距光栅条纹，相邻线纹间距 d 称为栅距，如图 6.12 所示。玻璃透射光栅的特点是：光源可以采用垂直入射，光电元件可直接接受光信号，因此，信号幅度大，读数头结构简单。而且，每毫米上的线纹数多，目前常用的玻璃透射光栅可做到每毫米 100 条线，再经过细分电路，分辨率可达到纳米级。

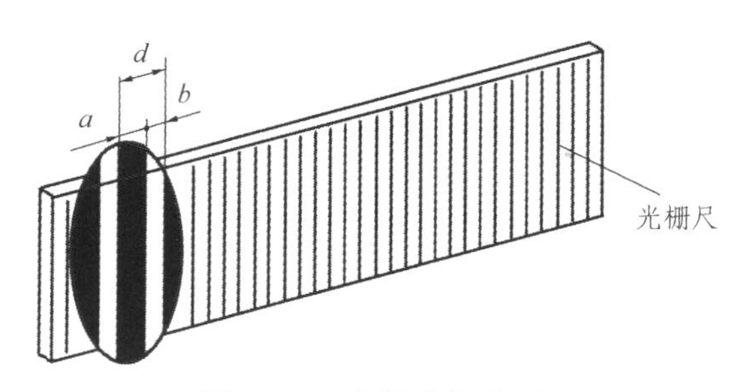

图 6.12　直线光栅条纹

2. 金属反射光栅

金属反射光栅是在钢尺或镀金钢带镜面上蚀刻出的等距光栅
属反射光栅的特点是：标尺光栅的线膨胀系数很容易做到与机
标尺光栅的安装和调整方便，安装面积较小，易于接长或制
长光栅，且不易碰碎，广泛应用于机床设备。目前常用的

毫米条纹数为 40、50、80 以上，再经过细分电路，分辨率也可达到微米级到纳米级。

6.4.2　直线光栅尺的结构及工作原理

直线光栅尺的结构如图 6.13 所示，主要由光栅读数头和标尺光栅两部分组成。光栅读数头中有光源、透镜、指示光栅、光电元件和信号处理电路等，安装在运动部件上，随运动部件同步运行。标尺光栅则固定在床身导轨上，两者之间形成相对运动。

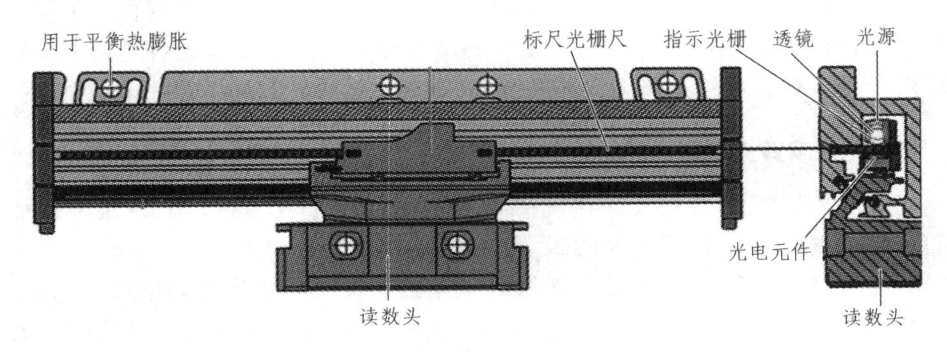

图 6.13　直线光栅尺

光栅尺的工作原理大多采用光电扫描原理。这种光栅尺的读数头和光栅尺刻线不接触，无摩擦，稳定性极好，而且，光电扫描能够检测到非常细小的刻线，分辨率高。根据光栅栅距的大小，光电扫描有成像扫描和干涉扫描两种基本方式。20 μm 和 40 μm 栅距的直线光栅通常采用成像扫描；8μm 以下栅距的直线光栅因为栅距太小，光电扫描的衍射现象很严重，因此采用干涉扫描。

1. 成像扫描

成像扫描是利用光的透射原理产生的位置测量信号。如图 6.14 所示，当平行光穿过扫描光栅时，光栅上的刻线会遮挡部分光线，透过扫描光栅光线再穿过与之相对运动的标尺光栅，当两光栅尺寸的狭缝对齐时，光过，反之光线被遮挡。这种强弱变化的光线最终投射到规则排列的光上，光电元件将光强不断变化的光信号转换为近似正弦变化的周期

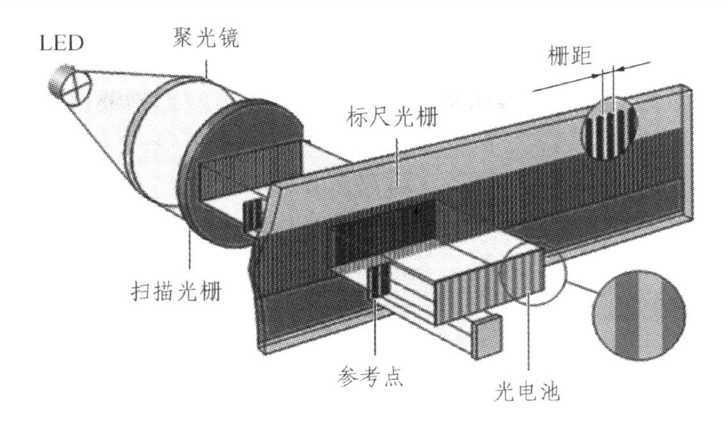

图 6.14 光栅单场成像扫描原理图

2. 干涉扫描

干涉扫描是利用精密光栅的衍射和干涉原理产生位置测量信号。如图 6.15 所示，当光照到指示光栅上时，光被衍射为 3 束光强相近的光 A、B、C，位于标尺光栅的左、中、右。其中 A、C 两束光通过标尺光栅的反射，在指示光栅处再次相遇，又一次被衍射和干涉，最终形成以不同角度离开指示光栅的 4 束光，并照射到规则排列的光电池上。当指示光栅和标尺光栅相对运动时，光电池接收到光强不断变化的光信号，并产生近似正弦变化的周期电信号。

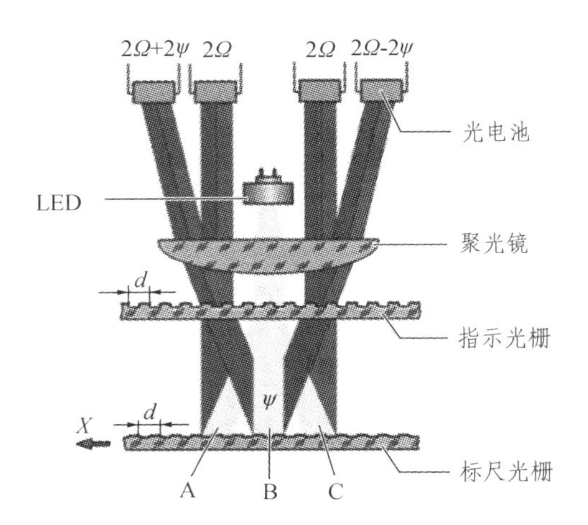

图 6.15 光栅干涉扫描原理图

d—栅距；ψ—移过读数头时光波的相位变化；Ω—光栅尺在 X 方向

3. 绝对式直线光栅

绝对式直线光栅是利用光电转换原理直接将运动部件的位置值以编码的形式输出，即每一个确定位置有唯一对应的编码。绝对式直线光栅的标尺光栅上可以有两条刻线轨道，即增量轨和绝对轨，如图 6.16 所示。绝对轨用于确定运动部件位置信号，对应运动部件每个位置有一个固定码输出。绝对轨条纹一般采用复杂的排列算法，如伪随机码等，以提高数据容量和安全性。增量轨条纹为等距条纹，用于信号细分，以提供更高分辨率的信号。目前，绝对式直线光栅的精度可达 ± 3 μm/m，分辨率可达 5 nm，广泛应用于各类高档数控机床，特别是采用直线电机的高速机床。

图 6.16 绝对式直线光栅尺条纹

4. 增量式直线光栅

增量式直线光栅利用光电转换原理将运动部件位移的增量值以脉冲的形式输出。采用增量式直线光栅尺时，数控机床通电后，只有当光栅读数头移动一定距离时，数控装置才能得到运动部件的位置值。增量式直线光栅尺也有两条刻线轨道，即增量轨和参考点轨，如图 6.17 所示。增量轨条纹用于计算位移量，参考点轨用于数控机床的回参考点控制。当光栅读数头移过一定数量的参考点轨上的参考点时，数控系统完成回参考点操作，建立运动部件在机床的位置基准。通常参考点轨上只有一个参考点，读数头每次需要移过这个参考点，才完成回参考点操作。但是在机床行程较大时，这会耗费大量的时间。因此，可在参考点轨上按照距离编码方式排列多个符合一定数学关系的参考点。采用距离编码参考点后，光栅读数头只需移过两个参考点便可完成机床回参考点操作，通常不超过 20 mm。

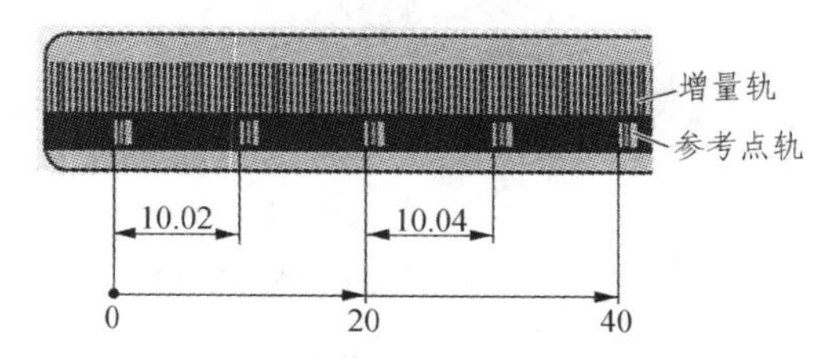

图 6.17 增量式直线光栅尺条纹

5. 莫尔条纹式光栅

将栅距相同的标尺光栅与指示光栅互相平行地叠放，并保持一定的间隙（0.1 mm），然后将指示光栅在自身平面内转过一个很小的角度θ，如图 6.18 所示，这样会产生一组节距放大了的光栅条纹，称为莫尔条纹。当两块标尺光栅与指示光栅沿垂直于条纹线方向做相对运动时，莫尔条纹便沿着与条纹线近似相同的方向移动。两光栅尺相对移过一个栅距d时，莫尔条纹则移过一个条纹间距W。两光栅尺相对移动的方向改变时，莫尔条纹移动的方向也随之改变。

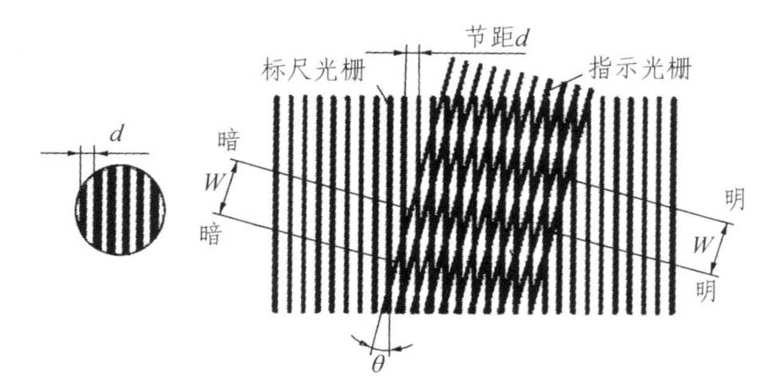

图 6.18　莫尔条纹式光栅

莫尔条纹具有放大作用。如图 6.18 所示，当θ角很小时，莫尔条纹的宽度、光栅的栅距和两光栅尺线纹的夹角近似满足以下几何关系：

$$W = d/\theta \tag{6.8}$$

由式（6.8）可见，莫尔条纹的节距W比栅距d放大了$1/\theta$倍。若d= 0.01 mm，θ = 0.01 rad，可得W= 1 mm。可见，无须复杂的光学系统和电子系统，利用莫尔条纹的放大作用，就能将光栅的栅距放大 100 倍，这是光栅技术独有的特点。

由于莫尔条纹是由若干条光栅线纹共同干涉形成的，所以莫尔条纹对光栅个别线纹之间的栅距误差具有平均效应，能消除光栅栅距不均匀所造成的影响。

第 7 章 数控机床伺服驱动系统的设计实例

7.1 加工中心伺服驱动系统的设计

设计任务：PV800 立式加工中心的主要技术指标如表 7.1 所示，机床配置日本发那科 FANUC 0i mate MD 数控系统，试设计立式加工中心的主轴和进给伺服驱动系统。

表 7.1 PV800 立式加工中心的主要技术指标

项 目	指标值	项 目	指标值
主轴电机功率	11 kW	Z 坐标（垂向）行程	680 mm
主轴最高转速	8 000 r/min	X/Y/Z 切削进给速度	5 ~ 15 000 mm/min
工作台面积	500 mm × 900 mm	X/Y 轴快速移动	20 m/min
工作台最大承重	800 kg	Z 轴快速移动	15 m/min
工作台质量	250 kg	X/Y/Z 轴加速度时间常数	0.1 s
Y 拖板部件质量	350 kg	X/Y/Z 脉冲当量	0.001 mm
主轴电机、主轴箱及拖板等总质量	（51 + 100）kg	X/Y/Z 定位精度（ISO230-2）	±0.01 mm/最大行程 mm
X 坐标（纵向）行程	800 mm	X/Y/Z 重复定位精度（ISO230-2）	0.005 mm
Y 坐标（横向）行程	510 mm	多级护伸缩防护罩宽：X/Y/Z	650/750/550 mm

由 PV800 立式加工中心的主轴功率、工作台尺寸、行程尺寸，以及定位数度等主要技术指标可知，PV800 立式加工中心属于中小功率通用经济型数

控机床。在此基础上首先确定加工中心的主轴和进给伺服系统的设计方案，包括机械传动结构和伺服驱动控制系统的类型。

主轴传动方式采用同步带传动。主轴驱动控制系统选择交流主轴伺服驱动系统，即交流主轴伺服驱动器控制主轴电机，实现无级变速。控制方式采用速度位置闭环控制，以实现主轴的 C 轴控制和定向功能。

进给传动方式均采用伺服电机与滚珠丝杠直联方式，其结构简单、传动精度高、稳定性强。进给驱动控制系统选择交流伺服驱动系统，即交流伺服驱动器控制伺服电机。控制方式采用位置与速度半闭环控制。

PV800 加工中心配置日本发那科 FANUC 0i mate MD 数控系统，与 FANUC 0i mate MD 数控系统配套的伺服驱动系统有αi 和βi 两个系列。由于βi 系列性价比高，且更适合于点位直线控制的高性能中小型数控机床，因此，驱动系统及电机均选用βi 系列。

7.1.1　X 轴伺服进给系统的设计

伺服进给系统的设计包括进给传动系统和伺服驱动系统的设计等内容。伺服驱动系统的设计又包括电机的选型、进给系统的稳态设计、进给系统的动态设计，以及系统的精度验算等方面的内容。

1. 进给传动系统的设计

X 轴进给传动方式采用伺服电机与滚珠丝杠直联，为此，进给传动系统的设计主要包括滚珠丝杠螺母副、丝杠支承形式及轴承及联轴器等选型。

1）最大切削力

切削力的计算通常有两种方式，专用机床一般是根据机床的实际最大工况，通过经验公式计算出最大切削力。而通用型机床一般是根据机床的实用范围，先确定主轴电机功率，通过主轴电机功率计算出最大切削力。本设备为通用型数控机床，确定主轴电机功率为 11 kW，主轴最高转速为 8 000 r/min。

在铣削加工的受力分析中，通常将作用在刀具上的总切削力 F 分解为沿铣刀圆周方向的主切削力 F_c，沿铣刀半径方向的垂直切削力 F_{cn}（在工件平面内，总切削力在垂直于主运动方向上的分力）和沿铣刀轴线方向的背向力 F_p（总切削力在垂直于工作平面上的分力）。各方向的切削力与主切削力 F_c 存在一定的比例关系，如表 7.2 所示。

根据主轴电机功率 11 kW，主轴最高转速 8 000 r/min，查表 3.25，选择βiI 系列主轴电机型号：βiI 12/8000。电机额定功率：11 kW；额定转矩：

52.5 N · m；额定转速：2 000 r/min；最高转速：8 000 r/min。

βiI 12/8000 主轴电机的计算转速 $n_j = 1\ 500$ r/min（转速大于等于 1 500 r/min 时，处于恒功率区，转速小于 1 500 r/min 时，处于恒转矩区），主轴传动系统效率 $\eta_m = 0.98$（同步带传动，传动比为 1 : 1），由此计算主轴电机最大输出扭矩 M_{max}：

$$M_{max} = 9\ 550 \frac{P_E \eta_m}{n_j} = 9\ 550 \times \frac{11 \times 0.98}{1\ 500} = 68.6 \text{（N · m）}$$

式中 P_E——主轴传递的全功率（kW）；

n_j——计算转速，即主轴传递全功率时的最低速度（r/min）；

η_m——主轴传动系统效率。

设 PV800 加工中心的最大切削工况为：ϕ85 mm 的 45° 硬质合金盘铣刀铣削碳钢工件，碳钢 $\sigma_b \geqslant 650$ MPa。由此计算机床最大主切削力 F_c：

$$F_C = \frac{2M_{max}}{D} \times 10^3 = \frac{2 \times 68.6}{85} \times 10^3 = 1\ 624 \text{（N）}$$

在铣床设计中，通常将作用在工件上的总切削力 F'（与刀具上的总切削力 F 大小相等，方向相反）沿机床工作台的运动方向分解为纵向进给方向的进给力 F_f、横向进给方向的横向进给力 F_p 和垂直进给方向的进给力 F_e。根据端铣刀不对称逆铣，查表 7.2，取纵向进给力 $F_f = 0.9F_c = 1\ 460$ N；横向进给力 $F_p = 0.6F_c = 975$ N；轴向进给力 $F_e = 0.5F_c = 813$ N。

表 7.2 各铣削力之间的比值关系

铣削条件	比值	对称铣削	不对称铣削	
			逆铣	顺铣
端铣削 $a_c = (0.1 \sim 0.2)\ d$ / mm $f_Z = (0.1 \sim 0.2)\ d/(\text{mm} \cdot \text{z}^{-1})$	F_f / F_c	0.30 ~ 0.40	0.60 ~ 0.90	0.15 ~ 0.30
	F_p / F_c	0.85 ~ 0.95	0.45 ~ 0.70	0.90 ~ 1.00
	F_e / F_c	0.50 ~ 0.55	0.50 ~ 0.55	0.50 ~ 0.55
圆柱铣削 $a_c = (0.1 \sim 0.5)\ d$ / mm $f_Z = (0.1 \sim 0.2)\ d/(\text{mm} \cdot \text{z}^{-1})$	F_f / F_c	—	1.00 ~ 1.20	0.80 ~ 0.90
	F_p / F_c		0.20 ~ 0.30	0.75 ~ 0.80
	F_e / F_c		0.35 ~ 0.40	0.35 ~ 0.40

工件的受力经工作台传递至丝杠与导轨，丝杠所受载荷与工件受力存在对应关系，即沿 X 轴丝杠上进给方向载荷 F_x、垂直于 X 轴丝杠的横向载荷 F_y 和垂直方向载荷 F_z 分别等于工件受力 F_f、F_p 和 F_c。

将机床的工况分为快速定位和钻镗切削、精铣、一般铣和强力铣 4 种。X 轴的工作运转条件如表 7.3 所示。

表 7.3　X 轴的工作运转条件

切削方式	X 轴向切削力 F_x /N	工作台移动速度 v /（mm/min）	使用时间比例/%
快进和钻镗定位	0	15 000	10
精细切削	730	100	25
一般切削	1 000	800	50
强力切削	1 460	500	15

2）滚珠丝杠副的计算和选型

滚珠丝杠副的选型主要包括尺寸规格（丝杠导程和丝杠公称直径）、精度等级和支承形式等。滚珠丝杠的承载能力由额定动载荷 C_a 和额定静载荷 C_{oa} 表示。根据滚珠丝杠的计算动载荷 C_{ac} 和导程 h_{sp} 可选择滚珠丝杠副的规格。在选择时，应满足条件：$C_a \geqslant C_{ac}$。同时，若滚珠丝杠长时间工作在静态或低速状态（$n \leqslant 10$ r/min），还应满足条件：$C_{oa} \geqslant (2 \sim 3)C_{oac}$（计算静载荷）。另外，对于转速较高、支承距离大的滚珠丝杠，应进行临界转速校核；对精度要求高的滚珠丝杠，应进行刚度校核、转动惯量校核；对全闭环控制系统，还应进行滚珠丝杠谐振频率的验算。

（1）精度等级。

X 轴定位精度要求（ISO230-2）± 0.010 mm/800 mm。根据 $\frac{\pm 0.01}{800} = \frac{\pm 0.003\,7}{300}$，选用台湾银泰 PIM 滚珠丝杠副。查 PIM 滚珠丝杠样本，初选滚珠丝杠精度等级 C0 级，其任意 300 mm 范围内误差变动允许值 $e_{300} = \pm 0.003\,5/300$ mm。

（2）导程 P_h。

X 轴快移速度要求 $v_{max} = 20$ m/min，设 X 轴伺服电机的最高转速 $n_{max} = 3\,000$ r/min，采用丝杠与电机直联方式，滚珠丝杠的最高转速 $n_{max} = 3\,000$ r/min，由公式（4.2）计算滚珠丝杠导程 P_h：

$$P_h \geqslant \frac{v_{max}}{n_{max}} = \frac{20\,000}{3\,000} = 6.7\ (\text{mm})，初选导程 P_h = 8\ (\text{mm})。$$

（3）最大轴向载荷 F_a。

滚珠丝杠副的最大轴向载荷是指滚珠丝杠杆在驱动工作台进给时所承受的最大轴向力。当加工为快进定位时，最大轴向载荷 F_a 等于移动部件的重力在导轨上产生的摩擦力 F_μ。当加工为精细切削、一般切削和强力切削时，最大轴向载荷 F_a 包括滚珠丝杠的轴向进给力、移动部件的重力和作用在导轨上的切削力在导轨上所产生的摩擦力。

X 轴选用矩形聚四氯乙烯贴塑导轨，取摩擦系数 $\mu = 0.04$，则移动部件产生的静摩擦力 $F_\mu = \mu(W_T + W_W)g = 0.04 \times (250 + 800) \times 9.8 = 412\ (N)$，其中 W_T 为工作台重量，W_W 为工作台最大承重。查最大工作载荷 F_m 经验计算公式及参考系数表 7.4，取载荷系数 $K = 1.1$，计算 X 轴滚珠丝杠副各种工况下的最大轴向载荷 F_a 分别为：精细切削时，$F_a = 1\ 250\ N$；一般切削时，$F_a = 1\ 650\ N$；强力切削时，$F_a = 2\ 090\ N$。

表 7.4　最大工作载荷 F_m 经验计算公式及参考系数

导轨类型	经验公式	K	μ
矩形导轨	$F_m = KF_x + \mu(F_z + F_y + G)$	1.1	0.15
燕尾导轨	$F_m = KF_x + \mu(F_z + 2F_y + G)$	1.4	0.2
三角形或综合导轨	$F_m = KF_x + \mu(F_z + G)$	1.15	0.15 ~ 0.18

注：1）摩擦系统 μ 均指滑动导轨，对于贴塑导轨 0.03 ~ 0.04；
2）K 为颠覆力矩影响系数，G 为移动部件的重力；
3）F_x 为丝杠进给方向载荷，F_y 为丝杠横向方向载荷，F_z 为垂直载荷。

X 轴滚珠丝杠副的工作运转条件如表 7.5 所示。

表 7.5　X 轴滚珠丝杠副的工作运转条件

切削方式	轴向载荷 F_a/N	丝杠转速 n/（r/min）	使用时间比例/%
快进和钻镗定位	412	1 500	10
精细切削	1 250	100	25
一般切削	1 550	80	50
强力切削	2 090	50	15

（4）额定动载荷 C_a。

额定动载荷 C_a 是指一批相同规格的滚珠丝杠副以相同的条件运转 10^6 次，其中 90% 的丝杠不会因疲劳而产生剥落现象，此时所承受的轴向载荷。当转速 $n > 10$ r/min 时，滚珠丝杠的主要失效形式为工作表面的疲劳破坏，此时，应进行滚珠丝杠副的动载荷强度计算，应满足条件：$C_a \geqslant C_{ac}$。滚珠丝杠副额定动载荷 C_a 的计算公式：

$$C_a = \sqrt[3]{L_0} f_W f_H F_m \tag{7.1}$$

式中　f_W——载荷系数，由表 7.6 查得；

f_H——硬度系数，由表 7.7 查得；

F_m——滚珠丝杠副的平均工作载荷（N）；

L_0——滚珠丝杠副的寿命（10^6 r）。

$$L_0 = \frac{60 n_m T}{10^6} \tag{7.2}$$

式中　T——使用寿命。寿命太短或太长都不适合。使用寿命过长，会使滚珠丝杠副尺寸过大，造成浪费。一般情况下：普通机械取 T = 5 000 ~ 10 000 h；自动控制装置（数控机床和一般机电设备）取 T = 15 000 h；测量装置取 T = 15 000 h；

n_m——滚珠丝杠平均转速（r/min）。

表 7.6　载荷系统 f_W

运转状态	速度/（m/min）	f_W
平衡或轻度冲击	$v < 15$	1 ~ 1.2
中等冲击或振动	$15 < v < 60$	1.2 ~ 1.5
较大冲击或重振动	$v > 60$	1.5 ~ 3

表 7.7　硬度系统 f_H

硬度（HRC）	≥58	55	52.5	50	45
f_H	1	1.11	1.35	1.56	2.4

① 平均工作载荷、平均转速。

在工作过程中，滚珠丝杠的轴向载荷在不断变化，载荷大小随转速、时间变化的关系曲线有 3 种情况，由此决定了滚珠丝杠平均工作载荷 F_m 的计算方法。

若轴向载荷变化关系曲线呈近似阶跃性规律，平均载荷 F_m 的计算公式：

$$F_m = \sqrt[3]{\frac{F_1^3 n_1 t_1 + F_2^3 n_2 t_2 + \cdots}{n_1 t_1 + n_2 t_2 + \cdots}} \tag{7.3}$$

平均转速 n_{m} 的计算公式：

$$n_{m}=\frac{n_{1}t_{1}+n_{2}t_{2}+\cdots}{t_{1}+t_{2}+\cdots} \tag{7.4}$$

式中 F_{1}、F_{2}、…——滚珠丝杠副所承受的不同纵向载荷（N）；

n_{1}、n_{2}、…——滚珠丝杠副所承受的不同纵向载荷所对应的转速（r/min）；

t_{1}、t_{2}、…——滚珠丝杠副所承受的不同纵向载荷所对应的时间（min）。

若轴向载荷变化关系曲线呈直线规律，平均载荷 F_{m} 的近似计算公式：

$$F_{m}=\frac{F_{min}+2F_{max}}{3} \tag{7.5}$$

式中 F_{max}、F_{min}——最大和最小轴向工作载荷（N）。

若轴向载荷变化关系曲线为正弦曲线规律，平均载荷 F_{m} 的近似计算公式：$F_{m}=0.65F_{max}$。

设机床工作时，滚珠丝杠副的载荷变化呈近似阶跃性规律。由公式（7.3）计算平均工作载荷 F_{m}：

$$\begin{aligned}F_{m}&=\sqrt[3]{\frac{F_{1}^{3}n_{1}t_{1}+F_{2}^{3}n_{2}t_{2}+\cdots}{n_{1}t_{1}+n_{2}t_{2}+\cdots}}\\&=\sqrt[3]{\frac{412^{3}\times1\ 500\times10+1\ 250^{3}\times100\times25+1\ 550^{3}\times80\times50+2\ 090^{3}\times50\times15}{1\ 500\times5+100\times30+80\times50+50\times15}}\\&=957\ (\text{N})\end{aligned}$$

由公式（7.4）计算平均转速 n_{m}：

$$\begin{aligned}n_{m}&=\frac{n_{1}t_{1}+n_{2}t_{2}+\cdots}{t_{1}+t_{2}+\cdots}\\&=\frac{1\ 500\times10+100\times25+80\times50+50\times15}{100}=222\ (\text{r/min})\end{aligned}$$

② 额定动载荷计算值 C_{ac}。

X 轴快移速度要求 20m/min，运转状态为中等冲击，查表 7.6，取 $f_{W}=1.5$；设滚珠丝杠副滚道硬度可达 HRC 58～60，查表 7.7，取 $f_{H}=1$；设备的使用寿命取 $T=15\ 000\ \text{h}$。由公式（7.1）计算滚珠丝杠副的动载荷 C_{ac}：

$$C_{ac}=\sqrt[3]{L_{0}}f_{W}f_{H}F_{m}=\sqrt[3]{\frac{60\times222\times15\ 000}{10^{6}}}\times1.0\times1.5\times957=8\ 390\ (\text{N})$$

（5）螺母类型。

螺母的选型主要包括螺母循环类型、螺母的精度和尺寸（长度、内径、外径）、预紧力等。螺母的循环方式有外循环和内循环，其中外循环因滚珠回流的路径较长，故噪声较小，且成本低，更适用于丝杠导程长、直径较大的场合。而内循环的外形紧凑，节省空间，适合于丝杠导程短、直径较小的场合。

根据 X 轴丝杠导程，同时考虑经济性，由 PIM 滚珠丝杠样本推荐，初螺母类型为外循环双螺母型。螺母型号：FDWC；螺母圈数：2.5×2。

（6）滚珠丝杠螺纹长度 L_u。

滚珠丝杠螺纹长度 L_u 等于最大行程、螺母长和安全长度之和。初选 $L_u = 800 + 200/2 + 160 = 1\,060\ \text{mm}$。

（7）丝杠最小直径 d_r。

若滚珠丝杠副的转速超过一定值，系统会产生共振，严重影响加工质量。滚珠丝杠副产生共振的最低转速称为危险转速，一般取危险转速的 80% 为允许转速，在高速进给时，可由允许转速来决定滚珠丝杠的最小直径。此时滚珠丝杠最小直径 d_r 的计算公式：

$$d_r \geqslant \frac{n \times L^2}{f_k} \times 10^{-7} \tag{7.6}$$

式中　n——滚珠丝杠允许转速（r/min）。

f_k——滚珠丝杠安装方式系数。简支—简支：$f_k = 9.7$；固定—简支：$f_k = 15.1$；固定—固定：$f_k = 21.9$；固定—自由：$f_k = 3.4$。

L——滚珠丝杠两支承端之间的距离（mm）。

对于精度要求高的 X 轴，滚珠丝杠的支承形式应选两端固定方式，取安装方式系数 $f_k = 21.9$。初选丝杠支承跨距 $L = 1\,200\ \text{mm}$（大于丝杠螺纹长度 L_u），丝杠导程 $P_h = 8\ \text{mm}$，若要实现快移速度 $v_{max} = 20\ \text{m/min}$，丝杠最大转速 $n_{max} = 2\,500\ \text{r/min}$，由公式（7.6）估算滚珠丝杠的小径 $d_r \geqslant 16.4\ \text{mm}$。

（8）滚珠丝杠副的选型。

根据滚珠丝杠副额定动载荷计算值 $C_{ac} = 8\,390\ \text{N}$，丝杠导程 $P_h = 8\ \text{mm}$，最小直径的估算值 $d_r \geqslant 16.4\ \text{mm}$，并综合考虑经济性和安全性等，初选滚珠丝杠副型号：40-8B2-FDWC。

滚珠丝杠的公称直径：40 mm；导程：8 mm。螺母类型：双螺母外循环式；螺母型号：FDWC；螺母圈数：2.5×2；螺母长度：152 mm；额定动载荷与额定静载荷 C_a / C_{a0}：33 810 N/103 290 N；丝杠预紧方式：预压片预紧；

接触刚度 K_0：1 382 N/μm。

（9）滚珠丝杠副的支承方式。

为保证机械传动装置具有足够的刚性，X 轴滚珠丝杠副采用接触刚度大的滚珠丝杆专用角接触球轴承（60° 接触角）两端固定支承方式。轴承选用日本 NSK 滚珠丝杠专用轴承，一端轴承形式为两个串联与第三个背靠背三联轴承 DBD 组合方式，轴承型号：30TAC62BDBD。另一端轴承形式为面对面两联轴承 DF 组合方式，轴承型号：30TAC62BDF。X 轴滚珠丝杠副的支承方式如图 7.1 所示。

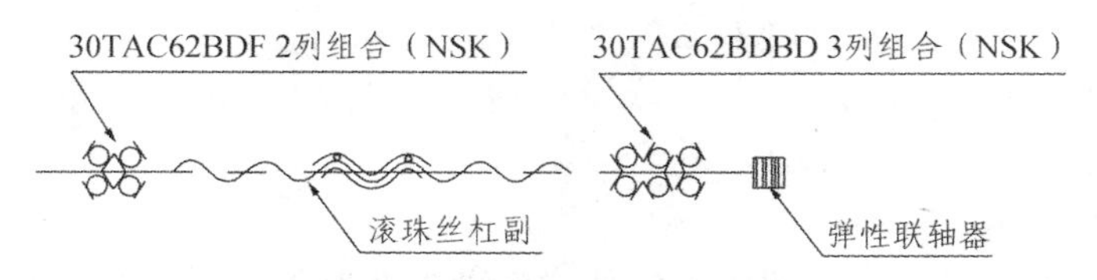

图 7.1　X 轴滚珠丝杠副的支承方式

（10）滚珠丝杠副的长度 L。

根据螺母宽度，计算螺纹长度 $L_u = 800 + 152/2 + 160 = 1\ 036$（mm）。滚珠丝杠副的长度 L = 丝杠螺纹长度 + 预留量 = 1 036 + 200 = 1 236（mm），取 $L = 1\ 300$ mm。

（11）滚珠丝杠副的效率 η_{SM}。

滚珠丝杠副导程 $P_h = 8$ mm，公称直径 $d_0 = 40$ mm，滚珠丝杠的螺旋升角 $\theta = \arctan\dfrac{P_h}{\pi d_0} = 3.6°$，取摩擦角 $\rho = 10'$，由公式（4.5）计算 $\eta_{SM} = 0.95$。

（12）验算滚珠丝杠副的稳定性。

X 轴滚珠丝杠副支承方式为两端固定，取支承系数 $f_k = 3.4$。滚珠丝杠的底径 $d_r = 35.238$ mm，可计算丝杠截面惯性矩 $I = \dfrac{\pi d_r^4}{64} = 75\ 648\ \text{mm}^4$。取压杠稳定安全系数 $K = 4$（一般取 $K = 2.5 \sim 4$，垂直安装时取小值）。螺母处于中间位置时，即 $a = L/2 = 650$ mm 的位置时，滚珠丝杠的稳定性最差，由此计算压杆临界载荷：

$$F_k = \frac{f_k \pi^2 EI}{Ka^2} = \frac{3.4 \times 3.14^2 \times 2.1 \times 10^5 \times 75\ 648}{3 \times 650^2} = 420\ 153\ (\text{N})$$

因压杆临界载荷 $F_k \geqslant F_{a\max}$，由此可见滚珠丝杠副的稳定性足够。

（13）验算滚珠丝杠副的刚度。

① 滚珠丝杠的最大轴向拉压变形量 δ_1。

两端固定支承的滚珠丝杠，在螺母处于中间位置时，即 $x = L/2$，轴向拉压刚性最低。由公式（4.32）计算滚珠丝杠的最小轴向拉压刚性：

$$K_{\text{Smin}} = \frac{AEL}{x(L-x)} \times 10^{-3} = \frac{3.14 \times 35.238^2 \times 2.1 \times 10^5}{1\,300} \times 10^{-3} = 630 \text{（N/μm）}$$

在 F_{amax} 的作用下，滚珠丝杠的最大轴向拉压变形量：

$$\delta_1 = \frac{F_{\text{amax}}}{K_{\text{Smin}}} = \frac{2\,090}{630} = 3.3 \text{（μm）}$$

② 螺母与滚道的最大轴向接触变形量 δ_2。

查 PIM 滚珠丝杠样本，当预紧力为 30% 轴向载荷时，螺母与滚道的接触刚性

$$K'_{\text{N}} = 0.8 \times K_0 \left(\frac{F_{\text{aSP}}}{\varepsilon \times C_{\text{a}}} \right)^{1/3} = 653 \text{（N/μm）}$$

其中螺母预紧力 $F_{\text{aSP}} = F_{\text{amax}}/3 = 697\text{ N}$，额定动载荷 $C_{\text{a}} = 33\,810\text{ N}$，$K_0 = 1\,382\text{ N/μm}$，刚性计算基准系数 $\varepsilon = 0.1$（预压片预紧：$\varepsilon = 0.10$；过尺寸预紧：$\varepsilon = 0.05$）。

在 F_{amax} 的作用下，螺母与滚道的最大轴向接触变形量：

$$\delta_2 = \frac{F_{\text{amax}}}{K_{\text{N}}} = \frac{2\,090}{653} = 3.2\,(\text{μm})$$

由于滚珠丝杠副有预紧，实际变形量可减小一半，取 $\delta_2 = 1.6\text{ μm}$。

对应于丝杠总长 1 300 mm，滚珠丝杠副的总变形量 $\delta = \delta_1 + \delta_2 = 4.9\text{ μm}$，平均至 300 mm 范围内的变形量为 0.001 1/300 mm。初选滚珠丝杠副精度等级 C0，其任意 300mm 范围内误差变动允许值 $e_{300} = \pm 0.003\,5/300\text{ mm}$，因此，滚珠丝杠副的刚度足够。

2. 电机的选型

1）电机类型

βi 系列电机性能可靠、结构紧凑、经济实用，且性价比高。电机采用高分辨率的编码器（128 000/rev），通过最新的伺服 HRV 控制，实现高速、高精和高效的控制。该系列电机广泛用于高性能价格比的小型数控机床。βi 系列用于进给驱动系统的有βiS、βiSc 两种类型。其中βiS 型电机属于紧凑型结构，性价比高，为此选用βiS 型交流伺服电机。

2）电机最大转速 n_{max}

X 轴快移速度要求 $v=20\ \text{m/min}$，丝杠导程 $P_h=8\ \text{mm}$，电机与丝杠直联传动方式 $i=1$，由公式（4.2）计算所需电机最大转速 n_{max}：

$$n_{max}=\frac{V_{max}\times i}{P_h}\times 10^3=\frac{20\times 1}{8}\times 10^3=2\ 500\ (\text{r/min})，取\ n_{max}=3\ 000\ \text{r/min}。$$

3. 进给伺服驱动系统的稳态设计

X 轴电机的负载转矩 M_L 包括切削力折算到电机上的转矩 M_V 和摩擦阻力折算到电机上的转矩 $\sum M_R$。

1）切削力折算到电机上的转矩 M_V

X 轴的最大进给切削力 $F_f=1\ 460\ \text{N}$，滚珠丝杆副传动效率 $\eta_{SM}=0.95$，采用电机与丝杠直联传动，进给系统传动效率 $\eta_c=1$，由公式（4.4）计算强力切削时切削力 F_f 折算到电机上的转矩 M_V：

$$M_V=\frac{F_f\times P_h}{2\pi\times i\times\eta_G\times\eta_{SM}}=\frac{1\ 460\times 0.008}{2\times 3.14\times 0.95}=1.96\ （\text{N}\cdot\text{m}）$$

2）摩擦阻力折算到电机上的转矩 $\sum M_R$

（1）导轨摩擦力产生的摩擦力转矩 M_{RF}。

X 轴的导轨摩擦力包括移动部件的重力产生的摩擦力和作用在导轨上的切削力所产生的摩擦力。由公式（4.7）计算导轨摩擦力折算到电机的摩擦转矩 M_{RF}：

$$\begin{aligned}M_{RF}&=\mu_F\frac{P_h}{2\pi\eta_{SM}}[(m_W+m_T)g\cos 0^\circ+F_Y+F_Z+F_{FU}]\\&=0.04\times\frac{0.008}{2\times 3.14\times 0.95}\times[1\ 050\times 9.8+975+813]\\&=0.65\ （\text{N}\cdot\text{m}）\end{aligned}$$

（2）滚珠丝杠预紧力产生的摩擦力转矩 M_{SPF}。

由 PIM 滚珠丝杠样本可知，滚珠丝杠副预紧扭矩系数：$k=0.05\tan\theta^{-\frac{1}{2}}=0.05\times(\tan 3.6^\circ)^{-\frac{1}{2}}=0.2$。滚珠丝杠预紧力 $F_{aSP}=F_a/3=697\ \text{N}$，由公式（4.8）计算滚珠丝杠预紧力产生的摩擦力转矩 M_{SPF}：

$$M_{SPF}=k\frac{F_{aSP}P_h}{2\pi\eta_{SM}}=0.2\times\frac{697\times0.008}{2\times3.14\times0.95}=0.19\ (\text{N}\cdot\text{m})$$

（3）防护罩摩擦转矩 M_{Abd}。

根据防护罩宽度在 1 ~ 2 m 范围内，查表 4.2，取防护罩摩擦阻力 $F_{Abd}=220$ N/m，由公式（4.9）计算防护罩产生的阻力折算到电机的摩擦转矩 M_{Abd}：

$$M_{Abd}=\frac{P_h}{2\pi\times\eta_{SM}}\times F_{Abd}=\frac{0.008}{2\times3.14\times0.95}\times220=0.3\ (\text{N}\cdot\text{m})$$

（4）轴承摩擦转矩 M_{RSL}。

由公式（4.10）可知滚珠丝杠支承轴承的摩擦转矩取决于支承轴承的预紧力。一般情况下，双联 DF 组合方式角接触球轴承的最小预紧力不得小于轴承外加轴向载荷的 35%，三联 DBD 组合方式角接触球轴承当外载作用于串联轴承一侧时，最小预紧力不得小于轴向载荷的 24%。根据受力分析可计算 X 轴轴承组的最大轴向载荷 $F_{Za}=1\,115$ N，取双联轴承组预紧力 $F_{ZU1}=0.35F_{Za}=390$ N，三联轴承组预紧力 $F_{ZU2}=0.24F_{Za}=267$ N。轴承平均直径 $d_{ML}=46$ mm，由公式（4.10）计算轴承摩擦转矩 M_{RSL}：

$$M_{RSL}=\mu_{SL}\times\frac{1}{2}d_{ML}F_{Zu}=0.004\times\frac{1}{2}\times0.046\times(390+267)=0.06\ (\text{N}\cdot\text{m})$$

X 轴进给传动系统的摩擦转矩 $\sum M_R$：

$$\sum M_R=M_{RF}+M_{SPF}+M_{Abd}+M_{RSL}=0.65+0.19+0.3+0.06=1.2\ (\text{N}\cdot\text{m})$$

由此，计算 X 轴进给传动系统的总负载转矩 M_L：

$$M_L=M_V+\sum M_R=1.96+1.2=3.16\ (\text{N}\cdot\text{m})$$

根据传动系统和电机应满足的要求：$M_L\leqslant M_S$、$\sum M_R\leqslant0.3M_S$，以及电机最高转速 3 000 r/min，查 FANUC βi 系列电机样本，初选电机型号：βiS12/3000。电机额定转矩：11 N·m；最大转矩：27 N·m；额定功率：1.8 kW；转子惯量：2.3×10^{-3} kg·m^2；最高转速：3 000 r/min。

4. 进给伺服驱动系统的动态设计

在总体设计时，系统的动态设计通常是对系统的惯量匹配和加减速能力进行计算，动态参数的调整在机床调试阶段利用数控装置软件自动完成。

1）运动部件的转动惯量

（1）滚珠丝杠的惯量 J_c：丝杠外径 $\Phi=40$ mm，长度 $L=1\,300$ mm，由

公式（4.15）计算 $J_c = 2.5\times10^{-3}$ kg · m^2。

（2）联轴器的惯量 J_b：查样本得 $J_b = 0.12\times10^{-3}$ kg · m^2。

（3）直线运动部件的惯量 J_z：工作台重 $W_T = 250$ kg，最大承重 $W_W = 800$ kg，由公式（4.16）计算 $J_z = 1.7\times10^{-3}$ kg · m^2。

（4）负载总惯量 J_L：$J_L = J_c + J_b + J_z = 4.32\times10^{-3}$ kg·m^2。

（5）系统总惯量 J_{Ges}：$J_{Ges} = J_L + J_M = 6.62\times10^{-3}$ kg·m^2。

由此可见，电机转子惯量 J_M 和负载总转动惯量 J_L 满足 $J_M \geqslant J_L/3$ 的要求。

2）验算加减速能力

βiS12/3000 电机的最大输出转矩 $M_M = 27$ N·m，系统空载时静态负载转矩 $M_L = \sum M_R = 1.2$ N·m，因此，系统加减速转矩 $M_B = 25.8$ N·m。由公式（4.20）计算系统进给速度加至最大 $v_{max} = 20$ m/min（电机转速 $n = 2\ 500$ r/min）时能实现的线性加减速时间 t_H：

$$t_H = J_{Ges}\frac{2\pi n_m}{60M_B} = 0.006\ 62\times\frac{2\times3.14\times2\ 500}{60\times25.8} = 0.067 \text{（s）}$$

X 轴要求的线性加减速时间常数 $t_a = 0.1$ s。因为 $t_H \leqslant t_a$，所以电机满足机床对加减速能力的要求。

5. 系统的精度验算

1）系统弹性变形引起的定位误差

（1）滚珠丝杠的最大轴向拉压变形量 δ_1：$\delta_1 = 3.3$ μm。

（2）螺母与滚道的最大轴向接触变形量 δ_2：$\delta_2 = 1.6$ μm。

（3）轴承的接触变形 δ_3：查 30TAC62BDF 轴承样本，轴承轴向接触刚度 $K_B = 1\ 176$ N/μm，计算轴承的最大轴向变形量：$\delta_3 = \frac{F_{a\max}}{K_B} = \frac{2\ 090}{1\ 176} = 1.8$ μm。

由于轴承有预紧，实际变形量可减小一半，取 $\delta_3 = 0.9$ μm。

对应于丝杠全长 1 300 mm，X 轴由弹性变形引起的总变形量为 $\delta_C = 3.3 + 1.6 + 0.9 = 5.8$ μm，折算至最大行程 800 mm 范围内的总变形量为 3.6 μm。可见满足机床规定的 X 轴定位精度达 0.01 mm/800 mm 的要求。

2）系统传动刚性变化引起的定位误差

X 轴滚珠丝杠副和轴承均有预紧，根据丝杠最小轴向拉压刚性 $K_{Smin} = 630$ N/μm、最大轴向拉压刚性 $K_{Smax} = 1\ 582$ N/μm（螺母与支承的距离 $x = 0.1L$ 时，滚珠丝杠的轴向拉压刚性最大）、$K_B = 1\ 176$ N/μm、$K_N = 609$ N/μm，由公式（4.30）计算传动系统的综合轴向刚度 $K_{\text{Cmin}} = 444\ \text{N}/\mu\text{m}$、$K_{\text{Cmax}} = 497\ \text{N}/\mu\text{m}$。由公式（4.34）计算系统传动刚性变化引起的定位误差 δ_{S}：

$$\delta_{\text{S}} = F_{\mu}\left(\frac{1}{K_{\text{Cmin}}} - \frac{1}{K_{\text{Cmax}}}\right) = 412 \times \left(\frac{1}{444} - \frac{1}{497}\right) = 0.1\ \mu\text{m}$$

对应于丝杠全长 1 300 mm，X 轴由系统传动刚性变化引起的总变形量为 0.1 μm，折算至最大行程 800 mm 范围内的总变形量为 0.06 μm。X 轴定位精度要求达 0.01 mm/800 mm，可见系统满足由传动刚性变化引起的定位误差远小于（1/3 ~ 1/5）机床规定的定位精度值的要求。

3）死区误差

X 轴采用丝杠与电机直联方式，因此传动系统的综合刚度 K_{O} 等于丝杠的综合抗拉刚性 K_{C}。由于系统采取了预紧方式消除间隙，因此，死区误差仅包括摩擦力引起的死区误差。由公式（4.36）计算工作台启动或反向时的最大反向死区误差 Δ：

$$\Delta = 2\delta_{\text{f}} = \frac{2F_{\mu}}{K_{\text{C}}} = \frac{2 \times 412}{444} = 1.8\ (\mu\text{m})$$

最大反向死区误差略大于系统的脉冲当量 0.001 mm，可见系统在启动或反向时，不能实现单脉冲进给，须进行相应的脉冲补偿。

Y 轴进给系统的设计方法与 X 轴相同，在此不做介绍。

7.1.2　Z 轴伺服进给系统的设计

Z 轴参数与 X 轴参数的不同之处：主轴电机、主轴箱及拖板等总质量为 151 kg，最大行程 680 mm，切削进给速度为 5 ~ 15 000 mm/min，快速进给速度为 15 m/min，多级护伸缩防护罩宽 550 mm，同时，Z 轴为垂直放置。

1. 进给传动系统的设计

1）最大切削力 F_{z}

设 Z 轴的最大切削工况为 ϕ 40 mm 的高速钢钻头加工碳钢工件，碳钢 $\sigma_{\text{b}} \geqslant 650\ \text{MPa}$，进给速度 $f = 0.25\ \text{mm}/\text{r}$。查机械设计手册，可计算 Z 轴的最大轴向切削力：

$$F_{\text{z}} = 667 d^{1} f^{0.7} k_{\text{F}} = 667 \times 40^{1} \times 0.25^{0.7} \times 1 = 10\ 110\ (\text{N})$$

2）滚珠丝杠副的计算与选型

（1）精度等级：Z 轴定位精度要求（ISO230-2）± 0.010 mm/680 mm。根据 $\frac{\pm 0.01}{680}=\frac{\pm 0.004}{300}$，查 PIM 滚珠丝杠样本，初选滚珠丝杠副精度等级 C1 级，其任意 300 mm 范围内误差变动允许值 $e_{300}=\pm 0.005/300\ \text{mm}$。

（2）导程 P_{h}：Z 轴快移速度要求 $v_{\max}=15\ \text{m/min}$，设 Z 轴伺服选电机的最高转速 $n_{\max}=2\ 000\ \text{r/mim}$。采用丝杠与电机直联方式，初选滚珠丝杠导程 $P_{\text{h}}=8\ \text{mm}$。

（3）最大工作载荷 F_{amax}。Z 轴选用矩形聚四氯乙烯贴塑导轨，取摩擦系数 $\mu=0.04$。主轴中心与 Z 轴导轨表面的距离 $L=575$ mm，主轴箱箱体尺寸长、宽、高分别为 370 mm、630 mm、300 mm。加工时，切削抗力 F_{z}、主轴箱及拖板总质量 W_{Z} 产生绕 X 轴的扭矩，根据受力分析，计算垂直于导轨表面的支承力偶 $R_{\text{z}}=16\ 541\ \text{N}$。查表 7.4，取载荷系数 $K=1.1$，计算 Z 轴滚珠丝杠副的最大工作载荷：

$$\begin{aligned}F_{\text{amax}}&=K(F_{\text{z}}-G_{\text{z}})+\mu(F_{\text{x}}+F_{\text{y}}+2R_{\text{z}})\\&=1.1\times 8\ 630+0.04\times 16\ 541\times 2=10\ 816\ (\text{N})\end{aligned}$$

（4）最大动载荷 $C_{\max}$：$\phi 40$ mm 的高速钢钻头加工碳钢工件，取进给速度 $f=21.9\ \text{mm/r}$，主轴转速 $n=200\ \text{r/min}$，当丝杠导程为 $P_{\text{h}}=8$ mm 时，丝杠转速 $n\approx 6.25\ \text{r/min}$。查表 7.6，取 $f_{\text{W}}=1.5$；查表 7.7，取 $f_{\text{H}}=1$，设备使用寿命取 $T=15\ 000\ \text{h}$。根据公式（7.1）计算 $C_{\max}=28\ 853\ \text{N}$。

（5）螺母类型：初选外循环双螺母型，型号：FDWC；螺母圈数：2.5 × 2。

（6）滚珠丝杠螺纹长度 L_{u}：初选 $L_{\text{u}}=680+200/2+100=880\ (\text{mm})$。

（7）丝杠最小直径 d_{r}：滚珠丝杠的支承形式采用两端固定方式，取安装方式系数 $f_{\text{k}}=21.9$。初选滚珠丝杠支承跨距 $L=950$ mm，若要实现最大转速 $n=2\ 000$ r/min，由公式（7.6）估算 $d_{\text{r}}\geqslant 8.3$ mm。

（8）滚珠丝杠副的型号：根据计算最大动载荷 $C_{\max}=28\ 853$ N，导程 $P_{\text{h}}=8$ mm，以及定位精度要求，查 PIM 滚珠丝杠样本，初选滚珠丝杠副型号：45-8B3-FDWC。滚珠丝杠的公称直径：45 mm；导程：8 mm；螺母类型：双螺母外循环式；螺母型号：FDWC；螺母圈数：2.5 × 3；螺母长度：206 mm；额定动载荷与额定静载荷之比 $C_{\text{a}}/C_{\text{a0}}$：50 715 N/174 933 N；丝杠预紧方式：预压片预紧；接触刚度 K_0：2 234 N/μm。

（9）滚珠丝杠副的支承方式：滚珠丝杠支承方式采用两端固定，两端均为面对面双联轴承 DF 组合方式。轴承型号：35TAC72BDF。

（10）滚珠丝杠副的长度 L：$L = 883$（螺纹长度）+ 160（轴端预留量）= 1 043 mm，取 $L = 1\ 100$ mm。

（11）滚珠丝杠副的效率 η_{SM}：滚珠丝杠的螺旋升角 $\theta = 3.2°$，$\eta_{SM} = 0.96$。

（12）验算滚珠丝杠副的稳定性：滚珠丝杠的底径 $d_r = 40.24$ mm，计算丝杠截面惯性矩 $I = \dfrac{\pi d_r^4}{64} = 128\ 641\ \text{mm}^4$。螺母处于中间位置时，即 $a = L/2 = 550$ mm 的位置时，滚珠丝杠的稳定性最差，由此计算压杆临界载荷 $F_k = 88\ 050$ N。因为 $F_k \geqslant F_{amax}$，滚珠丝杠副的稳定性足够。

（13）验算的滚珠丝杠副刚度：

① 滚珠丝杠的最大轴向拉压变形量 δ_1：滚珠丝杠的底径 $d_r = 40.24$ mm，由公式（4.32）计算滚珠丝杠的最小轴向拉压刚性 $K_{Smin} = 971\ \text{N}/\mu\text{m}$。由此计算滚珠丝杠的最大轴向拉压变形量：$\delta_1 = 11\ \mu\text{m}$。

② 螺母与滚道的最大轴向接触变形量 δ_2：取螺母预紧力 $F_{aSP} = F_{amax}/3 = 3\ 605$ N，计算螺母与滚道的接触刚性 $K'_N = 1\ 595\ \text{N}/\mu\text{m}$。由此计算螺母与滚道的最大轴向接触变形量：$\delta_2 = 6.8\ \mu\text{m}$。由于滚珠丝杠副有预紧，实际变形量可减小一半，取 $\delta_2 = 3.4\ \mu\text{m}$。

对应于丝杠总长 1 100 mm，滚珠丝杠副的总变形量 $\delta = \delta_1 + \delta_2 = 14.4\ \mu\text{m}$，平均至 300 mm 范围内的变形量为 0.003 9/300 mm。初选滚珠丝杠副精度等级 C1，其任意 300 mm 范围内误差变动允许值 $e_{300} = \pm 0.005/300$ mm，因此，滚珠丝杠副的刚度足够。

2. 电机的选型

（1）电机类型：βi 系列交流伺服电机。

（2）电机最大转速 n_{max}：Z 轴快移速度 $v = 15$ m/min，丝杠导程 $P_h = 8$ mm，电机与丝杠直联传动方式，由公式（4.2）计算 $n_{max} = 2\ 000$ r/min，取 $n_{max} = 2\ 000$ r/min。

3. 进给伺服驱动系统的稳态设计

Z 轴的电机负载转矩 M_L 包括切削力折算到电机上的转矩 M_V 和摩擦阻力折算到电机上的转矩 $\sum M_R$，以及运动部件的重力转矩 M_G。

（1）最大钻削力折算到电机上的转矩 M_V：Z 轴最大进给力 $F'_y = F_y - G_Z = 8\ 630$ N，由公式（4.4）计算 $M_V = 11.45\ \text{N}\cdot\text{m}$。

（2）摩擦阻力折算到电机上的转矩 $\sum M_R$：

① 滚珠丝杠预紧力产生的摩擦力转矩 M_{SPF}：取滚珠丝杠预紧力 $F_{aSP}=1/3F_a=3\ 605\ N$，预紧扭矩系数 $k=0.21$，由公式（4.8）计算 $M_{SPF}=1.01\ N\cdot m$。

② 防护罩摩擦转矩 M_{Abd}：查表 4.2，取防护罩摩擦阻力 $F_{Abd}=180\ N/m$，由公式（4.9）计算 $M_{Abd}=0.24\ N\cdot m$。

③ 轴承摩擦转矩 M_{RSL}：Z 轴轴承组的最大轴向载荷 $F_{za}=F_{amax}/2=5\ 408\ N$，取双联轴承的预紧力 $F_{ZU1}=0.35F_{Za}=1\ 893\ N$，轴承平均直径 $d_{ML}=53.5\ mm$，由公式（4.10）计算 $M_{RSL}=0.81\ N\cdot m$。

由此，计算 Z 轴的摩擦转矩 $\sum M_R=2.06\ N\cdot m$。

（3）运动部件的重力转矩 M_G：Z 轴为垂直轴，主轴箱及拖板将产生重力转矩，由公式（4.11）计算 $M_G=1.96\ N\cdot m$。

由此，计算 Z 轴的总负载转矩 $M_L=15.47\ N\cdot m$。

对于垂直或倾斜轴，根据传动系统和电机应满足的要求 $M_L\leqslant M_S$、$\sum M_R\leqslant 0.3M_S$，$M_G\leqslant 0.7M_S$，以及电机最高转速 2 000 r/min，查 FANUC β iS 系列电机样本，初选电机型号：βiS 22/2 000。电机额定转矩：20 N · m；最大转矩：45 N · m；额定功率： 2.5 kW，电机转子惯量： $5.3\times10^{-3}\ kg\cdot m^2$；最高转速：2 000 r/min。

4. 进给伺服驱动系统的动态设计

1）运动部件的转动惯量

（1）滚珠丝杠的惯量 J_c：丝杠外径 $\Phi=45\ mm$，长度 $L=1\ 100\ mm$，$J_c=3.5\times10^{-3}\ kg\cdot m^2$。

（2）联轴器的惯量 J_b：查样本得 $J_b=0.15\times10^{-3}\ kg\cdot m^2$。

（3）直线运动部件的惯量 J_Z：主轴电机、主轴箱及拖板等总质量 $W_Z=151\ kg$，$J_z=0.25\times10^{-3}\ kg\cdot m^2$。

（4）负载总惯量 J_L：$J_L=3.9\times10^{-3}\ kg\cdot m^2$。

（5）系统总惯量 J_{Ges}：电机转子惯量 $J_M=5.3\times10^{-3}\ kg\cdot m^2$，$J_{Ges}=9.2\times10^{-3}\ kg\cdot m^2$。

由此可见，电机转子惯量 J_M 和负载总转动惯量 J_L 满足 $J_M\geqslant J_L/3$ 的要求。

2）验算加减速能力

βiS22/2000 电机的最大输出转矩 $M_M=45\ N\cdot m$，系统空载时静态负载转矩 $M_L=\sum M_R=2.06\ N\cdot m$，因此，系统加减速转矩 $M_B=42.94\ N\cdot m$。由公式（4.20）计算实际线加减速时间 $t_H=0.042\ s$。Z 轴要求的线性加减速时间常数 $t_a=0.1\ s$。因 $t_H\leqslant t_a$，电机满足系统对加减速能力的要求。

由于 Z 轴行程较 X 轴短，在传动方式一样，且滚动丝杠副规格较 X 轴大一型号的情况下，在此不再进行定位精度验证。

7.1.3　伺服驱动电路的设计

1. 伺服驱动器的选择

交流伺服驱动器的选择主要包括驱动器类型和驱动器型号两个方面的内容。前面根据 PV800 加工中心配置的数控系统（FANUC 0i mate MD）类型，以及机床的综合特性分析，已确定选用 FANUC βi 系列伺服驱动系统。βi 系列伺服驱动系统属于专用型系统，驱动器与数控装置之间采用专用伺服串行总线（FSSB）通信。驱动器有一体型驱动单元 SVPM（主轴与伺服驱动模块一体型）和单独的伺服模块 SVM 两种类型。综合考虑成本与性价比，本机床选择一体型驱动单元 SVPM。

专用型驱动器是生产厂家针对某一种或多种电机研发的专用控制器，所以伺服电机的样本中给出了与之适配的驱动器型号，或在驱动器样本中给出了与之适配的电机额定电流，可参考样本进行选择。根据前面确定的主轴电机型号（βiI 12/8000），X、Y、Z 轴电机型号：（βi S12/3000、βiS12/3000 和 βiS22/2000），查表 4.216，选取 SVPM 驱动单元型号：βi SVPM 40/40/40-15i。

2. 伺服驱动电路

伺服驱动系统由供电电源、伺服驱动器和伺服电机组成。伺服驱动电路主要包括控制电路和驱动电路。控制电路是数控装置对驱动系统的控制信号通路。驱动电路是电源、伺服驱动器和伺服电机的电力电路。

驱动电路的供电电源为三相 AC 380 V，电源电路中设置断路器保护伺服单元，接入电抗器消除电网中的电流尖峰脉冲与谐波干扰，再由变压器转换为三相 AC 200 V，并连接至伺服单元的 TB1 端子为伺服单元提供动力电源。经伺服单元转换后的主轴动力电源由 TB2 端子输出至主轴电机，进给伺服动力电源由 CZ2L、CZ2N、CZ2M 端子分别输出至 X、Y、Z 轴伺服电机。

伺服单元的控制电源由外部 DC 24 V 电源接入伺服单元的 CXA2C 接口。CX3 接口为驱动器内部继电器一对常开端子，连接主电源电磁接触器 KM11 的线圈，以控制伺服单元三相 AC 220 V 电源主回路的通断。由 PLC 的伺服急停输出口 Y3.4 控制继电器 KA34，KA34 的常开触点接入伺服单元的 CX4

接口的 2、3 端子，产生伺服急停信号（*ESP）。CX5X 接口连接伺服电机绝对编码器的电池接口。Z 轴的制动控制由继电器 KA11 和 KA8 同时控制，当单相控制电源 AC 110 V 正常工作时，继电器 KA8 得电；继电器 KA11 由 PLC 的 Z 轴刹车信号输出口 Y1.1 控制。当继电器 KA11、KA8 同时得电闭合时，实现对 Z 轴的制动控制。

伺服单元的控制信号包括主轴和伺服控制信号，数控装置的主轴串行通信接口 JA7A 与伺服单元的接口 JA7B 连接，传输主轴控制信号。数控装置的伺服串行通信接口 COP10A 与伺服单元的接口 COP10B 连接，传输进给轴控制信号。

主轴电机的速度反馈信号连接至伺服单元的 JYA2 接口，X、Y、Z 轴伺服电机的位置反馈信号分别连接至伺服单元的 JF1、JF2、JF3 接口，由此实现主轴速度的闭环控制和进给轴位置、速度半闭环控制。

3. PV800 加工中心的伺服驱动电气电路图

PV800 加工中心的主轴驱动和进给伺服驱动的电气电路如图 7.2 所示。

7.2 数控车床伺服驱动系统的设计

设计任务：CAK613665 数控车床的主要技术指标如表 7.8 所示，机床配置德国西门子 SINUMERIK 802C 数控系统，试设计数控车床的主轴和进给伺服驱动系统。

CAK3665 数控车床为中小功率通用经济型数控机床。主轴和进给伺服系统的设计方案如下：

主轴传动方式采用强力窄 V 带传动，传动平衡、噪声低，热变形小。主轴驱动控制系统选择交流变频主轴驱动系统，即通用变频器配置变频主轴电机，实现无级变速。通用变频器可选择北辰 TY6000、艾默生 EV2000、安川 F7 系列等，变频主轴电机可选择 YVP 系列变频异步电机。主轴控制方式采用速度位置闭环控制，以实现主轴的恒转速切削和螺纹切削。

进给传动方式均采用伺服电机与滚珠丝杠直联方式，其结构简单、传动精度高、稳定性强。进给驱动控制系统选择交流伺服驱动系统，即交流伺服驱动器控制伺服电机。控制方式采用位置与速度半闭环控制。

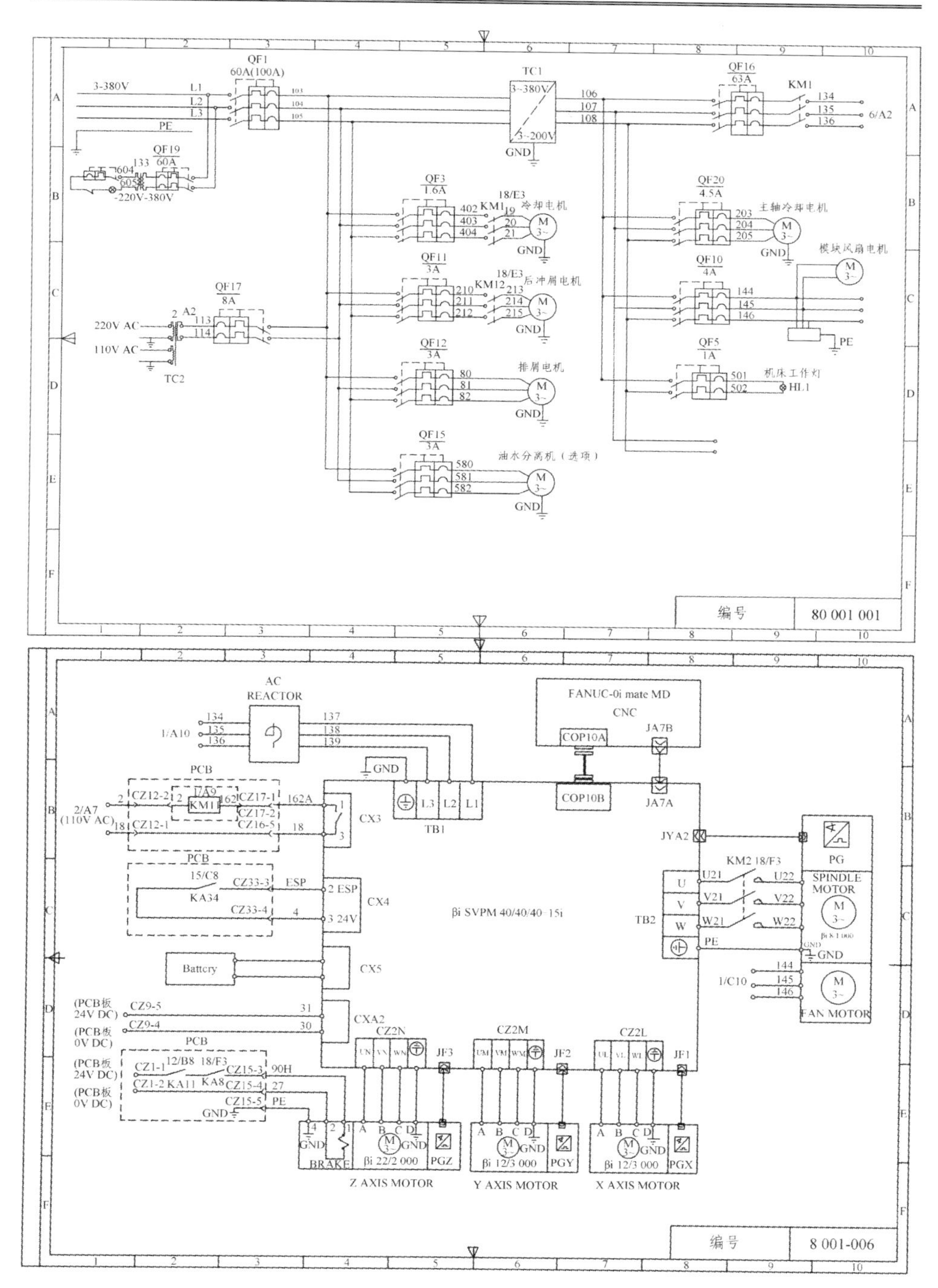

图 7.2　PV800 加工中心的主轴驱动和进给伺服驱动的电气电路

表 7.8 CAK613665 数控车床的主要技术指标

项 目	指标值	项 目	指标值
主轴最高转速	2 000 r/min	X 轴快速移动	6 m/min
床身上最大工件回转直径	360 mm	Z 轴快速移动	10 m/min
滑板上最大工件回转直径	180 mm	X 轴加速度	2 m/s²
最大工件车削直径	360 mm	Z 轴加速度	2 m/s²
床鞍、滑板及刀架总质量	110 kg	X/Z 脉冲当量	0.001 mm
滑板及刀架总质量	30 kg	X 定位精度（JB/T8324.1-96）	±0.03 mm/最大行程 mm
X 坐标（横向）行程	220 mm	Z 定位精度（JB/T8324.1-96）	±0.04 mm/最大行程 mm
Z 坐标（纵向）行程	850 mm	X/Z 重复定位精度（JB/T8324.1-96）	0.012 mm/0.016 mm

7.2.1 纵向伺服进给系统的设计

1. 进给传动系统的设计

纵向进给传动方式采用伺服电机与滚珠丝杠直联，为此，进给传动系统的设计主要包括滚珠丝杠螺母副、丝杠支承形式及轴承及联轴器等选型。

1）最大车削力

外圆车削加工的受力分析中，通常将作用在刀具上的总切削 F 分解为沿切削速度 v_c 方向且垂直向下的主切削力 F_c，与纵向进给方向垂直的背向切削力 F_p，以及平行于进给方向且反向的进给切削力 F_f。各方向的切削力与主切削力 F_c 存在一定的比例关系。

设 CAK3665 数控车床纵向外圆切削的最大切削工况为：硬质合金 YT15 的刀具切削碳钢工件，碳钢 $\sigma_b \geqslant 600$ MPa；刀具几何参数：主偏角 $\kappa_r = 60°$，前角 $\gamma_o = 10°$，刃倾角 $\lambda_s = -5°$；切削用量：背吃刀量 $a_p = 5$ mm，进给量 $f = 0.3$ mm/r，切削速度 $v_c = 90$ m/min。

查机械设计手册，取 $x_{F_c} = 1$、$y_{F_c} = 0.75$、$n_{F_c} = -0.15$、主偏角修正系数 $\kappa_{\kappa_\gamma F} = 0.98$，刃倾角修正系数 $\kappa_{\lambda_s F} = 1.25$，由此计算 Z 轴的最大主切削力 F_c：

$$
\begin{aligned}
F_c &= 2\,795 a_p^{xF_c} f^{yF_c} v^{nF_c} k_{F_c} \\
&= 2\,795 \times 5 \times 0.3^{0.75} \times 90^{-0.15} \times 0.98 \times 1.25 = 2\,824\ (\text{N})
\end{aligned}
$$

根据经验公式 $F_c : F_f : F_p = 1 : 0.35 : 0.4$，计算纵向进给切削力 $F_f = 988\ \text{N}$，背向切削力 $F_p = 1\,130\ \text{N}$。

根据机床主轴电机功率 P_E 应满足的条件：$P_E \geqslant F_c v_c \times 10^{-3} / \eta$，其中主传动系统传动效率 $\eta = 0.95$（多楔带传动效率），可计算机床主轴电机功率 $P_E \geqslant 4.5\ \text{kW}$，取 $P_E = 5.5\ \text{kW}$。为此，选择主轴电机型号：YVP132S。电机额定功率：5.5 kW；额定电流：11.8 A；额定转矩：35 N · m。

外圆纵向车削加工时，车刀受到的切削抗力经拖板传递至 Z 轴丝杠和导轨，丝杠所受载荷与切削抗力存在对应关系，即丝杠上纵向进给方向载荷 F_x、横向进给方向载荷 F_y 和垂直方向载荷 F_z 分别等于切削抗力 F_f、F_p 和 F_c。

2）滚珠丝杠副的计算和选型

（1）精度等级：Z 轴定位精度要求（JB/T8324.1-96）± 0.04 mm/850 mm（最大行程）。根据 $\dfrac{\pm 0.04}{850} = \dfrac{\pm 0.014}{300}$，选用台湾上银 HIWIN 滚珠丝杠副，查 HIWIN 滚珠丝杠样本，初选滚珠丝杠副精度等级 C4，其任意 300 mm 范围内误差变动允许值 $e_{300} = \pm 0.012 / 300\ \text{mm}$。

（2）导程 P_h：Z 向快移速度要求 $v_{max} = 10\ \text{m/min}$。设 Z 轴伺服电机的最高转速 $n_{max} = 3\,000\ \text{r/min}$。采用丝杠与电机直联方式时，初选丝杠导程 $P_h = 5\ \text{mm}$。

（3）最大工作载荷 F_a：Z 轴选用三角-矩形滑动导轨，取摩擦系数 $\mu = 0.16$。床鞍、滑板及刀架的总质量 $W_T = 110\ \text{kg}$，则移动部件产生的静摩擦力 $F_\mu = \mu W_T g = 0.16 \times 110 \times 9.8 = 172\ \text{N}$。查表 7.4，取载荷系数 $K = 1.1$，计算 Z 轴的最大轴向载荷 F_a：

$$F_a = KF_x + \mu(F_z + G) = 1.15 \times 988 + 0.16 \times (2\,824 + 110 \times 9.8) = 1\,760\ (\text{N})$$

（4）最大动载荷 C_{max}：最大工况下，设最大切削进给速度 $v_{max} = 1\ \text{m/min}$，当丝杠导程 $P_h = 5\ \text{mm}$ 时，丝杠转速 $n = 200\ \text{r/min}$。查表 7.6，取 $f_W = 1.1$；查表 7.7，取 $f_H = 1.0$；取设备使用寿命 $T = 15\,000\ \text{h}$。由公式（7.1）计算 $C_{max} = 11\,925\ \text{N}$。

（5）螺母类型：初选外循环双螺母型，型号：FDW，螺母圈数：2.5 × 2。

（6）滚珠丝杠螺纹长度 L_u：初选 $L_u = 850 + 200/2 + 200 = 1\,150\ \text{mm}$。

（7）丝杠最小直径 d_r：滚珠丝杠的支承方式采用两端固定方式，取安装方式系数 $f_k = 21.9$。初选滚珠丝杠支承跨距 $L = 1\,300\ \text{mm}$，导程 $P_h = 5\ \text{mm}$，若要实现快移速度 $v_{max} = 10\ \text{m/min}$，丝杠最大转速 $n = 2\,000\ \text{r/min}$，由公式（7.6）估算 $d_r \geqslant 17.9\ \text{mm}$。

（8）滚珠丝杠副的选型：根据计算最大动载荷 $C_{max}=28\ 853\ N$，导程 $P_h=5\ mm$，查 HIWIN 滚珠丝杠样本，初选滚珠丝杠副型号：40-5B2-FDW。滚珠丝杠的公称直径：40 mm；导程：5 mm；螺母类型：双螺母外循环式；螺母圈数：2.5×2；螺母长度：110 mm；额定动载荷与额定静载荷之比 C_a/C_{a0}：20 295 N/66 913 N；丝杠预紧方式：预压片预紧；接触刚度 K_N：12 94 N/μm。

（9）滚珠丝杠副的支承方式：滚珠丝杠支承方式采用两端固定，如图 7.3 所示。靠近电机的一端选用角接触球轴承双联背对背组合方式，轴承型号：7206ACDB；另一端选用单列角接触球轴承（单向固定），轴承型号：7206。轴承内径：30 mm；轴承外径：62 mm；接触角：30°。

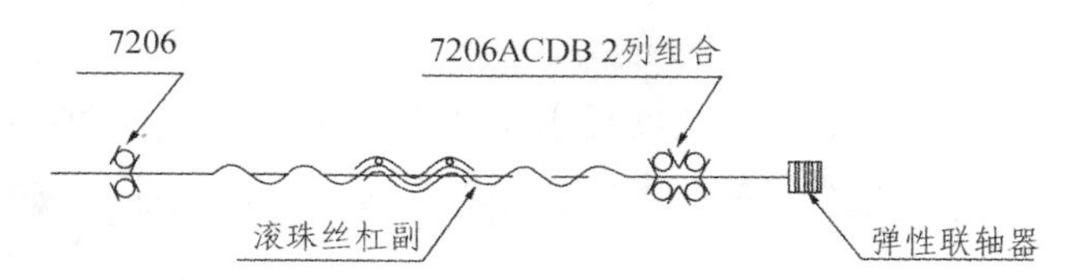

图 7.3 Z 轴滚珠丝杠副的支承方式

（10）滚珠丝杠副的长度 L：$L=1\ 060$（螺纹长度）$+260$（轴端预留量）$=1\ 320$，取 $L=1\ 400$ mm。

（11）滚珠丝杠副的效率 η_{SM}：滚珠丝杠的螺旋升角 $\theta=2.28°$，由公式（4.5）计算 $\eta_{SM}=0.94$。

（12）验算滚珠丝杠副的稳定性：滚珠丝杠支承方式采用两端固定，取支承系数 $f_k=3.4$。滚珠丝杠的底径 $d_r=37.32\ mm$，可计算丝杠截面惯性矩 $I=\dfrac{\pi d_r^4}{64}=95\ 174\ mm^4$。取压杠稳定安全系数 $K=4$（一般取 $K=2.5\sim4$，垂直安装时取小值）。螺母处于中间位置时，即 $a=L/2=700$ mm 的位置时，滚珠丝杠的稳定性最差，由此计算压杆临界载荷：

$$F_k=\frac{f_k\pi^2EI}{Ka^2}=\frac{3.4\times3.14^2\times2.1\times10^5\times95\ 174}{3\times700^2}=455\ 784\ (N)$$

因压杆临界载荷 $F_k\geqslant F_{amax}$，由此可见滚珠丝杠副的稳定性足够。

（13）验算滚珠丝杠副的刚度：

① 滚珠丝杠的最大轴向拉压变形量 δ_1：滚珠丝杠的底径 $d_r=37.32\ mm$，由公式（4.32）计算滚珠丝杠的最小轴向拉压刚性 $K_{Smin}=656\ N/\mu m$。在 F_{amax} 的作用下，$\delta_1=2.7\ \mu m$。

② 螺母与滚道的最大轴向接触变形量 δ_2：取螺母预紧力 $F_{aSP}=F_{amax}/3=$

587 N，接触刚度 $K_N = 1\,294$ N/μm，额定动载荷 $C_a = 20\,295$ N，预压片预紧滚珠丝杠的刚性计算基准 $\varepsilon = 0.1$，计算得螺母与滚道的接触刚性 $K_N' = 0.8 \times K_N \left(\dfrac{F_{aSP}}{\varepsilon \times C_a}\right)^{1/3} = 685$ N/μm。在 F_{amax} 的作用下，$\delta_2 = 2.6$ μm。由于滚珠丝杠副有预紧，实际变形量可减小一半，取 $\delta_2 = 1.3$ μm。

对应于丝杠总长 1 400 mm，滚珠丝杠副的总变形量 $\delta = \delta_1 + \delta_2 = 4$ μm，平均至 300 mm 范围内的变形量为 0.000 86/300 mm。初选滚珠丝杠副精度等级 C4，其任意 300 mm 范围内误差变动允许值 $e_{300} = 0.012/300$ mm，因此，滚珠丝杠副的刚度足够。

2. 电机的选型

（1）电机类型。CAK3665 数控车床配置德国西门子 SINUMERIK 802C base line 数控系统，与 802C 系统配套的伺服驱动系统有 SIMODRIVE 611 和 SIM0DRIVE base line 两个系列，其中 SIM0DRIVE base line 系列驱动器的性价比高。为此本系统选择 SIM0DRIVE base line 系列驱动器。

与 SIM0DRIVE base line 适配的交流伺服电机有 1FK7 系列。1FT7 电机具有动态性能好、过载能力强（可达 4 倍定额值）、低转矩脉动小、速度设定范围大和定位精度高等特点。并且配备最新的编码器技术，进一步优化了全数字控制和驱动系统。1FK7 电机有 CT 紧凑型和 HD 高动态性能型两类。结合本机床工作条件及工况，初选 1FK7 系列 CT 紧凑型交流伺服电机。

（2）电机最大转速 n_{max}：Z 轴快移速度要求 $v = 10$ m/min，丝杠导程 $P_h = 5$ mm，电机与丝杠直联传动方式，由公式（4.2）计算 $n_{max} = 2\,000$ r/min。查 1FK7 系列 CT 型核心型电机的规格及主要技术参数表 3.11，取 $n_{max} = 3\,000$ r/min。

3. 进给伺服驱动系统的稳态设计

电机负载转矩 M_L 包括切削力折算到电机上的转矩 M_V 和摩擦阻力折算到电机上的转矩 $\sum M_R$。

1）切削力折算到电机上的转矩 M_V

Z 轴的最大进给切削力 $F = 988$ N，滚珠丝杆副传动效率 $\eta_{SM} = 0.94$，采用电机与丝杠直联传动，进给系统传动效率 $\eta_c = 1$，由公式（4.4）计算最大切削时切削力 F_x 折算到电机上的转矩 M_V：

$$M_{\mathrm{V}}=\frac{F_{\mathrm{f}}\times P_{\mathrm{h}}}{2\pi\times i\times\eta_{\mathrm{G}}\times\eta_{\mathrm{SM}}}=\frac{988\times0.005}{2\times3.14\times0.94}=0.84\ (\mathrm{N\cdot m})$$

2）摩擦阻力折算到电机上的转矩 $\sum M_{\mathrm{R}}$

Z 轴的摩擦转矩 $\sum M_{\mathrm{R}}$ 主要包括导轨摩擦力产生的摩擦转矩 M_{RF}、滚珠丝杠预紧力产生的摩擦力转矩 M_{SPF} 和轴承摩擦转矩 M_{RSL} 等。

（1）导轨摩擦力产生的摩擦力转矩 M_{RF}。

由公式（4.7）计算导轨摩擦力折算到电机的摩擦转矩 M_{RF}：

$$\begin{aligned}M_{\mathrm{RF}}&=\mu_{\mathrm{F}}\frac{P_{\mathrm{h}}}{2\pi\eta_{\mathrm{SM}}}[G_{\mathrm{T}}+F_{\mathrm{Y}}+F_{\mathrm{Z}}+F_{\mathrm{FU}}]\\&=0.16\times\frac{0.005}{2\times3.14\times0.94}\times[110\times9.8+1130+2\ 824]\\&=0.68\ (\mathrm{N\cdot m})\end{aligned}$$

（2）滚珠丝杠预紧力产生的摩擦力转矩 M_{SPF}。

由 HIWIN 滚珠丝杠样本可知，滚珠丝杠副预紧扭矩系数 $k=0.05\tan\theta^{-\frac{1}{2}}=0.05\times(\tan2.85^{\circ})^{-\frac{1}{2}}=0.23$，滚珠丝杠预紧力 $F_{\mathrm{aSP}}=F_{\mathrm{a}}/3=587\ \mathrm{N}$。由公式（4.8）计算滚珠丝杠预紧力产生的摩擦力转矩 M_{SPF}：

$$M_{\mathrm{SPF}}=k\frac{F_{\mathrm{aSP}}P_{\mathrm{h}}}{2\pi\eta_{\mathrm{SM}}}=0.23\times\frac{587\times0.005}{2\times3.14\times0.94}=0.11\ (\mathrm{N\cdot m})$$

（3）轴承摩擦转矩 M_{RSL}。

Z 轴轴承组的最大轴向载荷 $F_{\mathrm{Za}}=F_{\mathrm{amax}}/2=880\ \mathrm{N}$，取双联轴承组的预紧力 $F_{\mathrm{ZU1}}=1\ 000\ \mathrm{N}$，轴承平均直径 $d_{\mathrm{ML}}=46\ \mathrm{mm}$，由公式（4.10）计算轴承摩擦转矩 M_{RSL}：

$$M_{\mathrm{RSL}}=\mu_{\mathrm{SL}}\times\frac{1}{2}d_{\mathrm{ML}}(F_{\mathrm{ZU1}}+F_{\mathrm{ZU2}})=0.004\times\frac{1}{2}\times0.046\times2\times1\ 000=0.18\ (\mathrm{N\cdot m})$$

Z 轴进给传动系统的摩擦转矩 $\sum M_{\mathrm{R}}$：

$$\sum M_{\mathrm{R}}=M_{\mathrm{SPF}}+M_{\mathrm{RF}}+M_{\mathrm{RSL}}=0.11+0.68+0.18=0.97\ (\mathrm{N\cdot m})$$

由此，计算 Z 轴进给传动系统的总负载转矩 M_{L}：

$$M_{\mathrm{L}}=M_{\mathrm{V}}+\sum M_{\mathrm{R}}=0.84+0.97=1.81\ (\mathrm{N\cdot m})$$

根据传动系统和电机应满足的要求：$M_L \leqslant M_S$、$\sum M_R \leqslant 0.3M_S$，以及电机最高转速为 3 000 r/min，查表 3.11，初选电机型号：1FK7060-5AF71-1SG0。电机额定转矩：4.7 N·m；额定功率：1.48 kW；转子惯量：0.795×10^{-3} kg·m^2；额定转速 3 000 r/min；编码器类型：多极旋转变压器；防护等级：IP64；无制动器。

4. 进给伺服驱动系统的动态设计

1）运动部件的转动惯量

系统总惯量 J_{Ges} 包括旋转运动部件与直线运动部件折算到电机上的两部分惯量。旋转运动部件有电机、滚珠丝杠、轴承和联轴器等，直线运动部件有床鞍、滑板及刀架等。

（1）滚珠丝杠的惯量 J_c：丝杠外径 $\Phi = 40$ mm，长度 $L = 1400$mm，由公式（4.15）计算 $J_c = 2.7\times10^{-3}$ kg·m^2。

（2）联轴器的惯量 J_b：查样本得 $J_b = 0.10\times10^{-3}$ kg·m^2。

（3）直线运动部件的惯量 J_Z：床鞍、滑板及刀架总质量 $W_T = 110$ kg，由公式（4.16）计算 $J_Z = 0.07\times10^{-3}$ kg·m^2。

（4）负载总惯量 J_L：$J_L = J_c + J_b + J_z = 2.83\times10^{-3}$ kg·m^2。

（5）系统总惯量 J_{Ges}：$J_{Ges} = J_L + J_M = 3.83\times10^{-3}$ kg·m^2。

由此可见，电机转子惯量 J_M 和负载总惯量 J_L 满足 $J_M \geqslant J_L/3$ 的要求。

2）验算加减速能力

Z 轴线性加减速要求 $a_m = 2\ \text{m/s}^2$，最大快移速度 $v_{max} = 10$ m/min，系统设计要求的线性加减速时间 t_a 应为：

$$t_a = \frac{v_{max}}{60a_m} = \frac{10}{60\times2} = 0.083\ (\text{s})$$

1FK7060-5AF71 电机的最大输出转矩 $M_M = 18$ N·m，系统空载时静态负载转矩 $M_L = \sum M_R = 0.97$ N·m，系统加减速转矩 $M_B = 17.03$ N·m。由公式（4.20）可计算系统进给速度加至最大 $v_{max} = 10$ m/min（电机转速 $n_{max} = 2\ 000$ r/min）时能实现的线性加减速时间 t_H：

$$t_H = J_{Ges}\frac{2\pi n_m}{60M_B} = 0.003\ 83\times\frac{2\times3.14\times2\ 000}{60\times17.03} = 0.047\ (\text{s})$$

因为 $t_H \leqslant t_a$，所以电机满足机床对加减速能力的要求。

5. 系统的精度验算

1）系统弹性变形引起的定位误差

（1）滚珠丝杠的最大轴向拉压变形量 δ_1： $\delta_1 = 2.7\ \mu m$。

（2）螺母与滚道的最大轴向接触变形量 δ_2： $\delta_2 = 1.3\ \mu m$。

（3）轴承的接触变形 δ_3：经计算接触角 30° 的角接触球轴承 7206AC/DB，滚动体直径 $D_b = 9.92\ mm$，滚动体个数 $z = 13$。取轴承组预紧力 $F_{ZU1} = 1\ 000\ N$，由公式（4.33）计算轴承的接触刚度 $K_B = 88\ N/\mu m$。在 F_{amax} 的作用下，计算 $\delta_3 = \frac{F_{amax}}{K_B} = \frac{1\ 760}{88} = 20$（μm）。由于轴承有预紧，实际变形量可减小一半，取 $\delta_3 = 10\ \mu m$。

对应于丝杠全长 1 400 mm，Z 轴由弹性变形引起的总变形量 $\delta_C = 2.7 + 1.3 + 10 = 14$（μm），折算至最大行程 850 mm 范围内的总变形量为 8.5 μm。可见满足机床规定的 Z 轴的定位精度要求达 0.04 mm/850 mm 的要求。

2）系统传动刚性变化引起的定位误差

Z 轴滚珠丝杠副和轴承均有预紧力，根据丝杠最小轴向拉压刚性 $K_{Smin} = 656\ N/\mu m$、最大轴向拉压刚性 $K_{Smax} = 1\ 822\ N/\mu m$（螺母与支承的距离 $x = 0.1L$ 时，滚珠丝杠的轴向拉压刚性最大）、$K_N = 685\ N/\mu m$、$K_B = 88\ N/\mu m$，导轨静摩擦力 $F_\mu = 172\ N$，由公式（4.30）计算传动系统的综合轴向刚度 $K_{Cmin} = 211\ N/\mu m$、$K_{Cmax} = 222\ N/\mu m$，由公式（4.34）计算系统传动刚性变化引起的定位误差 δ_S：

$$\delta_S = F_\mu\left(\frac{1}{K_{Cmin}} - \frac{1}{K_{Cmax}}\right) = 172 \times \left(\frac{1}{211} - \frac{1}{222}\right) = 0.04\ (\mu m)$$

对应于丝杠全长 1 400 mm，Z 轴由系列刚性变化引起的总变形量为 0.04 μm，折算至最大行程 850 mm 范围内的总变形量为 0.024 μm。Z 轴定位精度要求达 0.04 mm/850 mm，可见系统满足由传动刚性变化引起的定位误差远小于（1/3 ~ 1/5）机床规定的定位精度值的要求。

3）死区误差

Z 轴进给传动采用丝杠与电机直联方式，传动系统的综合刚度 K_O 等于丝杠的综合抗拉刚性 K_C。由于系统采取了预紧方式消除间隙，因此，死区误差仅包括摩擦力引起的死区误差，由公式（4.36）计算工作台启动或反向时的最大反向死区误差 Δ：

$$\Delta = 2\delta_{\mathrm{f}} = \frac{2F_{\mu}}{K_{\mathrm{C}}} = \frac{2\times172}{211} = 1.6\ (\mu\mathrm{m})$$

最大反向死区误差略大于系统的脉冲当量 0.001 mm，可见系统在启动或反向时，不能实现单脉冲进给，须进行相应的脉冲补偿。

7.2.2 横向伺服进给系统的设计

横向进给系统与纵向进给系统的不同之处：滑板及刀架部件总质量 30 kg，最大行程 220 mm，X 轴快移速度 6 m/min。

1. 最大车削力

设 CAK3665 数控车床横向外圆切削的最大切削工况为：硬质合金 YT15 的刀具切削碳素结构钢，$\sigma_{\mathrm{b}} \geqslant 600$ MPa；刀具几何参数：主偏角 $\kappa_{\mathrm{r}} = 45°$，前角 $\gamma_{\mathrm{o}} = 10°$，刃倾角 $\lambda_{\mathrm{s}} = 0°$；切削用量：背吃刀量 $a_{\mathrm{p}} = 3$ mm，进给量 $f = 0.3$ mm/r，切削速度 $v_{\mathrm{c}} = 80$ m/min。

查机械设计手册，取 $x_{F_{\mathrm{C}}} = 1$、$y_{F_{\mathrm{C}}} = 0.75$、$n_{F_{\mathrm{C}}} = -0.15$，由此计算 X 轴的最大主切削力 F_{C}：$F_{\mathrm{C}} = 2\ 795 a_{\mathrm{p}}^{xF_{\mathrm{C}}} f^{yF_{\mathrm{C}}} v^{nF_{\mathrm{C}}} k_{F_{\mathrm{C}}} = 2\ 795\times3\times0.3^{0.75}\times80^{-0.15} = 1\ 760\ \mathrm{N}$。取横向进给切削力 $F_{\mathrm{f}} = 0.4F_{\mathrm{c}} = 704\ \mathrm{N}$，纵向切削力 $F_{\mathrm{p}} = 0.35F_{\mathrm{c}} = 616\ \mathrm{N}$。

横向车削加工时，车刀受到的切削抗力经拖板传递至 X 丝杠和导轨，X 轴传动丝杠的纵向进给方向载荷 F_{x}、横向进给方向载荷 F_{y} 和垂直方向载荷分别等于车刀的切削抗力 F_{p}、F_{f} 和 F_{c}。

2. 滚珠丝杠副的计算和选型

（1）精度等级：X 轴定位精度要求（JB/T8324.1-96）± 0.03 mm/220 mm。根据 $\dfrac{\pm0.03}{220} = \dfrac{\pm0.04}{300}$，查 HIWIN 滚珠丝杠样本，初选滚珠丝杠副精度等级 C5，其任意 300 mm 范围内误差变动允许值 $e_{300} = \pm0.018/300$ mm。

（2）导程 P_{h}：X 轴快移速度要求 $v_{\max} = 6$ m/min。设 X 轴伺服电机的最高转速 $n_{\max} = 3\ 000$ r/min。采用丝杠与电机直联方式时，初选导程 $P_{\mathrm{h}} = 4$ mm。

（3）最大工作载荷 F_{a}：X 轴选用燕尾滑动导轨，取摩擦系数 $\mu = 0.2$。滑板及刀架总质量 $W_{\mathrm{T}} = 30$ kg，则移动部件产生的静摩擦力 $F_{\mu} = \mu W_{\mathrm{T}} g = 0.2\times30\times9.8 = 59\ \mathrm{N}$。查表 7.4，取 $K = 1.4$，$\mu = 0.2$，计算 $F_{\mathrm{a}} = 1\ 643$ N。

（4）最大动载荷 C_{max}：最大工况下，设横向最大切削进给速度 v_{max} = 0.8 m/min，当丝杠导程 P_h = 4 mm 时，丝杠转速 n = 200 r/min。查表 7.6，取 f_W = 1.1；查表 7.7，取 f_H = 1.0；取设备使用寿命 T = 15 000 h。由公式（7.1）计算 C_{max} = 11 123 N。

查 HIWIN 滚珠丝杠样本可知，导程 P_h = 4 mm 的双螺母滚珠丝杠副，额定动载荷均小于最大动载荷计算值 C_{max} = 11 123 N。为此增大导程，取导程 P_h = 5 mm，重新计算最大动载荷 C_{max} = 10 326 N。

（5）螺母类型：初选外循环双螺母型，型号：FDW，螺母圈数：2.5 × 2。

（6）滚珠丝杠螺纹长度 L_u：初选 L_u = 220 + 110 + 40 = 370 mm。

（7）丝杠最小直径 d_r：滚珠丝杠的支承方式选用一端固定一端自由（轴向可游动）。取安装方式系数 f_k = 3.4。初选丝杠跨距取 L = 400 mm，导程 P_h = 5 mm，若要实现快移速度 v_{max} = 6 m/min，丝杠最大转速 n = 1200 r/min，由公式（7.6）估算 $d_r \geqslant 5.7$ mm。

（8）滚珠丝杠副的选型：根据计算最大动载荷 C_{max} = 10 326 N，导程 P_h = 5 mm，查 HIWIN 滚珠丝杠样本，初选滚珠丝杠副型号：20-5B2-FDW。滚珠丝杠的公称直径：20 mm；导程：5 mm；螺母类型：双螺母外循环式；螺母圈数：2.5 × 2；螺母长度：110 mm；额定动载荷与额定静载荷之比 C_a / C_{a0}：14 886 N/33 957 N；丝杠预紧方式：预压片预紧；接触刚度 K_N：754 N/μm。

（9）滚珠丝杠副的支承方式：滚珠丝杠支承方式采用一端固定一端自由，如图 7.4 所示。固定端轴承为双联背对背组合方式，轴承型号：7202ACDB。自由端由轴衬支承，轴向可游动。

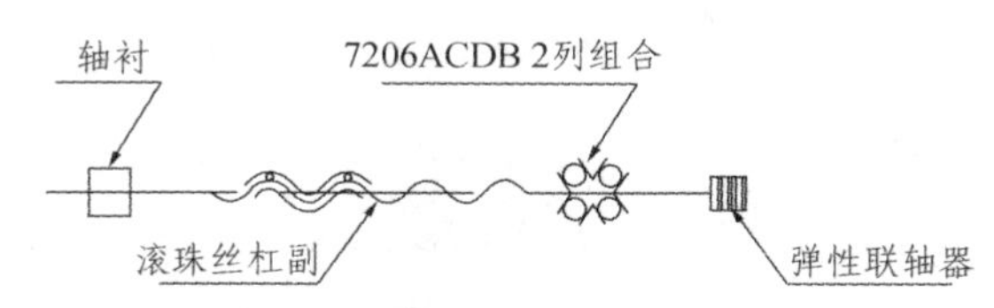

图 7.4　Z 轴滚珠丝杠副的支承方式

（10）滚珠丝杠副的长度 L：L = 370 + 80 = 450，取 L = 450 mm。

（11）滚珠丝杠副的效率：滚珠丝杠的螺旋升角 θ = 4.55°，计算 η_{SM} = 0.96。

（12）验算滚珠丝杠副的刚度：

① 滚珠丝杠的最大轴向拉压变形量 δ_1：滚珠丝杠采用-端固定-支承方式，螺母距固定支承最远处时，即 $x \approx 400$ mm，滚珠丝杠的轴向拉压刚性最低。滚珠丝杠的底径 d_r = 17.32 mm，由公式（4.31）计算滚珠丝杠的最小轴向拉压刚性 K_{Smin}：

$$K_{\text{Smin}}=\frac{AE}{x}\times10^{-3}=\frac{3.14\times17.32^2\times2.1\times10^5}{4\times400}\times10^{-3}=124\ （\text{N/μm}）$$

在 F_{amax} 的作用下，滚珠丝杠的最大轴向拉压变形量：δ_1 = 13.2 μm。

② 螺母与滚道的最大轴向接触变形量 δ_2：查滚珠丝杠样本，取螺母预紧力 F_{aSP} = F_{amax}/3 = 547 N，计算螺母与滚道的接触刚性 $K_{\text{N}}'=432$ N/μm。在 F_{amax} 的作用下，δ_2 = 3.8 μm。由于滚珠丝杠副有预紧，实际变形量可减小一半，取 δ_2 = 1.9 μm。

对应于丝杠总长 450 mm，滚珠丝杠副的总变形量 $\delta=\delta_1+\delta_2=15.1$ μm。平均至 300 mm 范围内的变形量为 0.01/300 mm。初选滚珠丝杠副精度等级 C5，其任意 300 mm 行程的误差允许值 e_{300} = ± 0.018/300 mm，因此，滚珠丝杠副的刚度足够。

3. 电机的选型

（1）电机类型：初选 SINUMERIK 1FK7 系列 CT 紧凑型交流伺服电机。

（2）电机最大转速 $n_{\max}$：X 轴快移速度要求 v = 6 m/min，导程 P_{h} = 5 mm，电机与丝杠直联传动方式，由公式（4.2）计算 $n_{\max}$ = 1 200 r/min。查表 3.4，取 $n_{\max}$ = 3000 r/min。

4. 进给伺服驱动系统的稳态设计

（1）切削力折算到电机上的转矩 M_{V}：X 轴最大进给切削力 F_{y} = 704 N，滚珠丝杆副传动效率 η_{SM} = 0.96，由公式（4.4）计算 M_{V} = 0.58 N · m。

（2）摩擦阻力折算到电机上的转矩 $\sum M_{\text{R}}$：

① 导轨摩擦力产生的摩擦力转矩 M_{RF}：由公式（4.7）计算 M_{RF} = 0.3 N · m。

② 滚珠丝杠预紧力产生的摩擦力转矩 M_{SPF}：取丝杠预紧力 F_{aSP} = 1 500 N，滚珠丝杠副预紧扭矩系数 $k=0.05\tan\theta^{-\frac{1}{2}}=0.05\times(\tan4.55°)^{-\frac{1}{2}}=0.18$。由公式（4.8）计算 M_{SPF} = 0.22 N · m。

③ 轴承摩擦转矩 M_{RSL}：取固定端双联 DB 组合轴承组的预紧力 F_{ZU} = 1 500 N，轴承平均直径 d_{ML} = 25 mm，由公式（4.10）计算 M_{RSL} = 0.08 N · m。

由此，计算 X 轴进给传动系统的摩擦转矩 $\sum M_{\text{R}}=0.6\ \text{N}\cdot\text{m}$，X 轴进给传动系统总负载转矩 $M_{\text{L}}=1.2\ \text{N}\cdot\text{m}$。

根据传动系统和电机应满足的要求：$M_{\text{L}}\leqslant M_{\text{S}}$、$\sum M_{\text{R}}\leqslant0.3M_{\text{S}}$，以及电

机最高转速 3 000 r/min，查表 3.11，初选电机型号：1FK7042-5AF71-1SG0。电机额定转矩：2.6 N · m；额定功率：0.28 kW；转子惯量：$0.3\times10^{-3}\ \mathrm{kg\cdot m^2}$；额定转速：3 000 r/min；编码器类型：多极旋转变压器；防护等级：IP64；无制动器。

5. 进给伺服驱动系统的动态设计

1）运动部件的转动惯量

（1）滚珠丝杠的惯量 J_c：丝杠外径 $\Phi = 20\ \mathrm{mm}$，长度 $L = 450\ \mathrm{mm}$，由公式（4.15）计算 $J_c = 0.06\times10^{-3}\ \mathrm{kg\cdot m^2}$。

（2）联轴器的惯量 J_b：查样本得 $J_b = 0.08\times10^{-3}\ \mathrm{kg\cdot m^2}$。

（3）直线运动部件的惯量 J_Z：滑板及刀架总重量 $W_T = 30\ \mathrm{kg}$，由公式（4.16）计算 $J_Z = 0.02\times10^{-3}\ \mathrm{kg\cdot m^2}$。

（4）负载总惯量 J_L：$J_L = 0.16\times10^{-3}\ \mathrm{kg\cdot m^2}$。

（5）系统总惯量 J_{Ges}：$J_{Ges} = 0.46\times10^{-3}\ \mathrm{kg\cdot m^2}$。

由此可见，电机转子惯量 J_M 和负载总转动惯量 J_L 满足 $J_M \geqslant J_L/3$ 的要求。

2）验算加减速能力

X 轴线性加减速要求 $a_m = 2\ \mathrm{m/s^2}$，最大快移速度 $v_{max} = 6\ \mathrm{m/min}$，系统设计要求的加减速时间 $t_a = 0.05\ \mathrm{s}$。

1FK7042-5AF71 电机的最大输出转矩 $M_M = 10.5\ \mathrm{N\cdot m}$，系统空载时静态负载转矩 $M_L = \sum M_R = 0.6\ \mathrm{N\cdot m}$，系统加减速转矩 $M_B = 9.9\ \mathrm{N\cdot m}$。由公式（4.20）可计算系统能实现的线性加减速时间 $t_H = 0.006\ \mathrm{s}$。

因为 $t_H \leqslant t_a$，所以电机满足机床对加减速能力的要求。

由于 X 轴行程较小，可不进行定位精度验证。

7.2.3 伺服驱动电路的设计

1. 伺服驱动器的选择

SIM0DRIVE base line 系列驱动器有基本型和优化型，优化型驱动器 SIM0DRIVE base line A 较前者有更多的类型，能满足用户更广泛的配置需求，结合本机床的综合特性要求，选用 SIM0DRIVE base line A 系列驱动器。

SIM0DRIVE base line A 驱动器是一种集成型驱动器，由电源模块、控制模块和功率模块组成。驱动器有单轴型（额定转矩：6 N ·m、8 N ·m、11 N ·m、

16 N·m）和双轴型［额定转矩：（3+3）N·m、（3+6）N·m、（3+8）N·m、（6+8）N·m、（6+6）N·m、（8+8）N·m）两类。根据 Z 轴电机 1FK7060 额定转矩 4.7 N·m 和 X 轴电机 1FK7042 额定转矩 2.6 N·m，驱动器选择双轴型，输出静扭矩：（6+3）N·m。

SIM0DRIVE base line A 驱动器双轴型的外形及接口如图 7.5 所示，各接口的功能如下：

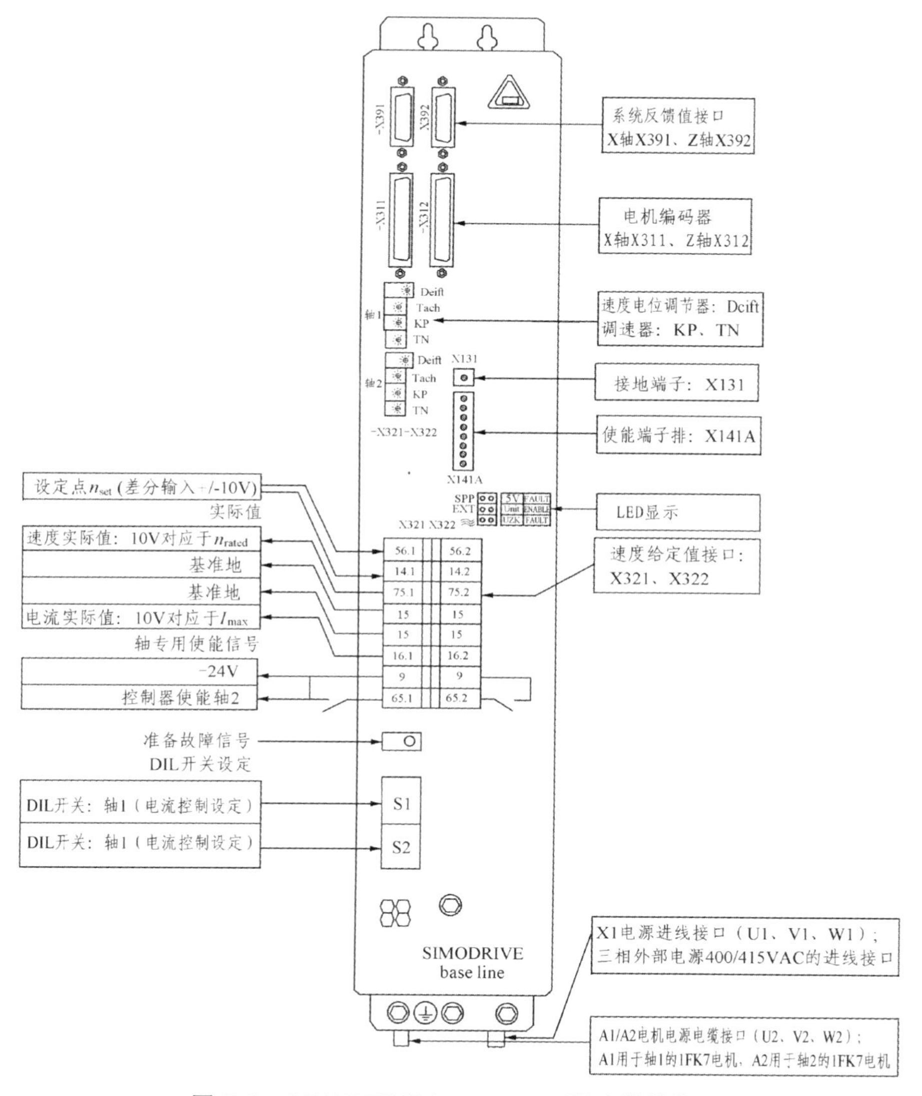

图 7.5　SIM0DRIVE base line A 驱动器的接口

（1）X391、X392：位置编码器接口。用于反馈至数控装置的位置编码器接口，X 轴接 X391，Z 轴接 X392。

（2）X311、X312：电机编码器接口。连接电机旋转变压器（Resolver）编码器接口。

（3）Deift：漂移补偿调节电位计。在额定转速为零时（端子 56 与 14 短路，电机不允许转动），进行漂移补偿。调节范围：－45～＋45 mV。

（4）Tach：测速调节电位计。用于速度优化，通常在端子 56/14 设定速度值＝9 V 时，速度达定额值。

（5）K_P：比例增益调节电位计。用于速度优化，调节范围：2.5～95。

（6）T_N：积分时间电位计。用于驱动器的优化，调节范围：2.5～95 ms。

（7）X321（X322）：速度给定值接口。

56、14：速度给定值输入端，差分输入端，范围：＋10～－10 V；

75：实际速度值输出端，10 V 对应额定转速；

16：实际电流值输出端，10 V 对应最大电流值；

在伺服驱动器调试时，端子 75 与 15 外接示波器，可观测驱动器的性能输出曲线。

（8）DIL 开关 S1、S2。S1 用于单轴模块控制的电机选择。S2 用于双轴模块控制的电机选择。（S1、S2 分别有 10 个触点开关）各开关状态的设置参考表 7.9、7.10。

（9）X131：电子电源接地。

（10）X141A：使能端子排。

63、64：脉冲使能输入端和驱动使能输入端。用户可以短接端子 63 和端子 9，以及端子 64 和端子 9，也可以通过 PLC 进行控制。

（11）X1（U1、V1、W1）：进线电源接口。三相 AC 380 V 供电电源输入端。

（12）A1（U2、V2、W2）/A2（U2、V2、W2）：电机电源电缆接口。A1（U2、V2、W2）连接轴 1 控制的 1FK7 电机电源线；A2（U2、V2、W2）连接轴 2 控制的 1FK7 电机电源线。

（13）6 个 LED 指示灯。

驱动器上有 6 个 LED 指示灯，分别对各个电路进行监控。

位于端子 X321 左下方的 LED 灯，为伺服准备好信号。如果在第一次上电时此灯亮，表示驱动器没有使能，在此情况下，检查各端子的连接情况。若灯灭表示双轴已使能，若灯亮表示由端子禁止至少一个轴，或者有故障。

表 7.9　单轴模块的 S1、S2 状态表

伺服电机类型				电流实际值（标准值） 轴 1：S1		电流控制器的比例增益 K_P（1） 轴 1：S1				
1FK	M_0/N·m 100K	I_0/A 100K	额定转速 /(r/min)	触点 1、2	I_{max}/%	触点[1]				K_P（1）
						3、7	4、8	5、9	6、10	
7060-5AF	6	4.5	3 000	×	70	×	O	O	×	9.5
7063-5AF	11	8	3 000	O	100	O	×	×	O	7.5
7080-5AF	8	4.8	3 000	×	70	×	O	O	×	9.5
7083-5AF	16	10.4	3 000	O	100	×	O	×	O	6

表 7.10　双轴模块的 S1、S2 状态表

伺服电机类型				电流实际值（标准值） 轴 1：S1 轴 2：S2		电流控制器的比例增益 K_P（1） 轴 1：S1 轴 2：S2				
1FK	M_0/N·m 100K	I_0/A 100K	额定 转速 /(r/min)	触点 1、2	I_{max}/%	触点[1]				K_P（1）
						3、7	4、8	5、9	6、10	
7042-5AF	3	2.2	3 000	×	70	O	×	O	×	10.5
7060-5AF	6	4.5	3 000	×	100	O	×	×	O	7.5
7080-5AF	8	4.8	3 000	×	100	O	×	×	O	7.5

注：1）“O”为触点断开状态，“×”为触点闭合状态。

2. 数控车床的伺服驱动电路设计

CK3665 数控车床的主轴驱动和进给伺服驱动的电气电路如图 7.6 所示。

（1）主轴驱动电路。

主轴驱动电路由供电电源、变频器（以艾默生 EV2000 变频器为例）和异步主轴电机（YVP 系列变频主轴电机）组成。变频器供电电源为三相 AC 380 V，电源电路中设置断路器进行保护。电源由变频器的 R、S、T 端子引入，经转换后的变频动力电源由 U、V、W 端子输出至主轴电机。制动电阻接至变频器的 PB，+端子。

主轴驱动电路的控制信号包括速度值、正反转方向，以及速度到达和报警等信号。数控装置的速度给定值由 X7 接口输出至变频器的 VCT 端子，实现转速控制。正反转方向信号由 PLC 的输出口分别通过继电器 KA5、KA6 控制变频器的 REV 端子或 FWD 端子与 CCM 端子的接通与断开，实现正反

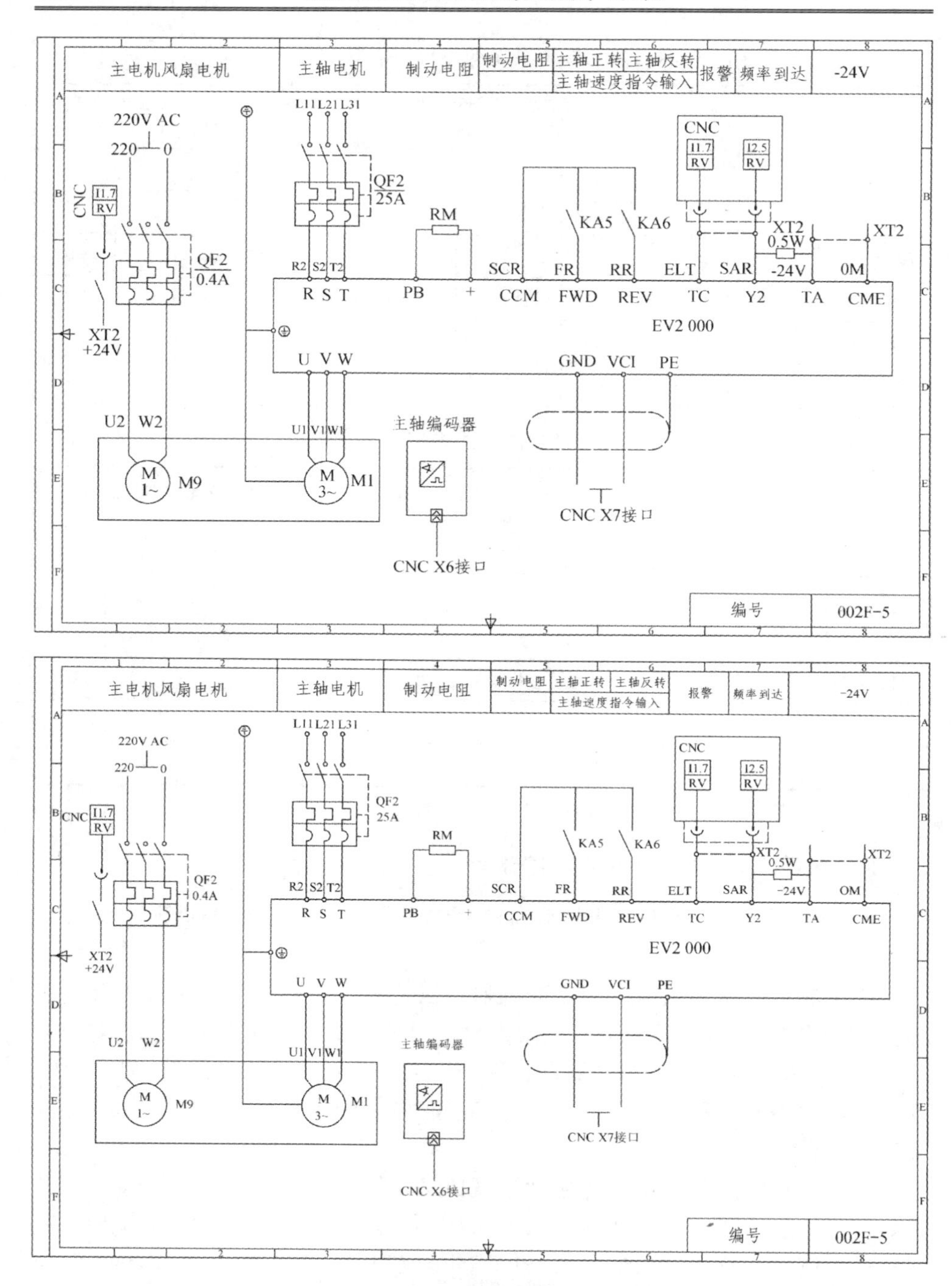

图 7.6　CK3665 数控车床的伺服驱动电气电路图

转控制。主轴报警与速度到达信号分别由变频器 TC、Y2 端子连接至 PLC 的输入接口，主轴编码器的速度信号接至数控装置的 X6 接口。

（2）进给伺服驱动电路。

进给伺服驱动电路的供电电源为三相 AC 380 V，电源电路中设置断路器进行保护。由于驱动器的电源模块内部有电抗器，因此，外部电源不再使用电抗器。电源由驱动器的 X1 端子引入，经转换后的伺服动力电源由 A1、A2 端子分别输出至 Z、X 轴伺服电机。Z、X 轴伺服电机的编码器信号接至驱动器的 X311、X312 接口，并通过驱动器的 X391、X392 反馈至数控装置的进给控制接口 X5。实现进给系统的速度和位置半闭环控制。

数控装置的速度给定值与控制使能信号由 X7 接口输出至驱动器的 X321、X322 接口，实现速度和轴使能控制。由 PLC 的输出口分别通过继电器 K63、KA64 控制驱动器 X141A 接口的端子 63 和 64 分别与端子 9 闭合，完成上下电的时序控制。当端子 63 的信号取消时，所有模块被立即禁止，驱动功率连续下降；当端子 64 的信号取消时，所有模块被制动，速度给定电压为零。在所选择的时间结束之后（出厂设定为 240 ms），所有控制器和脉冲禁止，轴以最大的加速度制动。

驱动器的 S1 模块驱动 Z 轴电机 1FK7060，设置 DIL 开关 S1 的状态为 4、5、8、9 合上；驱动器的 S2 模块驱动 X 轴电机 1FK7042，设置 DIL 开关 S2 的状态为 4、6、8、10 合上，使驱动器与电机相匹配。

参考文献

[1] 龚仲华. MC118型立式加工中心伺服进给系统设计分析[J]. 机床，1991（1）.

[2] 廖效果. 数控技术[M]. 武汉：湖北科学技术出版社，2000.

[3] 张春良，陈子辰，梅德庆. 直线电机伺服进给系统及其关键技术问题[J]. 组合机床与自动化加工技术，2001（11）：37-40.

[4] 姜韶峰，刘正士，杨孟祥. 角拉触球轴承的预紧技术[J]. 产品设计与应用，2003（3）.

[5] 叶云岳. 直线电机技术手册[M]. 北京：机械工业出版社，2003.

[6] 白恩远. 现代数控机床伺服及检测技术[M]. 北京：国防工业出版社，2003.

[7] 张日升，李尚政，刘宏. 永磁无刷直线直流电机及其选用[J]. 组合机床与自动化加工技术，2003（10）：22-23.

[8] 杨克冲，陈吉红，郑小年. 数控机床电气控制[M]. 武汉：华中科技大学出版社，2005.

[9] 郭庆鼎，孙宜标，王丽梅. 现代永磁电动机交流伺服系统[M]. 北京：中国电力出版社，2006.

[10] 周凯. PC数控原理系统及应用[M]. 北京：机械工业出版社，2006.

[11] 吴玉厚. 数控机床电主轴单元技术[M]. 北京：机械工业出版社，2006.

[12] 夏田. 数控加工中心设计[M]. 北京：化学工业出版社，2007.

[13] 金桂平，曹阳，夏文海，等. VMC1300加工中心伺服进给系统的设计[J]. 机械设计与制造，2007（2）.

[14] 潘超，左健民，汪木兰. 直线电动机在数控机床中应用的特殊性问题研究[J]. 机床与液压，2007（10）.

[15] 文怀兴，夏田. 数控机床设计实践指南[M]. 北京：化学工业出版社，2008.

[16] 龚仲华. 交流伺服驱动从原理到完全应用[M]. 北京：人民邮电出版社，2010.

[17] 徐红丽，张宇. T6363卧式加工中心伺服进给系统的度的设计与分析[J]. 机械工程师，2008（11）.

[18] 李斌，李曦. 数控技术[M]. 武汉：华中科技大学出版社，2010.

[19] 王爱玲，王俊元，马维金. 现代数控机床伺服及检测技术[M]. 北京：国防工业出版社，2009.

[20] 张曙. 机床产品创新与设计[J]. 机床，2013（4）.